西北内陆河岸线保护与利用规划研究与实践

刘豪杰　王封祚　郝建浩　牛小茹　彭　博　著

黄河水利出版社
·郑州·

内 容 提 要

本书以黑河甘肃段为例，分别对岸线保护和利用形势、边界线划定、功能区划分、岸线保护与管控等方面进行了研究，统筹上下游、左右岸，突出生态优先、保护为主、开发为辅，为西北内陆河岸线保护与利用规划编制提供参考，同时为西北内陆河河湖管理提供参考依据。全书分为10章，包括绪论、黑河概况，黑河岸线规划原则、目标及任务，黑河岸线保护和利用形势研究，黑河岸线边界线划定研究，黑河岸线功能区划分研究，黑河岸线保护与管控研究，黑河岸线管控能力建设研究，规划环境影响评价研究，规划实施保障措施研究。

本书可供从事西北内陆河河湖管理的研究人员和管理人员阅读使用，也可为水生态环境、流域规划、河道生态治理等专业人员提供参考。

图书在版编目(CIP)数据

西北内陆河岸线保护与利用规划研究与实践/刘豪杰等著. —郑州：黄河水利出版社，2023.3

ISBN 978-7-5509-3526-6

Ⅰ.①西… Ⅱ.①刘… Ⅲ.①内陆水域-河流-护岸-研究-西北地区 Ⅳ.①TV861

中国国家版本馆 CIP 数据核字(2023)第044107号

策划编辑：陶金志　电话：0371-66025273　E-mail：838739632@qq.com

出 版 社：黄河水利出版社　　网址：www.yrcp.com

地址：河南省郑州市顺河路黄委会综合楼14层　　邮政编码：450003

发行单位：黄河水利出版社

发行部电话：0371-66026940、66020550、66028024、66022620(传真)

E-mail：hhslcbs@126.com

承印单位：河南新华印刷集团有限公司

开本：787 mm×1 092 mm　1/16

印张：13.5

字数：312千字

版次：2023年3月第1版　　印次：2023年3月第1次印刷

定价：98.00元

前　言

河湖岸线是河流两侧、湖泊周边一定范围内水陆相交的带状区域,是河流、湖泊自然生态空间的重要组成部分。岸线既具有行洪、调节水流、维持河流生态平衡的自然属性,还具有开发利用价值和为经济社会发展提供服务的资源属性。河湖岸线的有效保护和合理利用对沿岸地区生态文明建设和经济社会发展具有重要的作用。随着经济社会的不断发展和城市化进程的加快,江河、湖泊开发活动和临水建筑物日益增多,对河流(湖泊)的岸线利用要求越来越高,基础设施建设项目对岸线资源的利用和管理提出更高的要求。编制河湖岸线保护与利用规划,划定岸线功能分区,是中央全面推行河长制、湖长制明确的重要任务,是加强岸线空间管控的重要基础,是推动岸线有效保护和合理利用的重要措施,对于保障河势稳定和防洪安全、供水安全、生态安全具有重要意义。

甘肃省内陆河流域由祁连山、走廊平原区、北山山地及阿拉善高平原组成。甘肃内陆河流域诸河均发源于南部祁连山区,向北流入走廊平原区,最终汇潴成尾闾湖或消失于沙漠,由东至西分属石羊河、黑河、疏勒河和苏干湖 4 个水系。甘肃河西内陆河流域是国家西部重要的生态安全屏障,但是近年来祁连山冰川萎缩、雪线上升,地下水位下降,沙漠和沙尘源地扩大,生态安全屏障面临巨大挑战。甘肃河西内陆河流域水资源开发利用率接近 100%,部分区域水资源已处于超载状态,水资源承载能力不足,水安全保障形势严峻。随着经济社会的不断发展,城市化进程加快,甘肃内陆河岸线利用要求越来越高,沿河开发活动和临水建筑物日益增多,内陆河流域长期以来部分河段岸线开发无序,对河道行洪和水生态保护带来不利影响,经济社会用水挤占河湖生态用水问题突出,全面实现“还水于河”任重道远,水生态空间保护、河湖生态用水保障、水环境改善等工作任务艰巨,确定水域岸线生态空间功能定位和保护权责,合理划定保护区、保留区、控制利用区和开发利用区边界, 强化河湖生态空间管控、维护河流生态廊道刻不容缓。

本书以黑河甘肃段为例,详细研究了西北内陆河岸线保护与利用规划编制方法。全书共分为 10 章:第 1 章绪论,介绍了岸线的概念、岸线规划编制的必要性、国家政策、甘肃内陆河岸线规划编制的紧迫性、甘肃内陆河岸线分区管控试点;第 2 章黑河概况,介绍了黑河甘肃段的详细情况,包括自然概况、河流水系、水文气象、社会经济、地表水环境现状及水功能分区、水土流失重点预防区和治理区、设计洪水及河势变化分析;第 3 章黑河岸线规划原则、目标及任务,介绍了黑河岸线规划原则、规划目标、规划水平年、规划范围、主要任务及技术路线;第 4 章黑河岸线保护和利用形势研究,介绍了岸线保护和利用存在的主要问题、经济社会发展对岸线保护和利用的需求、岸线保护与利用控制条件分析及岸线保护和利用现状;第 5 章黑河岸线边界线划定研究,介绍了边界线定义、划定原则及划定方法,划定了黑河甘肃段的临水边界线和外缘边界线;第 6 章黑河岸线功能区划分研究,介绍了岸线功能区的定义、划分原则及划分依据,划定了黑河甘肃段的岸线功能区;第 7 章黑河岸线保护与管控研究,介绍了岸线功能区的管控要求及岸线边界线的管控要求;第

8 章黑河岸线管控能力建设研究，介绍了构建天空地一体化的岸线管控感知网、构建岸线规划时空数据库、构建岸线管控综合服务平台，明确了岸线保护利用调整要求；第 9 章规划环境影响评价研究，介绍了黑河甘肃段生态环境现状、环境保护目标、规划符合性分析、环境影响预测与评价、环境影响保护措施及评价结论；第 10 章规划实施保障措施研究，分别从责任分工、审批监管、修订规划、定期评估、执法监督、资金保障及公众参与几方面进行了研究。

本书编写具体分工为：第 1 章由刘豪杰执笔，第 2 章由王封祚、郝建浩、彭博执笔，第 3 章由刘豪杰执笔，第 4 章由刘豪杰、王封祚执笔，第 5 章由王封祚、郝建浩执笔，第 6 章由王封祚、牛小茹执笔，第 7 章由郝建浩、牛小茹执笔，第 8 章由彭博执笔，第 9 章由王封祚、牛小茹、郝建浩执笔，第 10 章由刘豪杰执笔。全书由刘豪杰、王封祚统稿。

由于西北内陆河流域范围大、情况复杂，作者分析不够完善，书中难免存在纰漏，敬请广大读者批评指正。

作 者

2023 年 1 月

目　录

第1章 绪 论

1.1 岸线的概念

河湖岸线是河流两侧、湖泊周边一定范围内水陆相交的带状区域,是河流、湖泊自然生态空间的重要组成。岸线既具有行洪、调节水流、维持河流生态平衡的自然属性,还具有开发利用价值和为经济社会发展提供服务的资源属性。河湖岸线的有效保护和合理利用对沿岸地区生态文明建设和经济社会发展具有重要的作用。

岸线功能区是根据河湖岸线的自然属性、经济社会功能属性及保护和利用要求划定的不同功能定位的区段,分为岸线保护区、岸线保留区、岸线控制利用区和岸线开发利用区。

岸线边界线是指沿河流走向或湖泊沿岸周边划定的用于界定各类岸线功能区垂向带区范围的边界线,分为临水边界线和外缘边界线。

1.2 岸线规划编制的必要性

河道岸线是有限的宝贵资源,岸线利用由来已久,主要利用方式包括修建桥梁、取水口、跨河线缆、砂石资源开发、旅游资源开发等。近年来,随着经济社会的快速发展,涉河、涉水项目日益增多,尤其是砂石资源丰富、旅游资源丰富或者有滩涂开发利用条件的河段,河道岸线被大量占用,甚至挤占行洪河道,有的项目严重影响河势稳定和防洪安全,有的甚至引发两岸严重的水事纠纷。由于没有可依据的河道岸线保护与利用规划,管理缺乏依据,地方、部门各自为政,多部门管理,职责不清、管理混乱,以罚代管、以审代管的现象时有发生,管理无序、与河争地的矛盾日益突出。

随着经济社会的不断发展和城市化进程的加快,江河、湖泊开发活动和临水建筑物日益增多,对河流(湖泊)的岸线利用要求越来越高,基础设施建设项目对岸线资源的利用和管理提出更高的要求。编制河湖岸线保护与利用规划,划定岸线功能分区,是中央全面推行河长制、湖长制明确的重要任务,是加强岸线空间管控的重要基础,是推动岸线有效保护和合理利用的重要措施,对于保障河势稳定和防洪安全、供水安全、生态安全具有重要意义。

1.3 国家政策

2015年9月,中共中央、国务院印发《生态文明体制改革总体方案》,要求要树立尊重自然、顺应自然、保护自然的理念,生态文明建设不仅影响经济持续健康发展,也关系政治和社会建设,必须放在突出地位,融入经济建设、政治建设、文化建设、社会建设各方面和全过程;树立发展和保护相统一的理念,坚持发展才是硬道理的战略思想,发展必须是绿色发展、循环发展、低碳发展,平衡好发展和保护的关系,按照主体功能定位控制开发强度,调整空间结构,给子孙后代留下天蓝、地绿、水净的美好家园,实现发展与保护的内在统一、相互促进。

2016年12月,中共中央办公厅、国务院办公厅印发了《关于全面推行河长制的意见》,体现了鲜明的问题导向,贯穿了绿色发展理念,明确了地方主体责任和河湖管理保护的各项任务,具有坚实的实践基础,是水治理体制的重要创新,对于维护河湖健康生命、加强生态文明建设、实现经济社会可持续发展具有重要意义。河长制工作的重点任务之一就是加强河湖水域岸线管理保护,严格水域岸线等水生态空间管控,依法划定河湖管理范围。落实规划岸线分区管理要求,强化岸线保护和节约集约利用。严禁以各种名义侵占河道、围垦湖泊、非法采砂,对岸线乱占滥用、多占少用、占而不用等突出问题开展清理整治,恢复河湖水域岸线生态功能。

2019年1月,时任中华人民共和国水利部(简称水利部)部长鄂竟平在2019年全国水利工作会议上指出,水利工程补短板、水利行业强监管是今后一个时期水利改革发展的总基调,打好河湖管理攻坚战,推动河长制、湖长制加快从"有名"向"有实"转变,把划定河湖管理范围作为重要支撑,把编制岸线保护和采砂管理规划作为重要基础,启动重要江河岸线保护和利用规划、采砂管理规划编制。

2019年3月,水利部办公厅印发《河湖岸线保护与利用规划编制指南(试行)》,指导各地有关单位做好河湖岸线保护与利用规划编制工作。2020年3月,水利部办公厅印发《关于深入推进河湖"清四乱"常态化规范化的通知》,要求加快编制河湖岸线保护与利用规划,并且要利用全国"水利一张图"及河湖遥感本底数据库,及时将河湖管理范围划定成果、岸线规划分区成果、涉河建设项目位置信息上图,实现动态监管。

1.4 甘肃内陆河岸线规划编制的紧迫性

甘肃内陆河流域由祁连山、走廊平原区、北山山地及阿拉善高原组成,流域面积24.48万km^2。河西内陆河流域诸河均发源于南部祁连山区,向北流入走廊平原区,最终汇潴成尾闾湖或消失于沙漠,由东至西分属石羊河、黑河、疏勒河和苏干湖4个水系。祁连山是我国西部重要的生态安全屏障,不仅孕育石羊河、黑河、疏勒河三大内陆河,还可阻挡巴丹吉林、腾格里两大沙漠南侵,拱卫着青藏高原和"中华水塔"三江源。由于地形、降水和沙漠、戈壁的影响,甘肃内陆河主要是一些长度短、水量小的小型河流。

2020年,甘肃内陆河流域耕地面积1 742.31万亩(1亩=1/15 hm^2),耕地有效灌溉面积1 272.39万亩,耕地实灌面积1 156.53万亩,非耕地用水面积218.45万亩;总人口432.76万人;工业增加值720.49亿元,其中规模以上工业增加值499.27亿元,规模以下工业增加值206.84亿元,火(核)电工业增加值14.38亿元;粮食总产量342.18万t;地区生产总值2 251.95亿元。内陆河流域水资源可利用量达到46.64亿m^3,其中疏勒河流域水资源可利用量10.05亿m^3,黑河流域水资源可利用量21.4亿m^3,石羊河流域水资源可利用量15.19亿m^3。

甘肃河西内陆河流域是国家西部重要的生态安全屏障,但是近年来祁连山冰川萎缩、雪线上升,地下水位下降,沙漠和沙尘源地扩大,生态安全屏障面临巨大挑战。甘肃河西内陆河流域水资源开发利用率接近100%,部分区域水资源已处于超载状态,水资源承载能力不足,水安全保障形势严峻。

随着经济社会的不断发展,城市化进程加快,甘肃内陆河岸线利用要求越来越高,沿河开发活动和临水建筑物日益增多。内陆河流域长期以来部分河段岸线开发无序,对河道行洪和水生态保护带来不利影响,经济社会用水挤占河湖生态用水问题突出,全面实现"还水于河"任重道远,水生态空间保护、河湖生态用水保障、水环境改善等工作任务艰巨,确定水域岸线生态空间功能定位和保护权责,合理划定保护区、保留区、控制利用区和开发利用区边界,强化河湖生态空间管控、维护河流生态廊道刻不容缓。

1.5 甘肃内陆河岸线分区管控试点

2017年8月,甘肃省委、省政府发布的《甘肃省全面推行河长制工作方案》明确提出,强化水域岸线管理,坚持河湖严格保护与合理利用相结合,严格水域岸线等水生态空间管控。依法划定河湖管理和保护范围,落实规划岸线分区管理要求,强化岸线保护和节约集约利用。规范河湖采砂管理,维护河势稳定,保障防洪、供水和生态安全,维护河湖健康生命。实施水环境治理,结合城乡规划,因地制宜建设亲水生态岸线。稳步推进退耕还林还草、退田还河还湖还湿,禁止侵占自然河湖、湿地等水源涵养空间。

1.5.1 疏勒河水流产权确权试点简介

2017年9月,水利部、原国土资源部、甘肃省人民政府批复《甘肃省疏勒河流域水流产权确权试点实施方案》。甘肃省政府确定了"省级统筹、市上抓总、县区实施"工作机制,由甘肃省水利厅、自然资源厅组织酒泉市政府有关部门和疏勒河流域水资源局开展试点工作,2019 年 5 月,疏勒河水流产权确权试点成果通过了水利部和自然资源部技术评估。

其中,按照水生态空间监管与保护要求完成的《甘肃省疏勒河流域干流水域岸线水生态空间确权岸线功能区划分报告》,将疏勒河玉门、瓜州河段水域岸线划分为保护区、保留区、控制利用区和开发利用区 4 大区,划定了岸线功能区总面积 60.54 km^2,分段明确区域岸线管理和利用情况,印发《甘肃省水资源用途管制实施办法》《甘肃省疏勒河水域岸线用途管制实施办法》《中共酒泉市委酒泉市人民政府关于深化水流产权确权制度改革推行差别水价的实施意见》《疏勒河干流水域岸线利用与保护工作协调制度》等水生态空间监管政策文件。

1.5.2　黑河甘州区段岸线利用管理规划简介

黑河是我国第二大内陆河,2017 年 11 月,为保障黑河张掖市甘州段河道的行洪安全和维护河流健康,科学合理地利用和保护岸线资源,总结近年来岸线开发利用的现状、管理经验及存在的问题,对黑河张掖市甘州段岸线功能进行分区,实现岸线资源的科学管理、合理利用、有效保护,对进一步促进经济建设和社会发展,保障防洪安全、供水安全、保护水生态环境等方面都具有十分重要的意义。为此,张掖市甘州区水务局会同张掖市甘州水利水电勘测设计院共同编制完成了《张掖市甘州区黑河河道岸线利用管理规划报告》,对黑河甘州区河段进行了岸线功能区划分。

根据黑河的河道演变趋势分析和河道治理现状,以及岸线利用现状,将黑河张掖市甘州区河段的岸线功能区划分如下:

(1)省道 213 至 G30 连霍高速东河左岸、西河左右岸的岸线与张掖滨河新区三水厂水源地重合,将省道 213 至 G30 连霍高速东河左岸、西河左右岸划分为岸线保护区(岸线总长 8.88 km,面积 0.61 km^2),保护区内除了允许进行对水源保护的活动外,禁止其他一切开发利用的活动。

(2)除张掖滨河新区三水厂水源地位置河段,其余河段的岸线均划分为岸线控制利用区。

1.6　问题的提出

张掖市甘州区黑河河道岸线功能区划定对黑河甘州区河段岸线资源的利用进行了合理的约束,具有十分重要的意义,但是有一定的局限性。首先,只是对张掖城区段岸线功能区进行了划分,没有考虑到上游肃南段祁连山国家公园,临泽、高台段张掖国家湿地公园及金塔段土地沙化封控保护区;其次,张掖甘州区段的岸线功能区划分更多的是从城市建设领域进行考虑,本质是为城市建设服务的,整个黑河的生态功能定位对全河岸线保护区划定的要求并没有考虑,没有突出黑河岸线功能区划分生态优先的特点;最后,黑河甘州区段边界线的划分并没有考虑上游黄藏寺水利枢纽建成后生态调水对现状临水线调整的要求。

针对上述问题,本书以黑河甘肃全段为例,分别对岸线保护和利用形式、岸线边界线划定、岸线功能区划分、岸线保护与管控、岸线管控能力建设、规划环境影响评价等方面进行了研究,统筹左右岸、上下游,突出生态优先、适当发展,旨在通过黑河岸线保护与利用规划,研究西北内陆河岸线保护与利用规划编制方法,为其他西北内陆河岸线保护与利用规划及规划修编提供参考。

第2章 黑河概况

2.1 自然概况

2.1.1 地理位置

黑河是我国西北地区第二大内陆河，发源于祁连山中段，流域东起甘肃省山丹县境内的大黄山，与石羊河流域接壤；西以嘉峪关境内的黑山为界，与疏勒河流域毗邻，北至中蒙边界。流域范围介于东经98°00′~102°00′，北纬37°50′~42°40′，涉及青海、甘肃、内蒙古三省（自治区）。流域面积14.3万km^2，其中东部子水系即黑河干流水系，流域面积11.6万km^2。地理位置如图2-1所示。

2.1.2 地形地貌

黑河流域地势南高北低、地形复杂，按海拔和自然地理特点分为上游祁连山地、中游走廊平原和下游阿拉善高平原等三个地貌类型区。

祁连山地位于青藏高原北缘，主要山脉有疏勒南山、托勒山和走廊南山等，山峰海拔均在4 000 m以上，其地貌的基本格局主要受祁连褶皱系构造走向控制。南部的托勒山，其峰脊最高海拔为4 905 m，是黑河与黄河二级支流大通河的分水岭；北部为走廊南山，最高山峰（扎克山）海拔4 826 m。地貌类型主要有融冻蚀高山、侵蚀构造中山、丘陵，堆积侵蚀阶地和河谷冲洪积平原等。

走廊平原位于河西走廊中段，海拔为1 200~2 000 m，为祁连山与走廊北山之间呈双向不对称的倾斜平原，两倾斜平原的交汇地带为细土平原，山麓分布连续的裙状洪积扇。走廊平原按地质构造自东向西分为大马营盆地、新河盆地和张掖盆地。走廊北山山地位于走廊以北，为河西走廊北侧的龙首山、合黎山和马鬃山的通称，系长期剥蚀的中山、低山和残丘，呈东西走向、断续分布，海拔大部分为1 500~2 000 m，龙首山主峰达3 616 m。山前冲积扇和走廊平原分布灌溉绿洲。

阿拉善高平原属内蒙古高平原西部，由一系列剥蚀的中、低山和盆地组成，海拔为980~1 200 m。黑河干流下游是巨大的弱水洪积冲积扇，分布有古日乃湖、古居延泽、东居延海、西居延海等一系列湖盆洼地和广阔的沙漠、戈壁。

2.1.3 土壤植被

祁连山地植被属山地森林草原，生长高山灌丛和乔木林，呈片状分布，垂直带谱极为分明，海拔4 000~4 500 m为高山垫状植被带，3 800~4 000 m为高山草甸植被带，3 200~3 800 m为高山灌丛草甸带，2 800~3 200 m为山地森林草原带，2 300~2 800 m为山地干

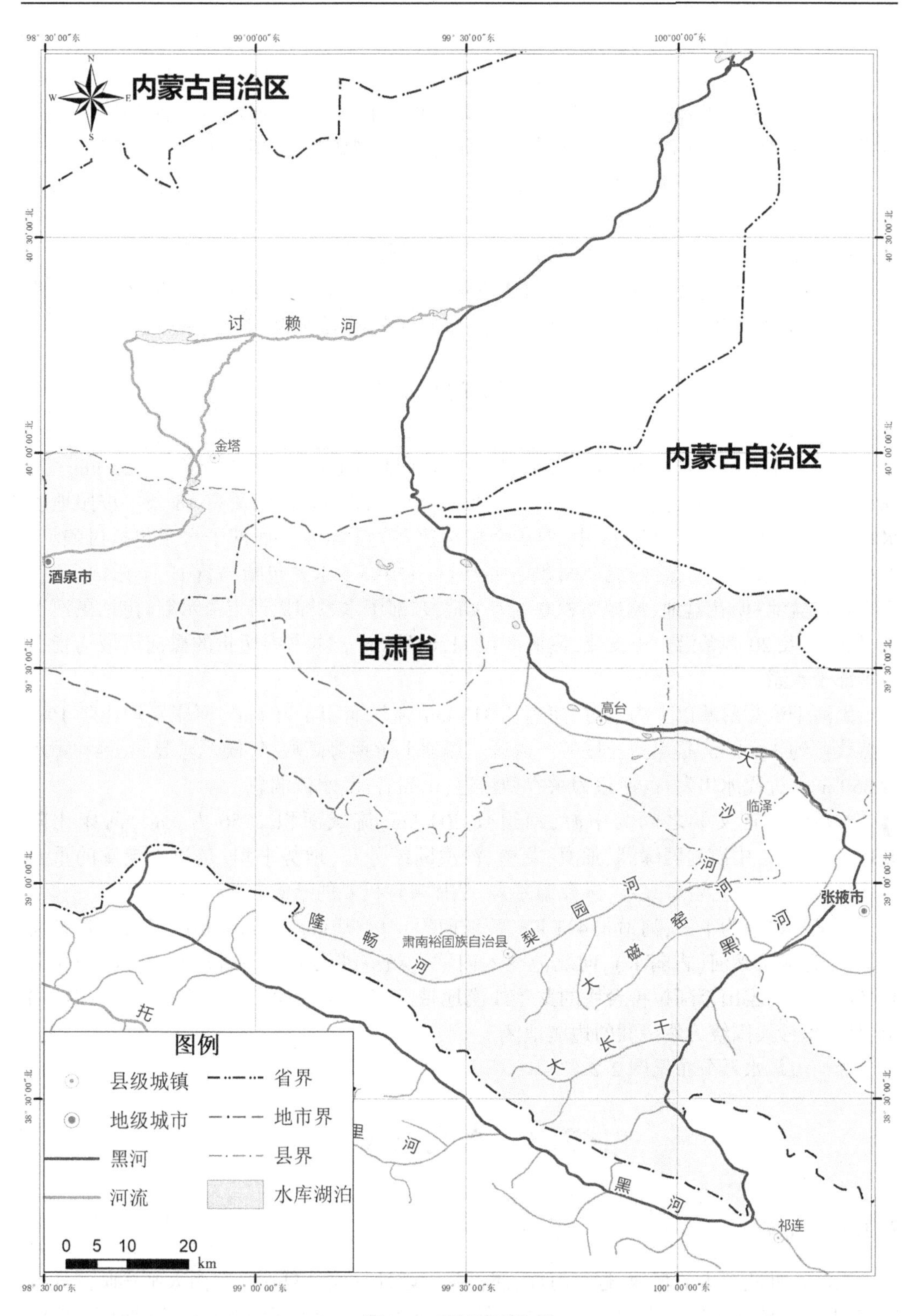

98° 30′00″东
99°00′00″东
99° 30′00″东
100°00′00″东
N
S
W
E
内蒙古自治区
40° 30′00″北
讨　赖　河
金塔
40° 00′00″北
内蒙古自治区
酒泉市
甘肃省
39° 30′00″北
高台
大
沙
临泽
河
河
河
张掖市
39° 00′00″北
隆
畅
河
梨
园
河
肃南裕固族自治县
窑
大
磁
黑
河
大
长
干
托
图例
县级城镇
地级城市
黑河
河流
省界
地市界
县界
水库湖泊
38° 30′00″北
里
河
黑
河
祁连
0 5 10 20
km

图 2-1　黑河地理位置

草原带,2 000~2 300 m 为草原化荒漠带。植被的分布对调蓄径流、涵养水源起着重要的作用。土壤类型为高山荒漠土壤系列、高山草甸土壤系列、山地草甸草原土壤系列、山地草原土壤系列和山地森林土壤系列;主要土类有寒漠土、高山草甸土、高山灌丛草甸土、高山草原土、亚高山草甸土、亚高山草原土、灰褐土、山地黑钙土、山地钙土等。

走廊平原山前冲积扇和走廊平原分布着灌溉绿洲,种植农作物和人工林,呈现出人工植被景观,是黑河径流的主要消耗区。土壤类型为灰棕荒漠土和灰漠土,除地带性土类外,还有灌淤土、盐土、潮土、潜育土和风沙等非地带性土壤。

阿拉善高平原的河流两岸、三角洲及冲积扇缘的湖盆洼地生长有荒漠地区特有的荒漠河岸林、灌木林和草甸植被,呈现荒漠天然绿洲景观,土壤类型同走廊平原。

2.2 河流水系

黑河干流发源于青海省祁连县,从祁连山发源地到尾间居延海,全长约 928 km。发源于祁连山的大小河流共 35 条,其中集雨面积大于 100 km^2 的河流有 18 条。按照地表水力联系及尾闾归宿可分为东、中、西 3 个相对独立的子水系。西部子水系包括讨赖河、洪水河等,归宿于金塔盆地,流域面积 2.1 万 km^2;中部子水系包括马营河、丰乐河等,归宿于高台盐池-明花盆地,流域面积 0.6 万 km^2;东部子水系即黑河干流水系,包括黑河干流、梨园河及 20 多条沿山小支流,流域面积 11.6 万 km^2。本书中所指的黑河流域均指黑河东部子水系。

黑河干流莺落峡以上为上游,河道长 313 km,流域面积 1 万 km^2,河床平均比降 1%,天然落差约 3 000 m,是黑河流域的产流区。黑河上游地势高峻,气候严寒湿润,年均降水量 350 mm,近代冰川发育,河道为峡谷型河道,山高谷深、水流湍急。

莺落峡至正义峡之间为中游,河道长 204 km,流域面积 2.56 万 km^2,河床比降 0.1%~0.2%。中游地区绿洲、荒漠、戈壁、沙漠断续分布,地势平坦,是河西走廊的重要组成部分,这里光热资源充足,昼夜温差大,是甘肃省重要的灌溉农业区。

正义峡以下为下游,河道长 411 km,流域面积 8.04 万 km^2。穿越北山,流经金塔鼎新盆地,改称额济纳河(古弱水),向北流注入内蒙古额济纳旗境内的居延海。下游阿拉善高平原属于马鬃山至阿拉善台块的戈壁沙漠地带,地势开阔平坦,气候非常干燥,植被稀疏,是戈壁沙漠围绕天然绿洲的边境地区。

黑河流域水系分布见图 2-2。

2.3 水文气象

2.3.1 气象

黑河地处欧亚大陆腹地,远离海洋,属极强大陆性气候。夏季受东南太平洋暖湿气流影响,西南气流可把印度洋和孟加拉湾等南亚洋面的水汽带入区内的东部,而西面大西洋和北面北冰洋的气流对本区影响较弱。冬季在蒙古、西伯利亚高压控制之下,气候寒冷、

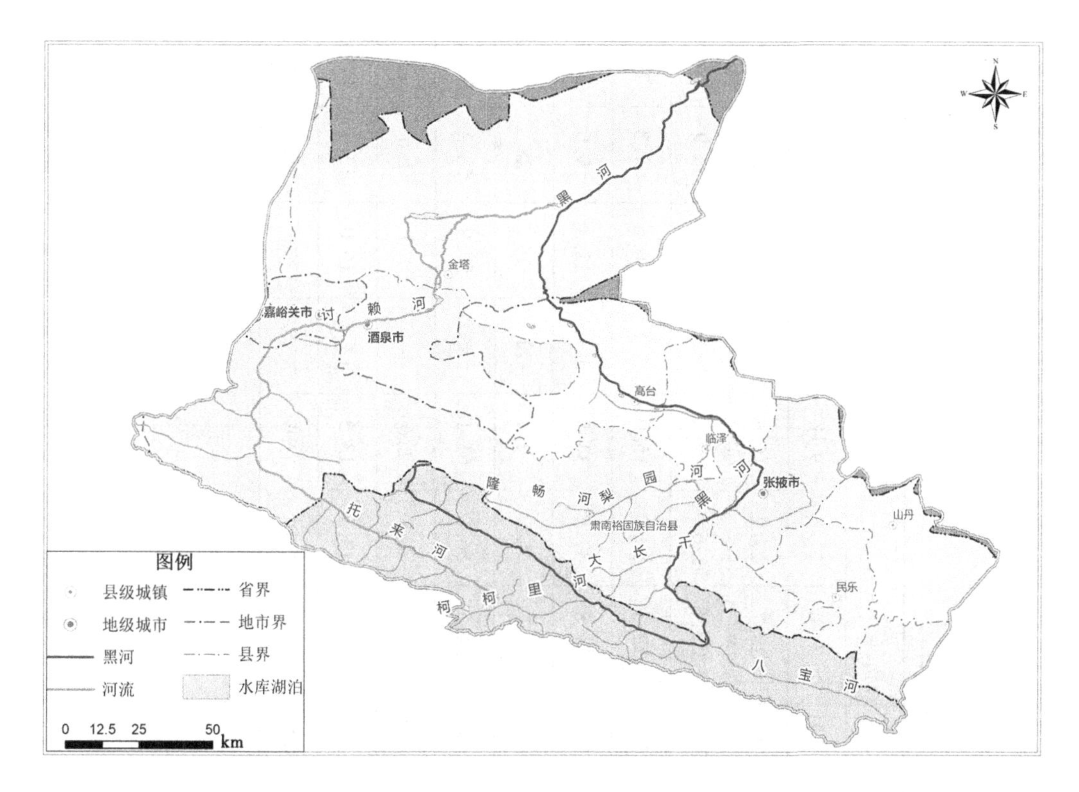

图 2-2　黑河流域水系分布

干燥。

流域气候特点具有明显水平分带的差异，祁连山地属青藏高原气候区的祁连山-青海湖气候亚区。主要受青藏高原气候的影响，基本为高寒半干旱气候。祁连山区主要降水来源是西南季风，降水量相对较多，年降水量为 250～500 mm，蒸发量为 700～800 mm（E601 蒸发皿，下同），是黑河的产流区，气温较低，最低-28 ℃，日照时数较短，为 2 200～3 000 h，无霜期 100～125 d。祁连山区由于高山深谷，地势反差很大，山地气候具有垂直分带性。

走廊平原属温带，中游河西走廊属温带干旱亚区，光热资源丰富，年温差较大，年日照时数长达 3 000～4 000 h，年均温度 6～8 ℃，无霜期约 160 d，年降水量 110～370 mm，蒸发量为 1 200～2 200 mm，相对湿度 52%。本区气候条件有利于植物进行光合作用，只要水分条件充分，发展农业、林业和牧草业具有得天独厚的条件，自古以来就是重要的灌溉农业区。

黑河下游阿拉善高平原属荒漠干旱区和极端干旱亚区，降水量极少（40～54 mm）、蒸发极强（2 200～2 400 mm），光热资源丰富，年日照时数 3 446 h，干旱指数高达 47.5，无霜期 120～140 d。植被以荒漠草场为主，自古以来就是传统的牧业区。

黑河干流沿线县市气象要素统计见表 2-1～表 2-3。

2.3.2　洪水特性

黑河流域的洪水以暴雨洪水为主导，融雪洪水为辅。主要来源于莺落峡以上祁连山区。根据统计，黑河上游多年平均降水量为 350 mm，其中 6—9 月降水量占全年降水量的

表 2-1 张掖市气象要素统计

项目	单位	月份												年平均
		1月	2月	3月	4月	5月	6月	7月	8月	9月	10月	11月	12月	
历年平均降水量	mm	2.1	1.4	4.1	5.3	14.1	20.8	28.7	27.2	19.6	5.8	1.8	1.7	132.6
历年平均蒸发量	mm	34.6	59.8	128.4	223.9	236.2	253.1	255.8	226.5	156.7	127.1	59.7	34.9	1 796.7
历年平均气温	℃	-9.1	-4.4	2.6	10.4	16.2	20.3	22.3	20.7	15.0	7.3	-0.6	-7.3	7.8
极端最高气温	℃	18.4	24.2	26.2	33.1	34.7	36.7	39.8	37.5	34.5	30.3	22.3	19.6	39.8
极端最低气温	℃	-28.1	-27.5	-18.8	-8.0	-4.5	4.1	6.7	4.5	-1.1	-12.7	-19.3	-28.2	-28.2
历年平均相对湿度	%	54.3	45.2	43.0	37.8	42.6	49.3	54.5	56.8	61.1	58.7	57.9	58.2	51.6
历年各月平均风速	m/s	1.5	1.8	2.2	2.5	2.2	1.9	1.9	1.8	1.6	1.5	1.7	1.6	1.9
历年各月最大风速	m/s	12.7	12.3	16.0	15.3	17.3	17.0	16.0	13.3	13.3	12.3	16.0	13.0	17.3
相应风向	—	NNW	NNW	NW	WNW	NNW	WNW	WNW	WNW	NNW	NNW	NW	NNW	NNW

表 2-2 祁连站气象要素统计

项目	单位	月份												年平均
		1月	2月	3月	4月	5月	6月	7月	8月	9月	10月	11月	12月	
历年平均降水量	mm	1.1	1.4	6.7	13.3	41.1	77.8	101.7	88.7	59.2	13.4	1.6	0.7	406.7
历年平均蒸发量	mm	35.0	54.6	102.4	165.5	211.0	196.4	185.3	171.8	134.0	102.7	56.7	34.5	1 449.9
历年平均气温	℃	-13.2	-9.4	-3.7	2.7	7.6	10.9	12.8	12.0	7.8	1.7	-6.0	-11.7	1.0
极端最高气温	℃	7.5	14.6	19.5	27.4	27.2	27.4	33.3	30.7	27.5	21.9	15.1	7.5	33.3
极端最低气温	℃	-28.9	-29.1	-24.9	-16.6	-10.5	-5.2	-1.1	-2.3	-7.3	-16.9	-24.9	-32.0	-32.0
历年平均相对湿度	%	44	42	45	48	53	61	67	68	65	56	48	47	54
历年各月平均风速	m/s	1.4	1.9	2.3	2.6	2.8	2.4	2.1	2.1	2.0	1.9	1.5	1.3	2.0
历年各月最大风速	m/s	14.0	15.0	17.3	17.3	18.7	18.0	19.0	18.7	15.7	17.0	15.7	12.0	19.0
相应风向	—	NW	NW	WSW	W	WNW	WSW	WNW	W	NW	WSW	W	W	WNW

表 2-3　金塔县气象站气象要素统计

项目	单位	1月	2月	3月	4月	5月	6月	7月	8月	9月	10月	11月	12月	年平均
历年平均降水量	mm	0.9	1.1	2.2	2.8	7.1	7.2	15.0	13.0	7.6	1.0	1.3	0.7	59.9
历年平均蒸发量	mm	45.2	71.2	172.2	298.2	352.6	351.0	355.6	343.8	245.1	168.7	88.1	47.0	2 538.7
历年平均气温	℃	-9.9	-5.7	2.5	10.5	17.0	21.4	23.4	22.3	15.9	7.9	-1.0	-8.1	8.0
极端最高气温	℃	12.2	15.6	26.2	31.0	35.4	37.5	38.1	38.6	34.3	28.4	19.8	13.6	38.6
极端最低气温	℃	-29.0	-28.5	-19.4	-10.6	-4.9	2.0	8.2	5.3	-4.7	10.4	24.2	-26.8	-29.0
历年最大冻土深	cm	125	140	141	119	4	0	0	0	2	10	49	92	141
历年各月平均风速	m/s	3.3	3.1	3.3	3.5	3.1	2.9	2.8	2.5	2.3	2.2	3.1	3.1	3.0
历年各月最大风速	m/s	18	24	20	25	21	19	19	18	18	18	20	20	25
相应风向	—	NNW WNW	NNW	NW WNW	WNW	W	WNW W	WNM W	WNW	NW	WNW	WNW	NW WNW	WNW

78%；中游多年平均降水量为 130 mm，年内主要集中在 6—9 月，占全年降水量的 74%；黑河下游多年平均降水量仅为 40～54 mm。据莺落峡、正义峡站实测资料统计，黑河年最大洪水一般发生在 6—9 月，尤以 7 月、8 月两个月发生次数最多。一次洪水过程历时为 1～7 d，峰型有单峰型、双峰型或多峰型。黑河从莺落峡出山后进入平原河道，由于区间汇水少、河道渗漏及引水等因素，洪峰、洪量衰减较快，到达正义峡站的衰减幅度达 20%左右。

2.3.3　径流

黑河干流径流主要由降雨及南部祁连山区冰雪融水形成，主要来源于莺落峡出山口以上山区，莺落峡站多年平均径流量为 16.79 亿 m^3。黑河干流径流具有年内分配不均、年际变化相对平缓的特点，一般规律是：从 4 月开始，随着气温的升高，流域积雪融化和河网储冰解冻，流量逐渐增大；4—5 月径流量约占年总量的 11.7%，这一时节正值农田苗水春灌时期。6—9 月，是流域降水较多而且集中的时期，也是河流发生洪水的时期，径流主要由降水补给，占年总量的 67.6%，其中 7—8 月径流量占年总量的 40.5%，全年最大洪水即发生在此时期内；10—11 月为洪水退水期，径流量呈下降趋势，约占年径流量的 11.0%；12 月至翌年 3 月为枯水期，径流主要靠地下水补给，全年最小流量即出现在 12 月下旬至翌年 2 月上旬，其量约占年总量的 9.7%。

2.3.4　泥沙

根据莺落峡、高崖、正义峡站实测泥沙资料统计分析，黑河输沙量具有年际变化大，年内分配不均的特点。汛期水量占年水量的 68.1%，汛期沙量占年沙量的 94.9%，说明黑河的沙量主要集中在汛期，特别是汛期的几场大洪水。

据统计，莺落峡站多年平均输沙量为 202 万 t；高崖站多年平均输沙量为 164.3 万 t，年平均含沙量为 1.59 kg/m^3；正义峡站多年平均输沙量为 178.8 万 t，年平均含沙量为 1.81 kg/m^3。

据调查分析，黑河上游来沙量中泥沙的推悬比为 20%；正义峡水文站输沙量年际变化大，年内分配不均匀，该站最大年输沙量为 398 万 t（1958 年），最小年输沙量为 20.0 万 t（1997 年），多年平均含沙量为 1.73 kg/m^3，年最大含沙量为 144.0 kg/m^3（1979 年）。

2.3.5　冰情

根据莺落峡水文站冰情观测资料，黑河上游流冰时间最早为 11 月上旬，翌年 1 月初至 2 月底河封冻，3 月中下旬开始解冻。最大岸冰厚度为 1.14 m，最大河冰厚度为 0.88 m。

根据正义峡水文站冰情观测资料，岸冰开始日期最早为 10 月 21 日，最晚为 11 月 28 日；结束日期最早为翌年 2 月 28 日，最晚为翌年 4 月 5 日。流冰时间最早为 11 月 22 日，结束日期最晚为翌年 3 月 30 日。由于冬季径流量多为中游河段泉水出露，且距正义峡流程短，水温相对较高，一般年份河水不封冻。在 27 年（1957—1958 年、1967—1991 年）冰情观测资料中，只有 1971 年和 1977 年封冻。其中 1971 年从 1 月 21 日封冻至 3 月 6 日；1977 年从 1 月 6 日封冻至 3 月 8 日。1970 年、1971 年、1975 年和 1986 年在正义峡水文站附近曾 4 次形成冰塞或冰坝，出现冰塞和冰坝时间最长的为1970年12月25日至1971年3月7日,历时73 d。

2.4 社会经济

甘肃境内黑河干流涉及张掖市和酒泉市,流经肃南裕固族自治县(简称肃南县)、甘州区、临泽县、高台县、金塔县。黑河干流甘肃境内行政区划见图2-3。黑河沿岸县级以上行政区主要经济社会指标见附表1。

2.4.1 肃南县

肃南县隶属于甘肃省张掖市,是中国唯一的裕固族自治县,地处河西走廊中部,祁连山北麓一线,辖6镇11乡、102个村委会、3个社区和9个国有林牧场,总面积23 887 km^2。根据肃南县2018年统计年鉴,肃南县2018年末土地总面积3 026.21万亩,其中耕地20.45万亩,林地418.54万亩,草地2 156.23万亩。2018年末全县户籍人口15 130户,39 046人。在常住人口3.51万人,其中城镇人口1.53万人,占43.59%;乡村人口1.98万人,占52.41%。

2018年肃南县实现生产总值26.4亿元。其中第一产业增加值7.19亿元;第二产业增加值7.44亿元;第三产业增加值11.77亿元。按常住人口计算,人均生产总值75 636元。

2.4.2 甘州区

甘州区是丝绸之路上的重镇,素有"金张掖"之称,全区辖5乡13镇,5个街道办事处。根据甘州区2018年统计年鉴,甘州区2018年末土地总面积549.15万亩,其中耕地138.78万亩,林地17.58万亩,草地177.26万亩。2018年末常住人口51.85万人。常住人口中,城镇人口26.51万人,占常住人口比重(常住人口城镇化率)为51.13%,乡村人口25.34万人,占常住人口比重为48.87%。

2018年甘州区实现生产总值181.4亿元。其中第一产业增加值31.55亿元;第二产业增加值37.64亿元;第三产业增加值112.21亿元。按常住人口计算,人均生产总值35 019元。

2.4.3 临泽县

临泽县隶属甘肃省张掖市,位于河西走廊中部,共辖7个镇,71个行政村,总面积2 729 km^2。根据临泽县2018年统计年鉴,临泽县2018年末土地总面积409.46万亩,其中耕地52.76万亩,林地17.03万亩,草地130.18万亩。2018年末总人口149 523人,增加168人,其中常住人口137 800人。在常住人口中,城镇人口61 800人,占常住人口比重(常住人口城镇化率)为44.85%。

2018年临泽县实现生产总值48.35亿元。其中第一产业增加值13.27亿元;第二产业增加值9.08亿元;第三产业增加值26亿元。按常住人口计算,人均生产总值35 194元。

2.4.4 高台县

高台县隶属甘肃省张掖市,地处甘肃河西走廊中部,黑河中游下段,自古被称为"河西

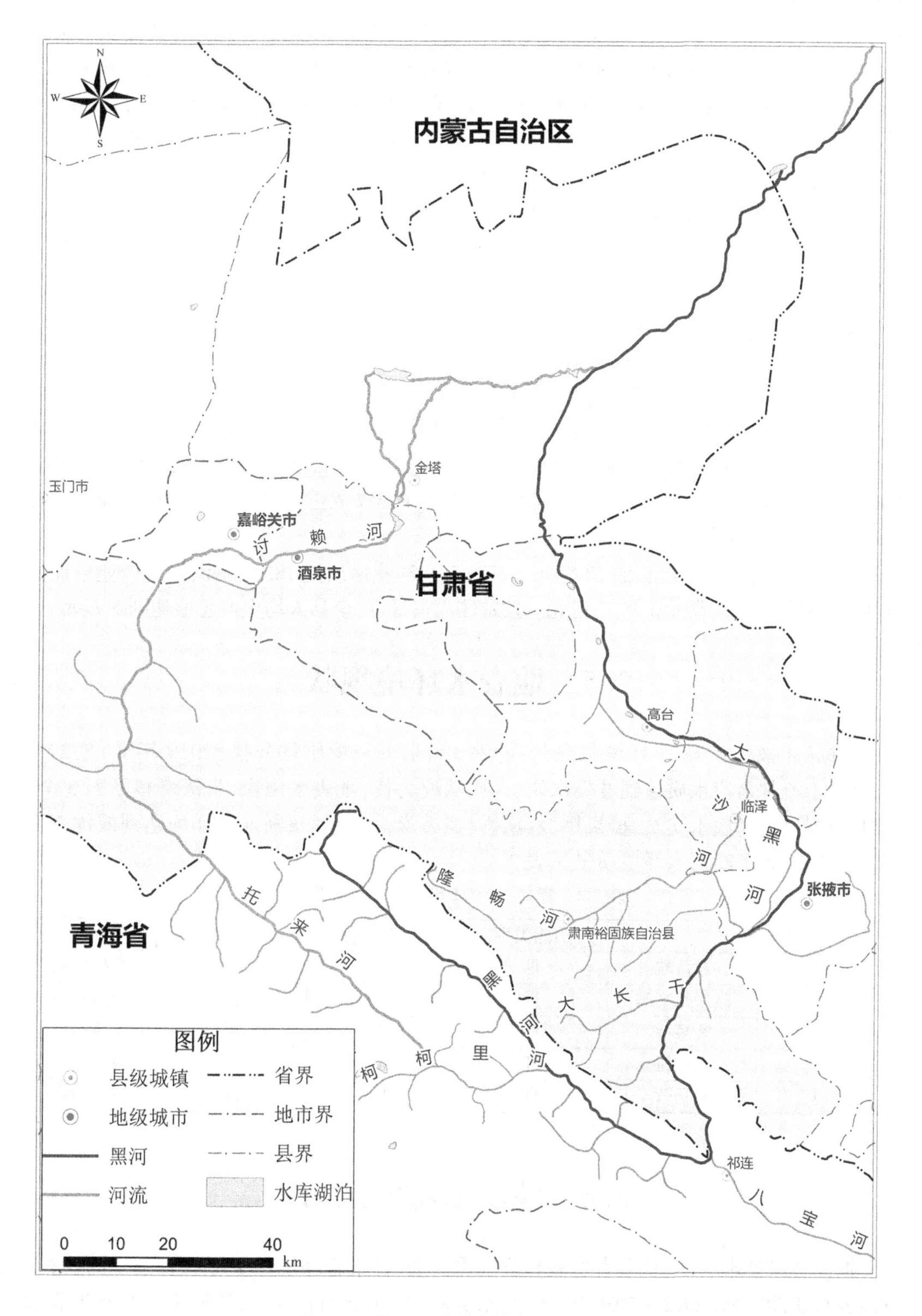

图2-3　黑河干流甘肃境内行政区划

锁钥、五郡咽喉”。全县辖新坝、骆驼城、南华、巷道、合黎、宣化、黑泉、罗城、城关9个镇,9个社区,136个行政村、1 005个村民小组。根据高台县2018年统计年鉴,高台县2018年末土地总面积651.99万亩,其中耕地60.05万亩,林地17.41万亩,草地146.95万亩。2018年末常住人口14.67万人。在常住人口中,城镇人口7.34万人,占常住人口比重(常住人口城镇化率)为50.03%,乡村人口7.33万人,占常住人口比重为49.97%。

2018年高台县实现生产总值50.22亿元。其中第一产业增加值12.68亿元;第二产业增加值12.73亿元;第三产业增加值24.81亿元。按常住人口计算,人均生产总值34 339元。

2.4.5 金塔县

金塔县隶属甘肃省酒泉市,地处河西走廊中段北部边缘,辖2乡7镇和1个城市社区管委会,89个行政村479个村民小组,4个城镇社区。根据金塔县2018年统计年鉴,金塔县2018年末土地总面积2 820万亩,现有耕地总面积75.34万亩,林地12.37万亩,草地面积170万亩。2018年年末全县总人口为144 682人,其中城镇人口48 317人占常住人口比重为33.4%,乡村人口96 365人,占常住人口比重为66.6%。

2018年全县实现生产总值73亿元。其中第一产业增加值18.9亿元;第二产业增加值14.4亿元;第三产业增加值39.7亿元。按常住人口计算,全县人均生产总值达到5万元。

2.5 地表水环境现状

根据《张掖市2018年环境状况公报》和《酒泉市环境质量公报(2018年度)》,2018年,黑河干流甘肃段水质达到Ⅱ类水质,水质状况为优,地表水国家、省级考核断面5个,分别为莺落峡、高崖水文站、蓼泉桥、六坝桥、哨马营。5个考核断面水质均达到或优于水质目标要求,各个断面水环境质量见表2-4。

表2-4 黑河2018年地表水环境质量

断面名称		功能类别	水质类别	水质状况	说明
甘州区	莺落峡	Ⅲ	Ⅱ	优	国控断面
临泽县	高崖水文站	Ⅲ	Ⅱ	优	国控断面
	蓼泉桥	Ⅲ	Ⅱ	优	省控断面
高台县	六坝桥	Ⅲ	Ⅱ	优	国控断面
金塔县	哨马营	Ⅲ	Ⅱ	优	省控断面

2.6 地表水功能区划

根据甘肃省水利厅、甘肃省发展和改革委员会、甘肃省环境保护厅联合下发的《甘肃省地表水功能区划(2012—2030年)》(甘水资源发〔2013〕172号),黑河干流共有地表水一级水功能区3个、二级水功能区4个。黑河水功能分区如图2-4所示。

内蒙古自治区
讨 赖 河
金塔
内蒙古自治区
嘉峪关市
讨 赖 河
酒泉市
甘肃省
高台
大
沙
临泽
河
河
张掖市
隆
畅
河
园
梨
磨
肃南裕固族自治县
托
来
河
青海省
黑
河
大
大
长
干
民乐
祁连
图例
县级城镇
地级城市
河流
一级水功能保护区
一级水功能开发利用区
二级水功能区农业用水区
二级水功能区工业用水区
省界
地市界
县界
水库湖泊
0 12.5 25 50 km

图 2-4　黑河水功能分区

2.6.1　一级水功能区

一级水功能区河段分三段：第一段扎马什克水文站至莺落峡段，为黑河青甘开发利用区，全长 111.5 km，水质目标“按二级区划执行”；第二段莺落峡至正义峡段，为黑河甘肃开发利用区，全长 204.0 km，水质目标“按二级区划执行”；第三段正义峡至哨马营段，为黑河甘肃生态保护区，全长 161.4 km，水质目标为Ⅲ类。具体见表 2-5。

表 2-5　黑河地表水一级水功能区划

一级水功能区名称	流域	水系	河流	范围		长度/km	水质目标
				起始断面	终止断面		
黑河青甘开发利用区	内陆河	黑河	黑河	扎马什克水文站	莺落峡	111.5	按二级区划执行
黑河甘肃开发利用区	内陆河	黑河	黑河	莺落峡	正义峡	204.0	按二级区划执行
黑河甘肃生态保护区	内陆河	黑河	黑河	正义峡	哨马营	161.4	Ⅲ

2.6.2　二级水功能区

二级水功能区河段分四段：第一段扎马什克水文站至莺落峡段，为黑河青甘农业用水区，全长 111.5 km，水质目标为Ⅲ类；第二段莺落峡至黑河大桥段，为黑河甘州农业用水区，全长 21.2 km，水质目标为Ⅲ类；第三段黑河大桥至高崖水文站段，为黑河甘州工业、农业用水区，全长 35.5 km，水质目标为Ⅳ类；第四段高崖水文站至正义峡段，为黑河临泽，高台，金塔工业、农业用水区，全长 147.3 km，水质目标为Ⅲ类。具体见表 2-6。

表 2-6　黑河地表水二级水功能区划

二级水功能区名称	所在一级水功能区名称	流域	河流	范围		长度/km	水质目标
				起始断面	终止断面		
黑河青甘农业用水区	黑河青甘开发利用区	内陆河	黑河	扎马什克水文站	莺落峡	111.5	Ⅲ
黑河甘州农业用水区	黑河甘肃开发利用区	内陆河	黑河	莺落峡	黑河大桥	21.2	Ⅲ
黑河甘州工业、农业用水区		内陆河	黑河	黑河大桥	高崖水文站	35.5	Ⅳ
黑河临泽，高台，金塔工业、农业用水区		内陆河	黑河	高崖水文站	正义峡	147.3	Ⅲ

2.7　水土流失重点预防区和治理区

根据《甘肃省人民政府关于划定省级水土流失重点预防区和重点治理区的公告》（甘政发〔2016〕59 号），黑河干流水土流失重点预防区和重点治理区分布见图 2-5，黑河干流水土流失涉及乡镇情况见表 2-7。

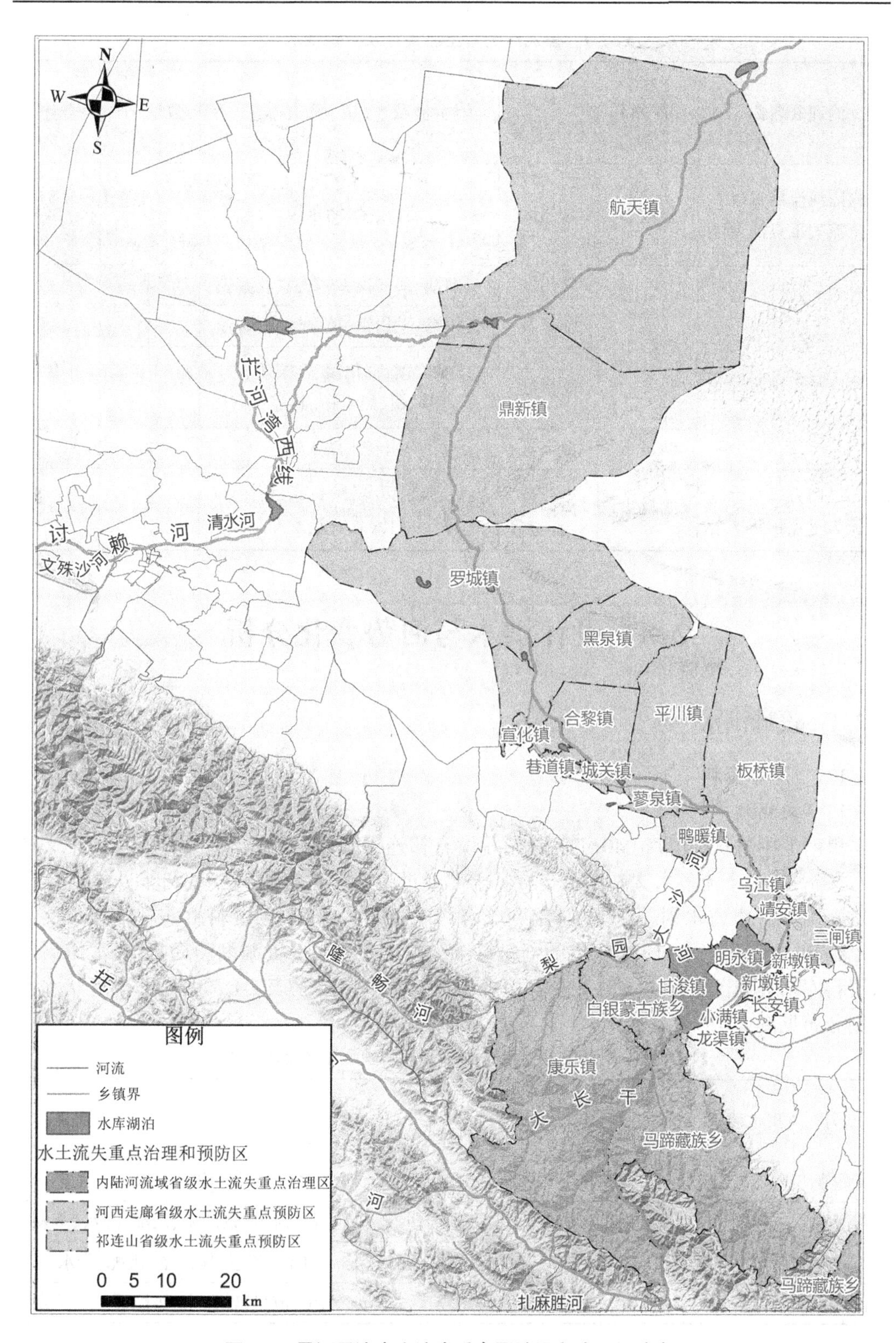

图2-5 黑河干流水土流失重点预防区和治理区分布

表 2-7　黑河干流水土流失涉及乡镇情况

治理区名称	市(州)	县(市、区)	涉及乡(镇、场、站)	数量/个	合计
内陆河流域省级水土流失重点治理区	张掖市	甘州区	甘浚镇、明永镇	2	2
河西走廊省级水土流失重点预防区	张掖市	甘州区	三闸镇、乌江镇、靖安镇、花寨镇	4	16
		临泽县	板桥镇、平川镇、蓼泉镇、鸭暖镇	4	
		高台县	城关镇、宣化镇、合黎镇、罗城镇、黑泉镇、巷道镇	6	
	酒泉市	金塔县	鼎新镇、航天镇	2	
祁连山省级水土流失重点预防区	张掖市	肃南县	康乐镇、马蹄藏族乡、白银蒙古族乡	3	3

2.8　设计洪水与河势变化分析

2.8.1　设计洪水

2.8.1.1　基本资料

1. 水文测站

黑河上中游从 20 世纪 40 年代起先后设有祁连、扎马什克、黄藏寺、莺落峡和正义峡等水文站,黑河干流各水文站的水文资料全部经过主管单位整编、复审、刊印。1956 年前的资料由原甘肃省水利厅于 1959 年刊印合订本,1957—1987 年资料由前甘肃省水文总站汇编刊印,每年一本,1988 年后的资料每年经甘肃省水文水资源勘测局复审、汇编后进入资料库。规划区主要水文测站及各站观测资料基本情况见表 2-8。黑河干流现状水文站网分布见图 2-6。

表 2-8　规划区主要水文测站及各站观测资料基本情况

站名	集水面积/km²	设站时间	测验项目
黄藏寺	7 648	1954 年 6 月至 1967 年 5 月	水位、流量、输沙率、降水、蒸发
莺落峡	10 009	1943 年 10 月至今	水位、流量、输沙率、级配、降水、蒸发
高崖	25 096	1977 年 1 月至今	水位、流量、输沙率、级配、降水
正义峡	35 634	1943 年 9 月至今	水位、流量、输沙率、级配、降水、蒸发

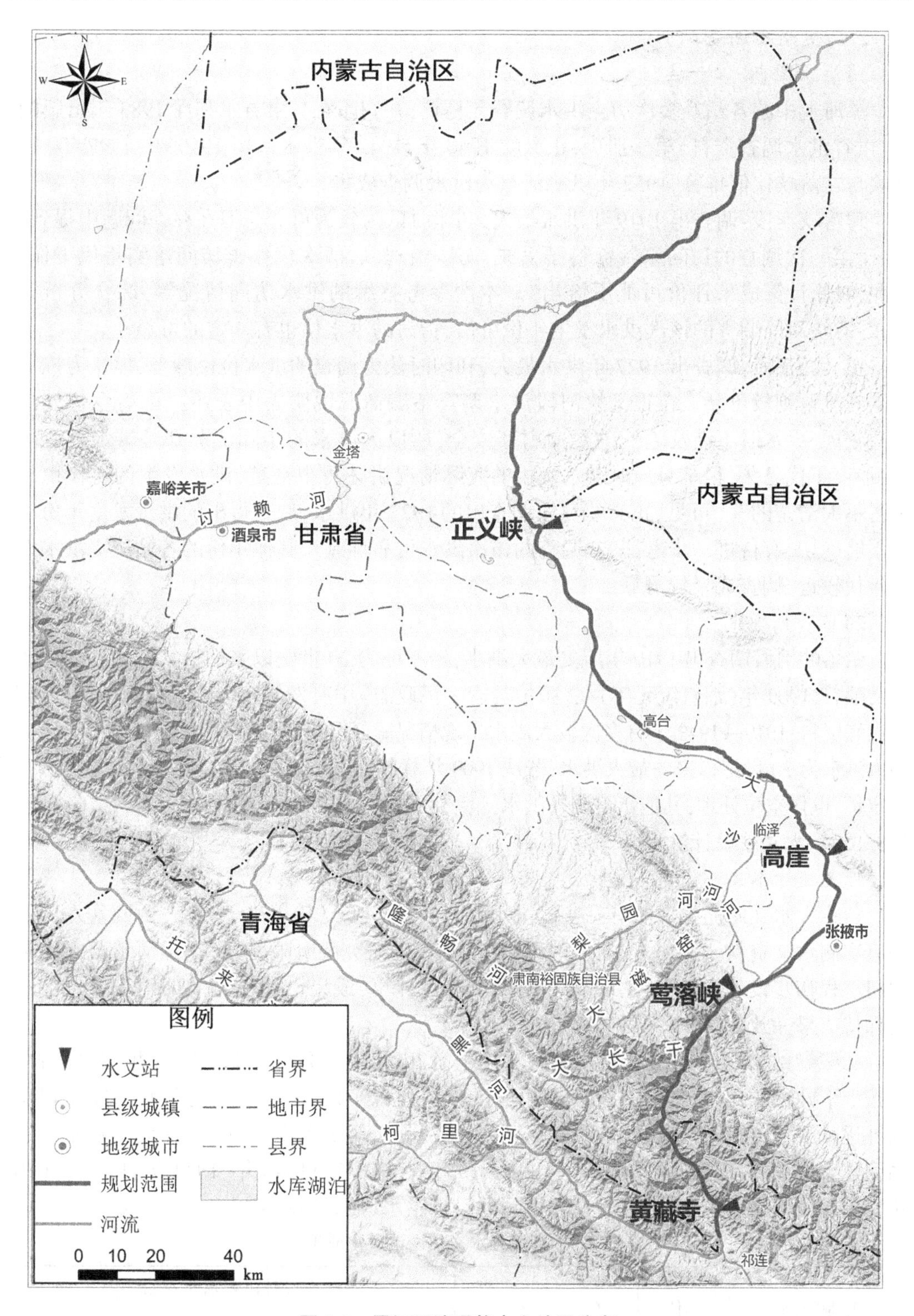

图2-6　黑河干流现状水文站网分布

2. 历史洪水调查

1) 洪水调查

黑河上中游各站经多次历史洪水调查和复核,并刊印在甘肃省水利厅1983年出版的《甘肃省洪水调查资料》第一册中,正义峡1940年、1942年洪水采用1919年(1927年)正义峡与莺落峡比值推算,1952年洪峰流量为洪水调查成果。

莺落峡河段:调查出1919年洪水最大,刊印时认为较为可靠。但在存在问题中提到:"由于第一次调查的访问原始资料已丢失,无法整理,后两次仅作了访问落实年代工作。因此,对原计算成果评价可能不恰当"。本次参考整编的洪水访问情况等,综合分析认为,莺落峡河段调查的该次洪水发生年份可信,指认的洪水位也有一定的可靠性。

正义峡河段:调查出1927年洪水最大,刊印时认为调查的洪水位供参考,但认为推算的洪峰流量则较可靠。在正义峡河段洪水调查整编情况说明表中表述:"因老乡住处离河边较远,大水时不涉及人们的生命财产安全,所以大洪水的实际情况都是洪水过后所见,加上年代已久,很难对当时洪水发生的实际情况讲述得很清楚,洪水发生的年代也是记得不太清楚的"。可见,正义峡河段调查出的1927年洪水,调查得出的洪水发生年份可能不够确切,有待进一步考证,其调查的该次洪水可靠性差。其他年份的各站历史洪水发生年代较近,调查成果较可靠。

2) 重现期确定

莺落峡河段调查出1919年历史最大洪水,经考证为20世纪以来的最大洪水。如从历史文献看,1909年(清宣统元年)在《张掖县志·民政志》中有发生较大洪水的记载,但无调查洪峰资料;1919—1942年有多次较大洪水出现情况。经分析,黑河莺落峡河段调查出历史最大洪水为20世纪以来的最大洪水,若从1909年算起,其重现期为110年。1909年洪水难以定量,也作空位处理,其他年份调查洪水,量级不是很大,按实测洪水处理。

2.8.1.2 水文站设计洪水

1. 黄藏寺水文站

黄藏寺水文站简称黄藏寺站实测洪水系列较短。1967年以来上游东、西两岔入口处均有实测水文资料。2016年4月黄河勘测规划设计研究院有限公司在《黑河黄藏寺水利枢纽工程初步设计报告》中对黄藏寺站洪水进行计算,成果已通过相关部门审查、批准,为保持成果一致性,本书采用其成果。

黄藏寺站1967—2010年洪水系列采用上游祁连、扎马什克站相应洪水相加法插补,并按上下站面积比进行修正,统计出相应洪水系列;1944—1953年由莺落峡站按面积比插补逐日平均流量,统计出相应洪量系列;洪峰流量及历史洪水采用与下游莺落峡站洪水系列建立相关关系进行插补延长。采用1919年、(1909年)1940年、1942年、1944—2010年实测加历史洪水不连续系列,计算得到的设计洪水成果见表2-9。

表2-9 黄藏寺水文站设计洪水成果

控制断面	均值	C_v	C_s/C_v	各频率设计洪峰流量/(m^3/s)				
				2%	5%	10%	20%	50%
黄藏寺水文站	445	0.85	4.0	1 660	1 190	866	574	290

2. 莺落峡水文站

莺落峡是黑河干流出祁连山区的控制峡口,是黑河干流进入中游的第一个峡口,也是黑河中游水环境质量考核的第一个控制断面。采用实测及插补延长的(1909 年)1940 年、1942 年、1944—2018 年共 77 年年最大洪水系列加 1919 年历史大洪水组成不连序系列,分析可知,莺落峡站实测最大洪峰流量为 1 280 m^3/s(1996 年),实测最小洪峰流量为 199 m^3/s(1945 年),该洪水系列出现过较大和较小的年最大洪峰流量,洪水系列具有一定的代表性。

莺落峡水文站(简称莺落峡站)洪峰流量计算值较 2010 年 6 月黄河水利委员会(简称黄委)审查通过的《黑河干流引水口门合并改造及河道治理可行性研究引水口门总体布局》中的成果偏小约 1.7%。从安全角度考虑,本书设计洪水采用《黑河干流中下游河段河道治理工程及引水口门合并改造水文分析专题报告》中设计成果(见表 2-10)。

表 2-10 莺落峡水文站设计洪水成果

控制断面	均值	C_v	C_s/C_v	各频率设计洪峰流量/(m^3/s)				
				2%	5%	10%	20%	50%
莺落峡水文站	545	0.81	4.0	1 950	1 420	1 050	710	365

3. 高崖水文站

高崖水文站(简称高崖站)洪水基本上为莺落峡来水,区间来水很少,但因河道渗漏及引水,使洪水有所减小。通过建立黑河高崖站与上游莺落峡站年最大洪峰流量关系,将高崖站历史特大洪水及(1909 年)1940 年、1942 年、1944—1976 年洪水系列采用莺落峡站与高崖站洪峰流量相关插补,连同 1977—2018 实测洪水组成不连序的洪水系列。

本次系列延长后高崖站洪峰流量计算值较 2010 年 6 月黄委审查通过的《黑河干流引水口门合并改造及河道治理可行性研究引水口门总体布局》中的成果偏小 9.20%,从安全角度考虑,本书设计洪水采用《黑河干流中下游河段河道治理工程及引水口门合并改造水文分析专题报告》中设计成果。黑河干流高崖水文站设计洪水成果见表 2-11。

表 2-11 高崖水文站设计洪水成果

控制断面	均值	C_v	C_s/C_v	各频率设计洪峰流量/(m^3/s)				
				2%	5%	10%	20%	50%
高崖水文站	500	0.80	4	1 770	1 300	959	652	340

4. 正义峡水文站

本书采用天津设计院《黑河正义峡水利枢纽可行性研究报告》中正义峡水文站(简称正义峡站)的设计成果。正义峡水文站设计洪水成果见表 2-12。

表 2-12 正义峡水文站设计洪水成果

控制断面	均值	C_v	C_s/C_v	各频率设计洪峰流量/(m^3/s)				
				2%	5%	10%	20%	50%
正义峡水文站	440	0.82	4	1 590	1 160	849	572	295

5. 成果合理性分析

本次采用黑河莺落峡站、高崖站的 77 年洪水资料和正义峡站的 68 年洪水资料加一场百年的历史大洪水系列进行洪水频率计算，其采用的洪水系列具有一定的代表性。

考虑到正义峡站 1927 年历史洪水采用不同的重现期，其 50 年一遇以下洪水只相差很小，从安全角度考虑，采用正义峡站的偏大设计洪水值。黑河莺落峡至正义峡区间为径流利用区，区间产流小、仅有梨园河一小部分洪水加入，受河道渗漏、灌溉引水等因素的影响，洪水逐渐衰减。莺落峡与正义峡 68 年洪水系列中有 80%为同期洪水，洪峰、洪量衰减系数达 25%。一般情况下，洪峰及洪量的均值及设计值由上游向下游递增，C_v 值（偏差系数）随面积的增加而减小。根据莺落峡站、高崖站、正义峡站洪水成果分析，出山口莺落峡站以下，进入径流消耗区，洪峰及洪量的均值及设计值由上游向下游递减是符合实际且合理的，C_v 值符合由上游向下游递减的规律。经与其下游正义峡站的设计洪水成果对比看，莺落峡站出山口的设计洪水比下游经河道削减后正义峡站的设计洪水大是合理的。

本书采用成果与 2010 年 6 月黄委审查批复的《黑河干流引水口门合并改造及河道治理可行性研究引水口门总体布局》水文分析专题报告的结果完全一致。

2.8.1.3　分段设计洪水

水文分析是黑河岸线保护与利用规划的重要内容和依据，特别是对于无堤防河道，其边界线的划定与水面线计算的准确性密切相关。本次黑河岸线保护与利用规划范围内有黄藏寺水文站、莺落峡水文站、高崖水文站、正义峡水文站等水文测站，结合已有成果，分别计算不同河段各种频率的设计洪水。

根据国家发展和改革委员会批复的《黑河黄藏寺水利枢纽工程初步设计报告》，黄藏寺水利枢纽 7 月中旬和 8 月中旬以“全线闭口、集中下泄”的方式向中下游进行生态调水，调水流量为 300~500 m^3/s，输水效率为 0.60~0.75。调水流量是黑河生态环境改善科学论证的结果，较生态流量偏大，满足黑河兼顾上下游、左右岸、中下游地区河道生态修复的科学流量，符合黑河流域生态治理要求。

1. 肃南县段

黑河干流黄藏寺村—莺落峡河段洪水分析的代表站为黄藏寺水文站和莺落峡水文站。本段为山区段，两岸均无居民，防洪标准为 10 年一遇，即按照洪峰流量 866（黄藏寺）~1 050 m^3/s（莺落峡）计算。

2. 甘州区段

1）莺落峡—草滩庄水利枢纽

草滩庄枢纽以上为乡村段、以下为城区段，草滩庄以上主要涉及左岸甘浚镇、右岸小满镇等几个乡镇，且该河段左岸为高坎，右岸为电站、引水渠以及耕地等。该河段洪水淹没范围小，主要为农田，根据《防洪标准》（GB 50201—2014）规定，该河段防洪标准为 10 年一遇，即按照洪峰流量 1 050 m^3/s 计算。

2）草滩庄水利枢纽—石庙子分洪堰

甘州区属于比较重要的城市，城区段右岸常住人口在 20 万~50 万，防洪标准为 50~100 年一遇洪水。考虑到常住人口在规划下限，河道两岸地势相对较高，淹没影响较小，且省道 213 线以下河段现状防洪标准也为 50 年一遇，因此城区段防洪标准取下限 50 年一遇，相应洪峰流量 1 950 m^3/s。

城区段左岸常住人口小于20万，防洪标准为20~50年一遇洪水，考虑到该段人口较少，淹没影响较小等，防洪标准取下限20年一遇，相应洪峰流量为1 420 m^3/s。

结合《黑河干流莺落峡至省道213线生态保护治理工程（一期工程）可行性研究报告》（黄河勘测规划设计研究院有限公司，2020年7月）分析，草滩庄水利枢纽至石庙子分洪堰河段左岸防洪标准为20年一遇，相应洪峰流量1 420 m^3/s；右岸防洪标准为50年一遇，相应洪峰流量1 950 m^3/s。

3）石庙子分洪堰—国道312

黑河石庙子—省道213段为甘州区城防段，根据《防洪标准》（GB 50201—2014），甘州区属于比较重要的城市，人口在20万~50万，防洪标准为50~100年一遇洪水。本段防洪标准采用50年一遇。

石庙子分洪堰以下至国道312线黑河桥河段洪峰流量考虑河道衰减，分洪堰断面50年一遇设计洪峰流量为1 880 m^3/s，20年一遇洪峰流量为1 375 m^3/s，10年一遇洪峰流量为1 016 m^3/s，5年一遇洪峰流量为686 m^3/s，2年一遇洪峰流量355 m^3/s。依据分洪溢流堰设计，分流比例为2∶1，即东河（213线黑河大桥）按2/3流量分摊，西河按1/3流量分摊。治理段50年一遇洪水东河分摊流量为1 250 m^3/s，西河分摊流量为630 m^3/s。

4）国道312—甘临界

国道312—甘临分界河段主要防护对象为乡镇，且该河段两岸为引水渠以及耕地等。根据《防洪标准》（GB 50201—2014）规定，该河段防洪标准采用10年一遇，按照洪峰流量1 016 m^3/s 计算。

3. 临泽县段

黑河临泽县段河道主要防护对象为板桥镇、鸭暖镇、蓼泉镇、平川镇农业人口及耕地。根据《防洪标准》（GB 50201—2014），防护区级别确定为Ⅳ级，确定本河段河道防洪标准为10年一遇，相应洪峰流量为885~959 m^3/s。

4. 高台县段

1）临高界—八一村

高临分界线—双丰段黑河河道防护对象为农业人口及耕地。除六坝大桥右岸位于城镇，其他区段均位于乡村，乡村的防护区等级是Ⅳ等，因防护区农业人口和耕地面积相对较少，故取下限，确定防洪标准为10年一遇，相应洪峰流量为877~885 m^3/s。

2）八一村—西腰墩水库

高台县巷道镇八一村—西腰墩水库段防护对象为高台县城，主要保护高台县城、旅游景点、西腰墩水库和耕地，高台县城非农业人口相对较少，依照《防洪标准》（GB 50201—2014），确定防洪标准为20年一遇，相应的洪峰流量为1 198~1 204 m^3/s。

3）西腰墩水库—高金界

高台县西腰墩水库—高台金塔分界段位于乡村，防护区等级是Ⅳ等，因防护区农业人口和耕地面积相对较少，故取下限，确定防洪标准为10年一遇，相应的洪峰流量为849~875 m^3/s。

5. 金塔县段

黑河干流金塔县河段位于乡村。根据《防洪标准》(GB 50201—2014),防护区等级为乡村Ⅳ等,因防护区农业人口和耕地面积相对较少,故取下限,确定防洪标准为10年一遇,相应的洪峰流量849 m^3/s。

6. 分段设计洪水成果汇总

不同河段设计洪水统计情况见表2-13。

表2-13　不同河段设计洪水统计情况

河段	左岸		右岸	
	防洪标准	流量/(m^3/s)	防洪标准	流量/(m^3/s)
黄藏寺坝址(HH0+000)—莺落峡(HH94+000)	10年一遇	866~1 050	10年一遇	866~1 050
莺落峡—草滩庄枢纽(HH105+000)	10年一遇	1 050	10年一遇	1 050
草滩庄枢纽—石庙子分洪堰(HH115+700)	20年一遇	1 375~1 420	50年一遇	1 880~1 950
石庙子分洪堰—国道312(HH130+600)	50年一遇	1 250	50年一遇	1 250
国道312—甘临界(HH150+000)	10年一遇	1 016	10年一遇	1 016
临泽县河段(HH150+000~HH206+500)	10年一遇	885~959	10年一遇	885~959
临高界(HH206+500)—八一村(HH215+000)	10年一遇	877~885	10年一遇	877~885
八一村—西腰墩水库(HH225+500)	20年一遇	1 198~1 204	10年一遇	875~877
西腰墩水库—高金界(HH298+000)	10年一遇	849~875	10年一遇	849~875
金塔县河段(HH298+000~HH453+580)	10年一遇	849	10年一遇	849

注:本书黑河规划起点为黄藏寺坝址,桩号为HH0+000。

2.8.2　设计洪水位

2.8.2.1　计算方法

水面线计算采用恒定非均匀流方法,基于MIKE11建立一维水动力学数学模型,模拟河道或河口的水流状态。MIKE11水动力计算模型基于垂向积分的物质和动量守恒方程,即一维非恒定流Saint-Venant方程组,计算公式如下:

$$\frac{\partial A}{\partial t}+\frac{\partial Q}{\partial x}=q$$

$$\frac{\partial Q}{\partial t}+\frac{\partial\left(\alpha\frac{Q^2}{A}\right)}{\partial x}g+gA\frac{\partial h}{\partial x}+\frac{gn^2Q|Q|}{AR^{4/3}}=0$$

式中:x、t 分别为计算点空间和时间的坐标;A 为过水断面面积;Q 为过流流量;h 为水位;q 为旁侧入流流量;n 为糙率;R 为水力半径;α 为动量校正系数;g 为重力加速度。

方程组利用 Abbott-Ionescu 六点隐式有限差分格式求解。该格式在每一个网格点不同时计算水位和流量,而是按顺序交替计算水位或流量,分别称为 h 点和 Q 点。Abbott-Ionescu 格式具有稳定性好、计算精度高的特点。离散后的线性方程组用追赶法求解。

2.8.2.2　基本资料

1. 断面资料

河道横断面选取的原则:一是根据流域特征、曲直、比降变化等情况,选取代表性较好的典型断面;二是根据城镇、水利工程位置选取水面线计算的必要断面;三是选取较大支流汇入的河段典型横断面;四是河流入境处或河口处典型断面。根据《水力计算手册》,一般情况下,山区河流计算河段的长度在 20~1 000 m;平原河流计算河段的长度在 2~4 km。结合甘肃省地域特点,重点河段和一般河段断面间距约为 1 km,非重点河段断面间距约为 2 km。综合洪水分析计算要求和已有资料考虑,本次采用河道划界断面测量成果,黑河共选择 226 个断面,其中肃南断面 48 条,高台县断面 81 条,金塔县断面 97 条;甘州临泽本书补测 94 个断面,其中甘州区断面 51 条,临泽县断面 43 条。

2. 糙率选取

河道平均糙率按如下方法确定。

1) 黄藏寺—莺落峡

根据河道勘测调查,莺落峡以上河床组成大多为粗砂砾、卵石,粒径大多在 10 cm 以上,根据“甘肃省天然河流糙率表”,该段糙率取值为 0.04~0.06。根据《黑河黄藏寺水利枢纽工程初步设计报告》(发改农经〔2015〕2357 号),黑河上游河段河道糙率取 0.04。

2) 甘州区

黑河出山口以下,从上到下河床比降由陡变缓,泥沙是由粗变细,由卵砾块石变为细砂、粉细砂。莺落峡水文站断面位于出山口,河床质由卵砾块石、粗砂组成,进入平原区后,河床比降变缓,泥沙颗粒逐渐变细。

根据《黑河干流莺落峡至省道 213 线生态保护治理工程可研报告》,莺落峡至省道 213 线段河道基本顺直,从上往下河宽逐渐拓宽,河床下切深度 1~3 m,有稀疏杂草,阶面宽阔向河床及下游倾斜,已开垦为耕地,河段滩槽平均糙率为 0.04。

甘州城区治理河段(省道 213—国道 312)天然河床主要由砾石、粗砂等组成,该段河道顺直。根据 1996 年和 2002 年两场洪水资料分析,反推河段平均综合糙率为 0.04;同时,根据天然河道糙率表综合分析,治理段糙率为 0.04。疏浚后河道护岸方式为格宾笼+干砌块石,河底组成与天然情况相差不大,综合考虑河段治理后平均糙率仍取 0.04。

国道 312 至甘临分界线段河道弯曲,河心滩发育,且灌木丛林密集。两岸均为一级阶地,阶面宽阔向河床及下游倾斜,高出河床 1~3 m,阶面上有耕地分布。根据洪水反推的糙率值及参照《水力计算手册》表 8-1-4 天然河道糙率表,本河段主槽糙率确定为 0.030,

两侧滩地糙率确定为0.035。

3)临泽县

临泽县河段河床质主要由砂砾石组成,颗粒较临泽段变细,河床宽浅顺直。根据《黑河张掖市临泽县鸭暖乡小鸭—暖泉段河道治理工程初设报告》分析结果,高崖断面处全断面平均综合糙率为0.031 5。考虑到本河段河床底坡较均匀,平均比降1.49%。河道弯曲,河心滩发育,且灌木丛林密集。两岸均为一级阶地,阶面宽阔向河床及下游倾斜,高出河床1~3 m,阶面上有耕地分布。根据洪水反推的糙率值及参照《水力计算手册》表8-1-4天然河道糙率表,本河段主槽糙率确定为0.030,两侧滩地糙率确定为0.035。

4)高台县

高台县河段河床质主要由砂砾石、粗砂、中砂及细砂组成。河床底坡较均匀,平均比降0.98‰,床面较平整,河道顺直段较长,河道较规整,两岸均为一级阶地,阶面上略有杂草,有耕地分布。参考《甘肃省黑河干流高台县巷道镇八一村至西腰墩水库段河道治理工程初步设计报告》分析结果,本河段主槽糙率采用0.027,两侧滩地糙率采用0.033。

5)金塔县

金塔县河段河床质由较厚的细沙组成,河道平均比降0.5‰~1‰,滩槽高差为0.3~2.0 m,河道宽度在1 200~1 900 m,平均河道宽度约1 520 m,底坡较均匀,床面尚平整,水流通畅。参考《黑河干流引水口门合并改造及河道治理大墩门至哨马营段河道治理工程总体布局》(甘肃甘兰水利水电勘测设计院有限责任公司,2010年5月)分析结果,河道糙率在0.02~0.025取值。

3.边界条件

1)上边界

黑河各控制断面上边界以2.8.1.3节控制断面设计洪水计算。

2)下边界

在黑河下游控制断面建立水位-流量关系曲线,采用曼宁公式推算。

$$Q = CA(RS)^{0.5}$$

式中:Q为流量;C为谢才系数;A为过水断面面积;R为水力半径;S为比降。

经计算,各控制断面水位-流量关系如表2-14~表2-17所示,各控制断面水位流量关系曲线如图2-7~图2-10所示。

表2-14 莺落峡断面水位-流量关系

水位/m	1 680.82	1 681.23	1 681.35	1 681.65	1 682.22
流量/(m^3/s)	0	5.94	10.5	28.2	86.1
水位/m	1 682.54	1 682.84	1 684.30	1 684.69	1 685.28
流量/(m^3/s)	132	183	560	703	956

表 2-15　甘临分界断面水位-流量关系

水位/m	1 409.77	1 410.04	1 412.33	1 414.06	1 414.72
流量/(m^3/s)	0	0.50	95.7	460	689
水位/m	1 414.98	1 415.12	1 415.50	1 415.66	1 415.69
流量/(m^3/s)	790	854	1 082	1 212	1 236

表 2-16　临高界断面水位-流量关系

水位/m	1 356.88	1 358.37	1 359.34	1 359.48	1 359.75
流量/(m^3/s)	0	94.4	374	433	569
水位/m	1 359.84	1 359.93	1 360.08	1 360.31	1 360.95
流量/(m^3/s)	628	684	800	1 026	1 880

表 2-17　河道划界终点断面水位-流量关系

水位/m	1 065.97	1 066.79	1 067.49	1 068.36	1 068.59
流量/(m^3/s)	0	3.27	38.5	154	196
水位/m	1 069.29	1 070.00	1 070.21	1 070.63	1 071.36
流量/(m^3/s)	364	582	656	815	1 136

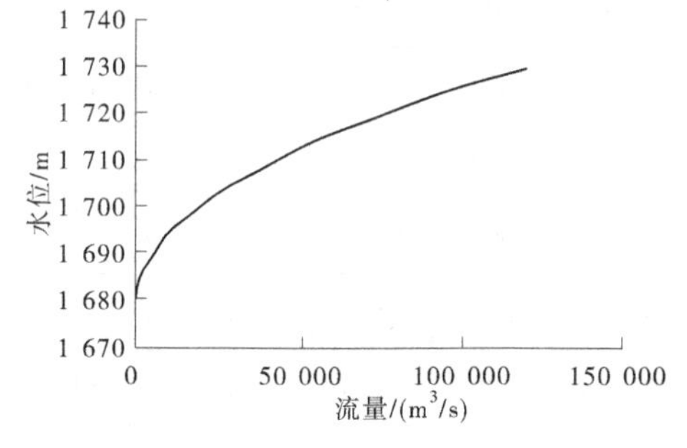

图 2-7　莺落峡断面

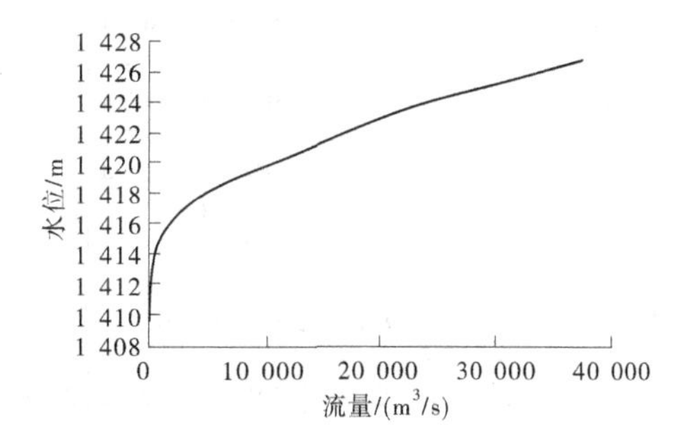

图 2-8　甘临分界断面

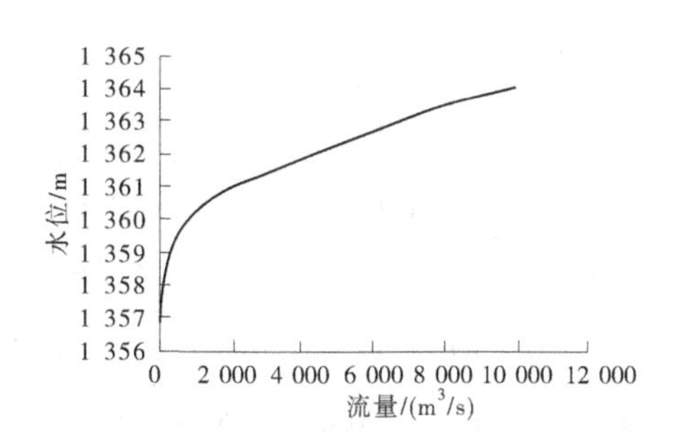

图 2-9　临高界断面

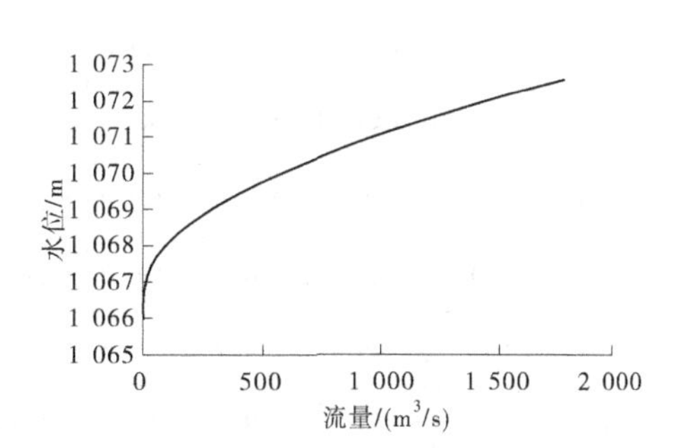

图 2-10　河道划界终点断面

2.8.2.3　设计洪水位

黑河各河段调水流量与设计流量对应不同断面水位见表 2-18～表 2-23。各段设计洪水位沿程变化见图 2-11～图 2-16。

表 2-18 肃南段调水流量与设计流量对应不同断面水位

桩号	流量/(m³/s)		河底高程/m	设计洪水位/m		桩号	流量/(m³/s)		河底高程/m	设计洪水位/m	
	调水流量	10年一遇		调水流量	10年一遇		调水流量	10年一遇		调水流量	10年一遇
0+000	500	866	2 523.2	2 528.5	2 529.9	49+397	500	967	2 157.9	2 162.0	2 163.1
1+436	500	870	2 521.7	2 526.4	2 527.7	51+529	500	971	2 146.0	2 151.2	2 154.6
3+006	500	874	2 517.5	2 523.2	2 524.5	53+126	500	972	2 126.2	2 151.1	2 154.6
5+056	500	880	2 518.0	2 521.2	2 521.9	54+204	500	976	2 119.1	2 122.8	2 123.7
8+963	500	884	2 444.5	2 520.5	2 521.1	56+301	500	980	2 104.6	2 108.1	2 109.3
9+253	500	1172	2 453.0	2 456.2	2 457.1	58+147	500	985	2 089.9	2 093.7	2 095.1
10+586	500	877	2 440.5	2 444.7	2 446.3	60+486	500	989	2 073.9	2 077.5	2 078.9
12+787	500	894	2 419.7	2 424.2	2 425.4	62+648	500	993	2 061.9	2 067.1	2 068.5
14+961	500	898	2 401.9	2 407.1	2 408.6	64+091	500	996	2 056.4	2 060.8	2 062.2
16+953	500	902	2 388.0	2 392.3	2 393.1	65+866	500	998	2 033.6	2 059.3	2 060.9
19+011	500	906	2 369.3	2 377.4	2 379.4	66+068	500	999	2 034.0	2 039.4	2 040.8
21+339	500	911	2 369.7	2 373.4	2 374.6	66+922	500	1 002	2 030.3	2 034.3	2 035.7
23+388	500	913	2 348.3	2 369.5	2 370.5	68+694	500	1 005	2 018.2	2 022.4	2 023.6
25+484	500	919	2 317.6	2 321.1	2 322.2	70+863	500	1 010	1 999.4	2 003.3	2 004.4
27+678	500	923	2 301.4	2 305.2	2 306.4	72+955	500	1 014	1 975.1	1 977.5	1 978.5
29+605	500	927	2 288.6	2 291.4	2 292.3	75+336	500	1 018	1 922.5	1 925.8	1 926.7
31+571	500	931	2 269.6	2 274.0	2 275.4	77+040	500	1 025	1 913.2	1 918.8	1 921.2
33+659	500	936	2 257.4	2 260.2	2 261.2	81+950	500	1 030	1 897.1	1 918.4	1 920.9
36+034	500	940	2 240.2	2 243.9	2 245.1	82+863	500	1 033	1 781.6	1 786.8	1 788.7
38+375	500	945	2 226.3	2 230.7	2 231.9	84+379	500	1 036	1 767.3	1 772.0	1 774.1
40+754	500	949	2 214.7	2 217.3	2 218.0	86+171	500	1 040	1 762.2	1 765.1	1 766.6
42+624	500	954	2 199.6	2 203.1	2 204.0	88+625	500	1 046	1 740.1	1 747.9	1 749.3
45+043	500	958	2 182.8	2 187.2	2 188.8	91+988	500	1 050	1 732.1	1 747.6	1 748.6
47+102	500	962	2 171.5	2 175.1	2 176.4	93+293	500	1 050	1 680.8	1 684.1	1 685.4

注:0+000 断面位于黄藏寺坝址处。

表 2-19　甘州段调水流量对应水位

桩号	流量/(m^3/s)	河底高程/m	设计洪水位/m	桩号	流量/(m^3/s)	河底高程/m	设计洪水位/m
0+000	500	1 673.0	1 677.1	26+125	500	1 505.1	1 506.4
0+967	500	1 672.2	1 675.5	27+070	500	1 494.6	1 496.1
1+927	500	1 666.2	1 669.2	27+975	500	1 490.7	1 491.8
3+281	500	1 658.2	1 661.1	29+569	500	1 477.5	1 478.6
4+050	500	1 656.4	1 658.7	31+103	500	1 466.7	1 468.0
5+000	500	1 651.7	1 652.9	33+237	500	1 454.8	1 457.2
6+000	500	1 644.6	1 646.6	34+494	500	1 450.0	1 452.1
7+000	500	1 637.2	1 639.7	36+546	500	1 441.9	1 444.3
8+000	500	1 630.4	1 634.3	38+235	500	1 436.1	1 438.5
9+000	500	1 627.8	1 629.1	39+602	500	1 432.8	1 435.3
10+200	500	1 617.9	1 619.4	40+163	500	1 431.1	1 434.1
11+000	500	1 612.4	1 614.5	41+348	500	1 429.4	1 431.9
12+000	500	1 606.8	1 607.9	42+795	500	1 426.2	1 429.7
13+000	500	1 599.4	1 600.8	44+393	500	1 424.4	1 427.2
14+000	500	1 593.0	1 594.4	45+288	500	1 422.8	1 426.3
15+000	500	1 586.5	1 587.8	46+482	500	1 421.2	1 424.8
16+000	500	1 579.1	1 580.4	47+873	500	1 419.5	1 422.5
17+000	500	1 570.4	1 572.5	48+829	500	1 418.6	1 421.3
18+000	500	1 563.8	1 565.3	49+851	500	1 417.4	1 420.2
19+000	500	1 557.3	1 558.3	50+798	500	1 416.5	1 418.9
20+000	500	1 547.9	1 549.7	51+253	500	1 415.1	1 417.4
20+959	500	1 541.5	1 543.0	51+361	500	1 413.4	1 417.2
21+351	500	1 538.6	1 539.5	52+312	500	1 413.5	1 416.3
22+884	500	1 528.6	1 530.0	53+874	499	1 411.4	1 414.3
23+787	500	1 521.7	1 523.1	53+958	499	1 409.8	1 414.2
24+704	500	1 512.3	1 513.5				

注:0+000 位于莺落峡水文站处。

表 2-20　甘州段设计流量对应水位

桩号	流量/(m^3/s)		河底高程/m	设计洪水位/m		桩号	流量/(m^3/s)		河底高程/m	设计洪水位/m	
	左岸	右岸		左岸	右岸		左岸	右岸		左岸	右岸
0+000	1 050	1 050	1 673.0	1 678.6	1 678.6	24+704	1 250	1 250	1 512.3	1 514.1	1 514.1
0+967	1 050	1 050	1 672.2	1 676.6	1 676.6	26+125	1 250	1 250	1 505.1	1 506.9	1 506.9
1+927	1 050	1 050	1 666.2	1 670.6	1 670.6	27+070	1 250	1 250	1 494.6	1 496.6	1 496.6
3+281	1 050	1 050	1 658.2	1 662.1	1 662.1	27+975	1 250	1 250	1 490.7	1 492.3	1 492.3
4+050	1 050	1 050	1 656.4	1 659.5	1 659.5	29+569	1 250	1 250	1 477.5	1 479.1	1 479.1
5+000	1 050	1 050	1 651.7	1 653.4	1 653.4	31+103	1 250	1 250	1 466.7	1 468.4	1 468.4
6+000	1 050	1 050	1 644.6	1 647.3	1 647.3	33+237	1 250	1 250	1 454.8	1 457.7	1 457.7
7+000	1 050	1 050	1 637.2	1 640.3	1 640.3	34+494	1 250	1 250	1 450.0	1 453.0	1 453.0
8+000	1 050	1 050	1 630.4	1 634.9	1 634.9	36+546	1 016	1 016	1 441.9	1 444.8	1 444.8
9+000	1 050	1 050	1 627.8	1 629.5	1 629.5	38+235	1 016	1 016	1 436.1	1 438.9	1 438.9
9+800	1 050	1 050	1 623.1	1 624.7	1 624.7	39+602	1 016	1 016	1 432.8	1 436.1	1 436.1
10+200	1 420	1 950	1 617.9	1 620.4	1 620.8	40+163	1 016	1 016	1 431.1	1 435.1	1 435.1
11+000	1 415	1 943	1 612.4	1 615.2	1 615.4	41+348	1 016	1 016	1 429.4	1 432.8	1 432.8
12+000	1 411	1 937	1 606.8	1 608.5	1 608.8	42+795	1 016	1 016	1 426.2	1 430.7	1 430.7
13+000	1 407	1 930	1 599.4	1 601.5	1 601.8	44+393	1 016	1 016	1 424.4	1 428.1	1 428.1
14+000	1 403	1 924	1 593.0	1 594.9	1 595.2	45+288	1 016	1 016	1 422.8	1 427.2	1 427.2
15+000	1 399	1 917	1 586.5	1 588.3	1 588.4	46+482	1 016	1 016	1 421.2	1 425.6	1 425.6
16+000	1 395	1 911	1 579.1	1 580.9	1 581.2	47+873	1 016	1 016	1 419.5	1 423.1	1 423.1
17+000	1 391	1 905	1 570.4	1 573.2	1 573.5	48+829	1 016	1 016	1 418.6	1 421.8	1 421.8
18+000	1 387	1 898	1 563.8	1 565.7	1 565.9	49+851	1 016	1 016	1 417.4	1 420.8	1 420.8
19+000	1 383	1 892	1 557.3	1 558.8	1 559.0	50+798	1 016	1 016	1 416.5	1 419.4	1 419.4
20+000	1 250	1 250	1 547.9	1 550.4	1 550.4	51+253	1 016	1 016	1 415.1	1 418.1	1 418.1
20+959	1 250	1 250	1 541.5	1 543.6	1 543.6	51+361	1 016	1 016	1 413.4	1 418.0	1 418.0
21+351	1 250	1 250	1 538.6	1 540.1	1 540.1	52+312	1 016	1 016	1 413.5	1 417.1	1 417.1
22+884	1 250	1 250	1 528.6	1 530.5	1 530.5	53+874	1 016	1 016	1 411.4	1 415.5	1 415.5
23+787	1 250	1 250	1 521.7	1 523.5	1 523.5	53+958	1 016	1 016	1 409.8	1 415.4	1 415.4

表 2-21　临泽段调水流量与设计流量对应不同断面水位

桩号	流量/(m³/s)		河底高程/m	设计洪水位/m		桩号	流量/(m³/s)		河底高程/m	设计洪水位/m	
	调水流量	10 年一遇		调水流量	10 年一遇		调水流量	10 年一遇		调水流量	10 年一遇
0+000	499	958	1 409.8	1 414.6	1 415.5	24+091	491	925	1 387.0	1 390.1	1 390.9
1+083	499	957	1 409.7	1 413.6	1 414.4	25+156	490	924	1 384.8	1 388.4	1 389.4
2+403	499	956	1 407.1	1 411.9	1 412.6	25+285	489	923	1 383.9	1 388.3	1 389.3
3+475	499	954	1 406.3	1 410.8	1 411.4	26+076	488	922	1 383.3	1 387.5	1 388.4
4+179	499	953	1 404.9	1 410.1	1 410.6	27+295	488	920	1 381.2	1 386.6	1 387.5
4+953	499	952	1 407.4	1 408.9	1 409.4	28+460	487	918	1 381.0	1 385.8	1 386.8
5+077	499	951	1 405.2	1 408.4	1 409.1	29+820	486	917	1 378.6	1 384.5	1 385.5
6+675	499	950	1 403.8	1 407.2	1 407.9	30+941	485	915	1 380.3	1 383.8	1 384.7
8+275	498	947	1 400.5	1 405.7	1 406.5	32+062	484	913	1 379.0	1 383.0	1 383.8
9+633	498	945	1 400.6	1 404.6	1 405.3	33+557	483	911	1 378.2	1 381.4	1 382.1
10+842	498	943	1 400.6	1 403.6	1 404.4	34+813	482	910	1 376.8	1 379.4	1 380.0
12+656	497	942	1 399.3	1 402.1	1 403.0	34+910	481	909	1 375.8	1 379.2	1 379.8
12+752	497	940	1 398.8	1 402.0	1 402.9	35+614	480	908	1 375.2	1 378.7	1 379.3
14+160	496	939	1 396.2	1 400.7	1 401.5	37+609	478	906	1 372.6	1 376.8	1 377.4
15+518	496	937	1 396.2	1 399.6	1 400.2	40+323	477	902	1 371.8	1 374.3	1 374.8
16+877	495	935	1 394.6	1 398.3	1 398.9	42+828	476	899	1 368.9	1 371.7	1 372.3
18+100	495	933	1 393.4	1 396.5	1 397.1	45+846	474	895	1 364.6	1 368.6	1 369.0
19+398	494	931	1 391.5	1 394.8	1 395.5	48+694	473	891	1 363.9	1 365.4	1 365.8
21+293	494	929	1 389.2	1 393.3	1 394.2	48+775	471	889	1 362.1	1 364.6	1 365.3
22+259	493	928	1 389.9	1 391.8	1 392.5	51+656	470	887	1 358.7	1 362.1	1 362.7
22+342	492	927	1 386.1	1 391.6	1 392.5	53+727	468	886	1 356.9	1 359.6	1 360.2
23+113	492	926	1 387.2	1 391.1	1 391.9						

注:0+000 断面位于甘临界处。

表 2-22　高台段调水流量与设计流量对应不同断面水位

桩号	流量/(m³/s)		河底高程/m	设计洪水位/m		桩号	流量/(m³/s)		河底高程/m	设计洪水位/m	
	调水流量	10年一遇		调水流量	10年一遇		调水流量	10年一遇		调水流量	10年一遇
0+000	468	885	1 368.5	1 372.2	1 372.9	53+723	427	865	1 312.7	1 315.2	1 315.6
11+987	468	916	1 356.5	1 359.1	1 359.6	54+858	425	864	1 312.5	1 314.1	1 314.5
13+351	467	908	1 354.9	1 357.6	1 358	56+085	424	864	1 309.9	1 312.8	1 313.3
14+668	467	912	1 353.5	1 355.9	1 356.3	56+922	422	863	1 310.3	1 312.4	1 312.8
15+712	467	911	1 352.7	1 354.9	1 355.3	57+954	420	863	1 308.8	1 311.2	1 311.6
16+657	466	912	1 351.8	1 354.0	1 354.3	59+008	418	863	1 307.8	1 310.1	1 310.6
17+760	465	903	1 351.3	1 352.6	1 352.9	60+044	416	862	1 306.5	1 309.2	1 309.7
18+633	465	905	1 349.9	1 351.6	1 351.9	61+209	415	862	1 306.1	1 308.0	1 308.4
19+644	464	906	1 348.4	1 350.7	1 351.0	62+254	413	861	1 303.0	1 306.4	1 307.0
20+709	464	894	1 347.5	1 349.4	1 349.7	63+895	411	861	1 303.8	1 305.7	1 306.0
21+191	463	894	1 346.2	1 348.3	1 348.8	65+213	409	860	1 301.8	1 304.2	1 304.6
22+164	462	896	1 345.2	1 347.3	1 347.7	67+034	407	860	1 300.6	1 302.6	1 302.9
23+085	462	893	1 344.5	1 346.4	1 346.8	68+253	405	859	1 299.6	1 301.6	1 302.0
24+166	461	890	1 342.9	1 345.4	1 345.8	69+058	402	859	1 298.9	1 301.0	1 301.4
25+410	460	876	1 342.1	1 344.5	1 345.0	70+362	400	858	1 297.7	1 299.4	1 299.7
26+560	459	875	1 340.8	1 343.8	1 344.4	71+335	398	858	1 296.6	1 298.5	1 298.8
27+862	458	875	1 340.5	1 342.0	1 342.4	72+363	396	858	1 295.7	1 297.5	1 297.8
28+260	457	874	1 338.0	1 340.4	1 341.0	73+645	394	857	1 294.3	1 296.4	1 296.8
29+139	457	874	1 337.2	1 339.6	1 340.1	74+421	391	857	1 293.9	1 295.6	1 296.0
30+230	456	874	1 335.9	1 338.6	1 339.2	75+295	389	856	1 292.6	1 294.9	1 295.3
30+511	455	873	1 334.6	1 338.4	1 338.9	76+504	387	856	1 291.9	1 294.0	1 294.4
31+690	454	873	1 334.5	1 337.7	1 338.2	77+358	384	856	1 290.9	1 293.0	1 293.4
32+883	453	873	1 333.9	1 336.3	1 336.9	78+520	382	855	1 289.8	1 292.0	1 292.3
34+166	452	872	1 331.9	1 334.7	1 335.2	79+423	379	855	1 289.2	1 291.1	1 291.4
35+311	451	872	1 332.2	1 334.0	1 334.4	80+479	377	854	1 288.3	1 290.0	1 290.3
36+357	449	871	1 330.1	1 332.8	1 333.3	81+604	374	854	1 287.1	1 289.0	1 289.4

续表 2-22

桩号	流量/(m^3/s)		河底高程/m	设计洪水位/m		桩号	流量/(m^3/s)		河底高程/m	设计洪水位/m	
	调水流量	10年一遇		调水流量	10年一遇		调水流量	10年一遇		调水流量	10年一遇
37+557	448	871	1 329.7	1 331.8	1 332.2	82+907	372	854	1 285.9	1 287.8	1 288.2
38+763	447	870	1 328.0	1 330.4	1 330.8	84+027	369	853	1 284.7	1 286.7	1 287.1
39+347	446	870	1 327.7	1 330.0	1 330.3	85+189	366	853	1 283.9	1 285.7	1 286.0
40+646	445	870	1 326.9	1 328.4	1 328.7	86+263	364	852	1 282.9	1 284.6	1 284.9
40+950	443	869	1 325.6	1 327.5	1 328.0	87+457	361	852	1 281.7	1 283.4	1 283.7
41+979	442	869	1 323.7	1 326.5	1 327.0	88+451	358	851	1 280.7	1 282.6	1 282.9
43+294	441	869	1 323.2	1 325.3	1 325.7	89+640	356	851	1 280.0	1 281.6	1 281.9
44+511	439	868	1 320.7	1 323.7	1 324.2	90+904	353	850	1 278.6	1 280.6	1 281.1
46+210	438	868	1 320.8	1 322.7	1 323.1	92+046	350	850	1 277.5	1 279.8	1 280.4
47+134	437	867	1 319.0	1 321.9	1 322.3	93+890	349	849	1 272.7	1 277.7	1 278.9
47+968	435	867	1 319.2	1 321.3	1 321.7	95+951	348	849	1 269.7	1 275.2	1 276.2
49+007	434	866	1 318.4	1 320.4	1 320.6	97+208	347	849	1 268.3	1 271.7	1 272.5
50+117	432	866	1 317.3	1 319.2	1 319.5	99+185	346	849	1 263.2	1 265.7	1 266.5
51+242	430	866	1 316.0	1 318.2	1 318.6	101+215	345	849	1 256.8	1 259.4	1 260.2
52+370	429	865	1 314.7	1 316.7	1 317.1	103+321	344	849	1 251.2	1 253.7	1 254.4

注:0+000 断面位于临泽高台县界处。

表 2-23 金塔段调水流量与设计流量对应不同断面水位

桩号	调水流量/(m^3/s)	河底高程/m	设计洪水位/m		桩号	调水流量/(m^3/s)	河底高程/m	设计洪水位/m	
			调水流量	10年一遇(849 m^3/s)				调水流量	10年一遇(849 m^3/s)
0+000	344	1 251.2	1 253.7	1 254.4	69+088	309	1 161.4	1 163.3	1 163.7
2+394	343	1 244.4	1 247.1	1 247.6	70+315	308	1 158.8	1 161.0	1 161.5
4+670	342	1 237.9	1 240.8	1 241.6	71+755	307	1 158.0	1 159.9	1 160.3
7+172	341	1 235.1	1 239.0	1 239.4	73+025	307	1 157.0	1 158.5	1 158.9
9+544	339	1 234.6	1 238.7	1 237.9	74+166	306	1 155.4	1 157.5	1 157.9
11+693	338	1 233.7	1 238.6	1 235.7	75+421	306	1 155.4	1 157.1	1 157.3
12+005	338	1 226.8	1 229.1	1 229.6	76+364	305	1 153.4	1 154.8	1 155.1
13+097	338	1 224.9	1 227.2	1 227.7	77+385	305	1 151.6	1 153.3	1 153.7
14+099	337	1 223.5	1 226.5	1 227.0	78+552	304	1 150.7	1 152.3	1 152.6

续表 2-23

桩号	调水流量/(m^3/s)	河底高程/m	设计洪水位/m		桩号	调水流量/(m^3/s)	河底高程/m	设计洪水位/m	
			调水流量	10年一遇($849\ m^3/s$)				调水流量	10年一遇($849\ m^3/s$)
15+238	336	1 223.4	1 225.6	1 226.0	79+791	303	1 149.6	1 151.4	1 151.6
16+329	336	1 222.5	1 224.0	1 224.2	80+805	303	1 149.1	1 150.4	1 150.7
17+629	335	1 219.8	1 222.1	1 222.5	81+890	302	1 148.8	1 149.6	1 149.9
19+073	334	1 219.2	1 221.0	1 221.3	83+037	302	1 147.1	1 148.5	1 148.8
20+265	334	1 217.7	1 219.6	1 220.0	84+158	301	1 145.2	1 148.0	1 148.2
21+385	333	1 216.8	1 218.4	1 218.7	85+844	300	1 144.3	1 145.4	1 145.7
22+625	333	1 214.5	1 217.0	1 217.4	86+841	300	1 142.5	1 144.2	1 144.6
23+600	332	1 215.0	1 216.3	1 216.6	87+767	299	1 142.3	1 143.7	1 144.0
24+703	332	1 212.5	1 214.6	1 215.0	88+767	299	1 141.6	1 142.8	1 143.1
25+849	331	1 211.9	1 214.1	1 214.5	90+223	298	1 139.7	1 141.7	1 141.9
26+941	330	1 210.7	1 212.9	1 213.3	92+996	297	1 138.0	1 139.7	1 140.0
28+081	330	1 209.9	1 212.0	1 212.2	95+587	295	1 136.3	1 137.5	1 137.8
29+275	329	1 209.3	1 210.8	1 211.0	98+023	294	1 134.3	1 135.5	1 135.7
30+510	329	1 205.8	1 208.8	1 209.3	100+165	293	1 132.1	1 133.3	1 133.5
31+797	328	1 206.4	1 207.9	1 208.3	102+742	292	1 129.5	1 131.0	1 131.3
32+950	327	1 204.1	1 205.9	1 206.3	105+036	290	1 127.4	1 128.8	1 129.0
34+163	327	1 202.5	1 204.5	1 204.9	107+782	289	1 124.6	1 125.8	1 126.1
35+394	326	1 201.2	1 203.2	1 203.6	109+587	288	1 122.6	1 124.1	1 124.3
36+697	325	1 200.4	1 201.9	1 202.2	111+803	287	1 120.0	1 121.3	1 121.7
37+781	325	1 197.8	1 200.0	1 200.4	114+375	286	1 116.4	1 119.1	1 120.0
38+941	324	1 196.8	1 199.0	1 199.3	116+056	285	1 114.5	1 118.1	1 119.0
40+002	324	1 196.5	1 197.8	1 198.1	118+278	284	1 113.7	1 116.1	1 116.9
41+381	323	1 193.9	1 196.2	1 196.6	120+539	282	1 111.8	1 114.2	1 114.9
42+475	322	1 194.0	1 195.3	1 195.6	123+071	281	1 110.2	1 111.9	1 112.3
43+828	322	1 190.8	1 193.0	1 193.4	125+539	280	1 108.7	1 110.0	1 110.3
44+805	321	1 190.3	1 192.4	1 192.7	127+599	279	1 107.3	1 108.5	1 108.7

续表 2-23

桩号	调水流量/(m^3/s)	河底高程/m	设计洪水位/m		桩号	调水流量/(m^3/s)	河底高程/m	设计洪水位/m	
			调水流量	10 年一遇(849 m^3/s)				调水流量	10 年一遇(849 m^3/s)
46+090	321	1 189.3	1 190.9	1 191.2	129+865	278	1 105.0	1 106.1	1 106.5
47+208	320	1 187.6	1 189.0	1 189.3	132+152	277	1 100.8	1 104.4	1 105.2
48+327	319	1 185.3	1 187.2	1 187.7	134+142	276	1 101.2	1 103.7	1 104.4
49+464	319	1 184.9	1 186.8	1 187.2	136+330	274	1 098.2	1 100.5	1 101.1
50+661	318	1 183.3	1 186.1	1 186.5	138+441	273	1 097.8	1 099.1	1 099.4
51+717	318	1 182.5	1 183.9	1 184.2	140+767	272	1 094.8	1 096.3	1 096.8
52+820	317	1 181.0	1 182.4	1 182.7	142+890	271	1 093.0	1 095.2	1 095.7
54+029	317	1 179.5	1 180.9	1 181.1	144+817	270	1 092.3	1 094.1	1 094.6
55+352	316	1 177.5	1 179.3	1 179.5	147+216	269	1 089.0	1 090.5	1 090.9
56+512	315	1 177.1	1 178.4	1 178.6	149+224	268	1 087.3	1 088.5	1 088.9
57+747	315	1 174.1	1 176.7	1 177.2	151+426	267	1 084.6	1 086.5	1 086.9
58+861	314	1 174.5	1 176.1	1 176.4	152+312	266	1 084.6	1 086.3	1 086.6
60+039	313	1 172.0	1 173.9	1 174.2	153+773	265	1 082.5	1 084.8	1 085.1
61+236	313	1 170.5	1 172.9	1 173.1	156+332	264	1 078.8	1 081.3	1 081.7
62+234	312	1 170.2	1 171.7	1 171.9	157+449	264	1 077.9	1 080.2	1 080.7
63+303	312	1 168.9	1 170.2	1 170.5	158+536	263	1 076.5	1 078.5	1 078.9
64+596	311	1 166.6	1 168.9	1 169.1	160+978	262	1 073.1	1 075.0	1 075.5
65+828	311	1 166.2	1 167.4	1 167.7	163+225	261	1 071.2	1 073.8	1 074.4
66+851	310	1 164.4	1 166.1	1 166.4	170+296	257	1 066.0	1 069.7	1 070.3
67+963	309	1 162.7	1 165.0	1 165.3					

注:0+000 断面位于高台金塔县界处。

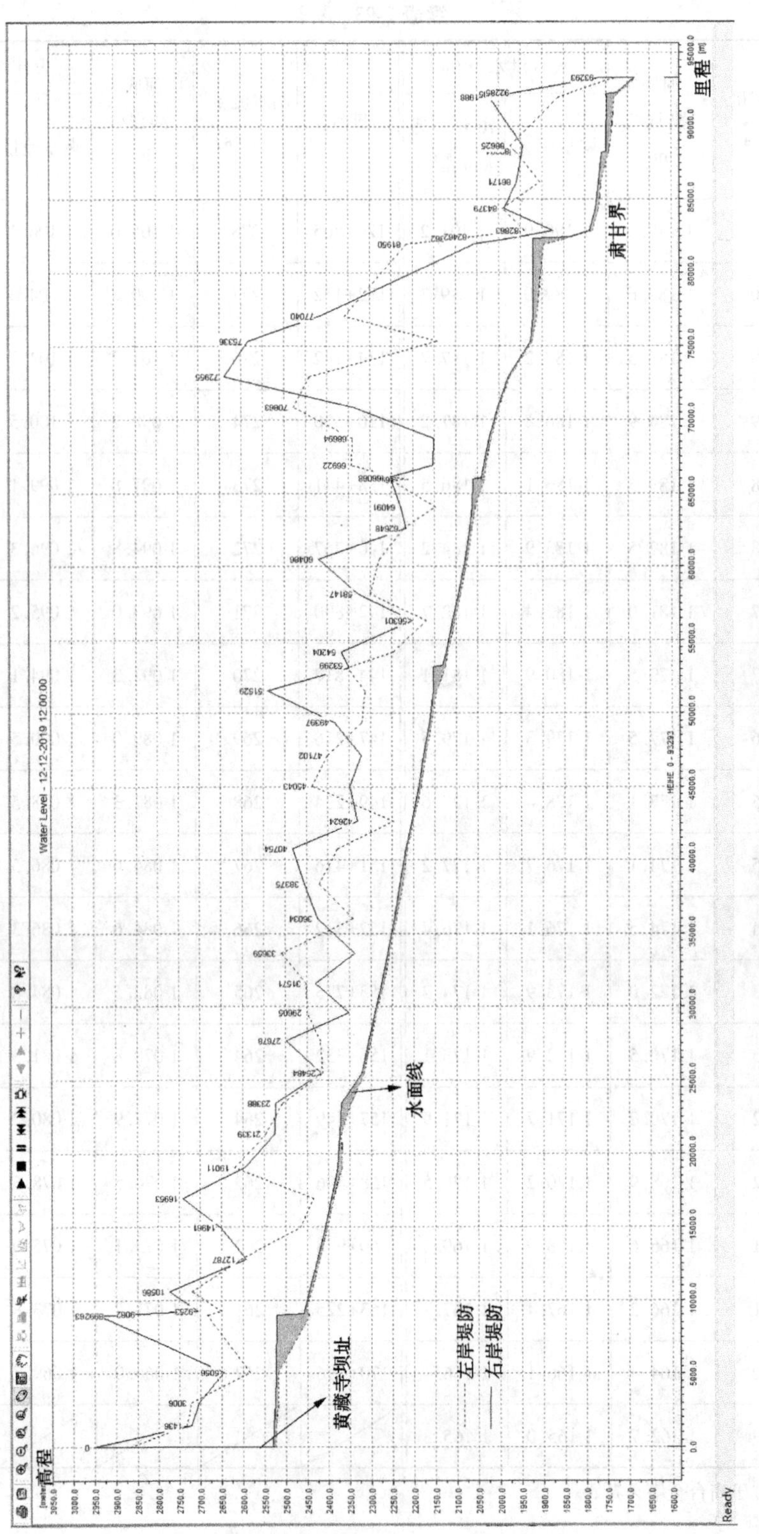

图 2-11　黑河肃南段(10 年一遇)设计洪水位沿程变化

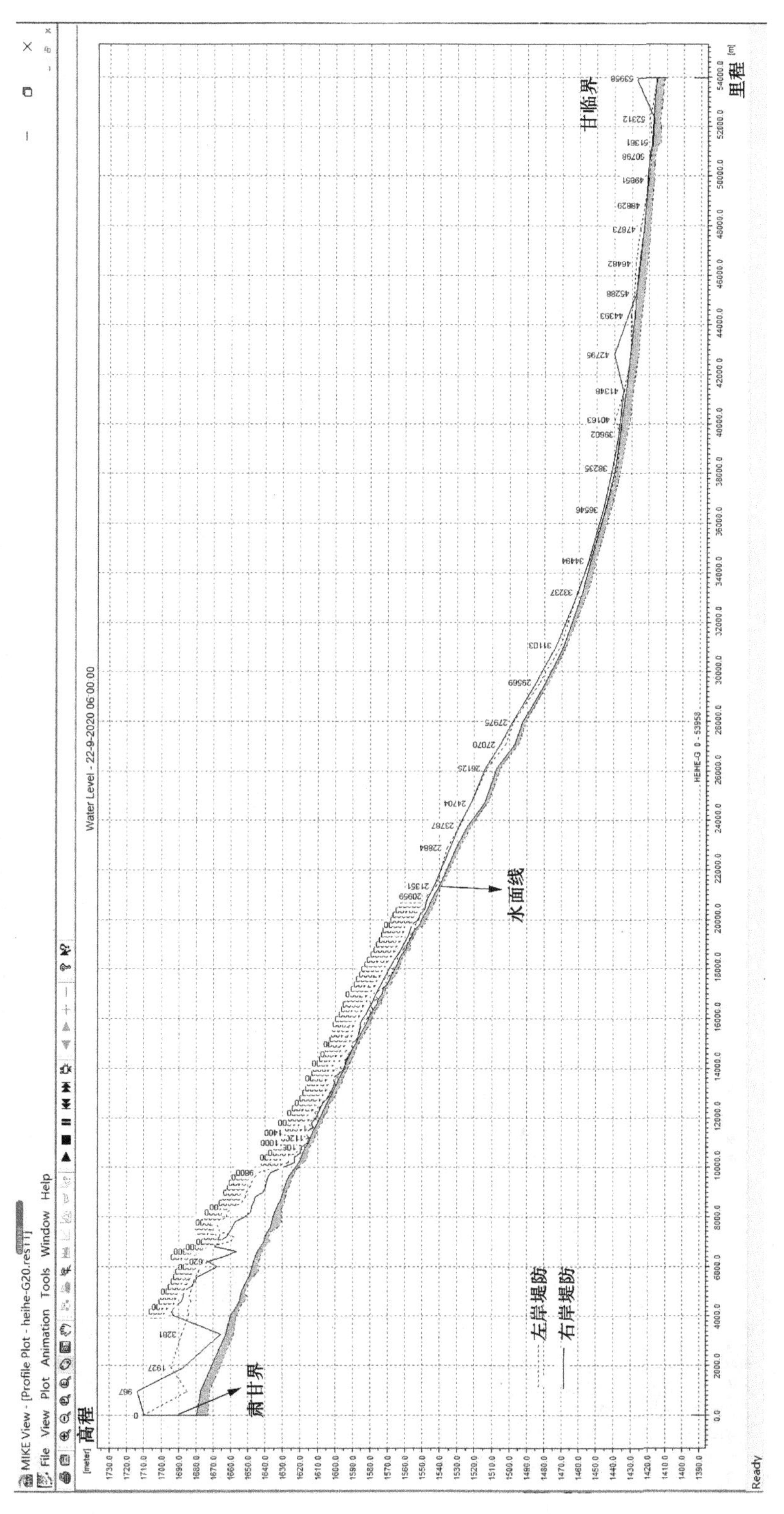

图 2-12　黑河甘州段(20 年一遇)设计洪水位沿程变化

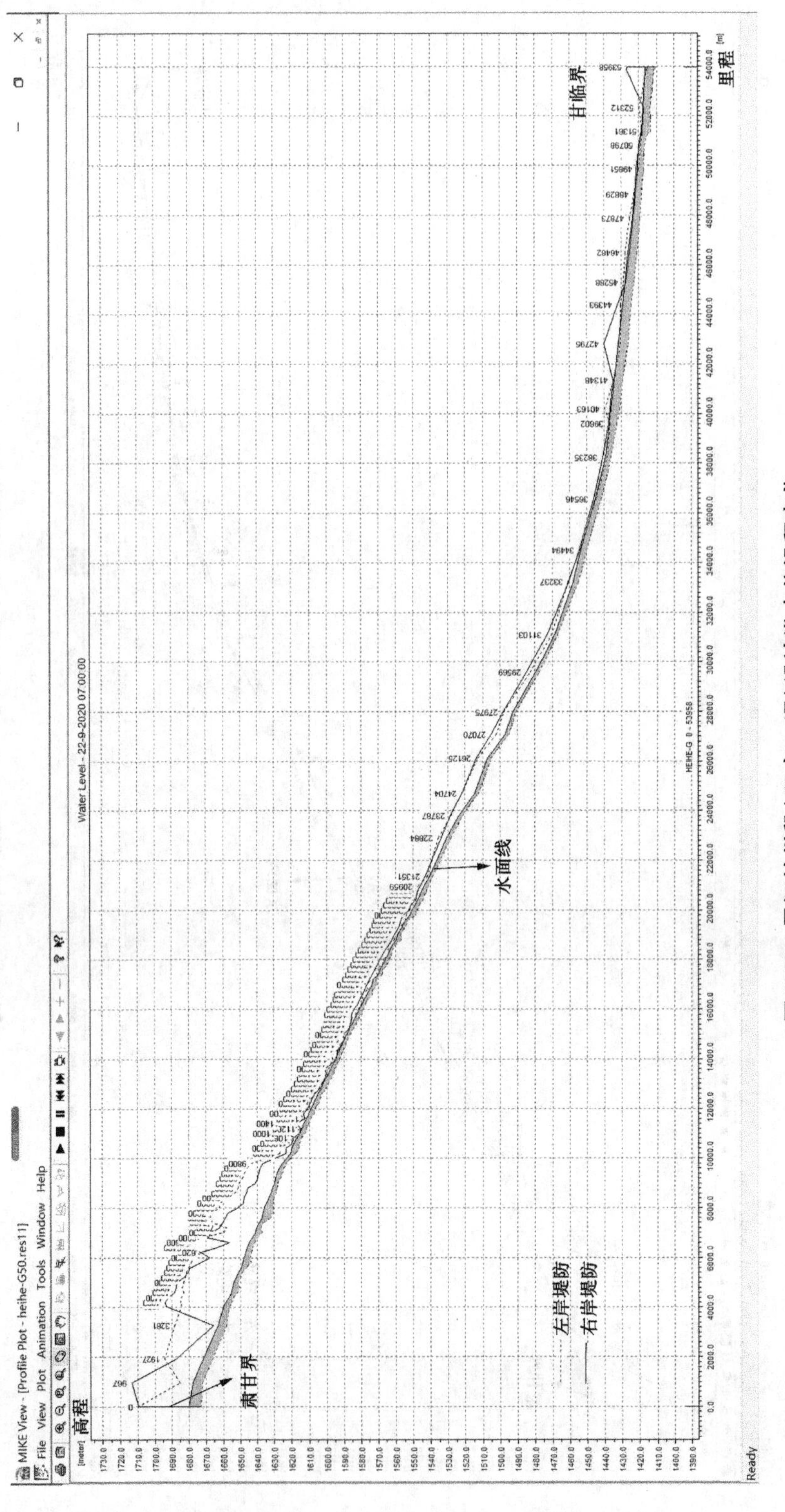

图 2-13 黑河甘州段(50 年一遇)设计洪水位沿程变化

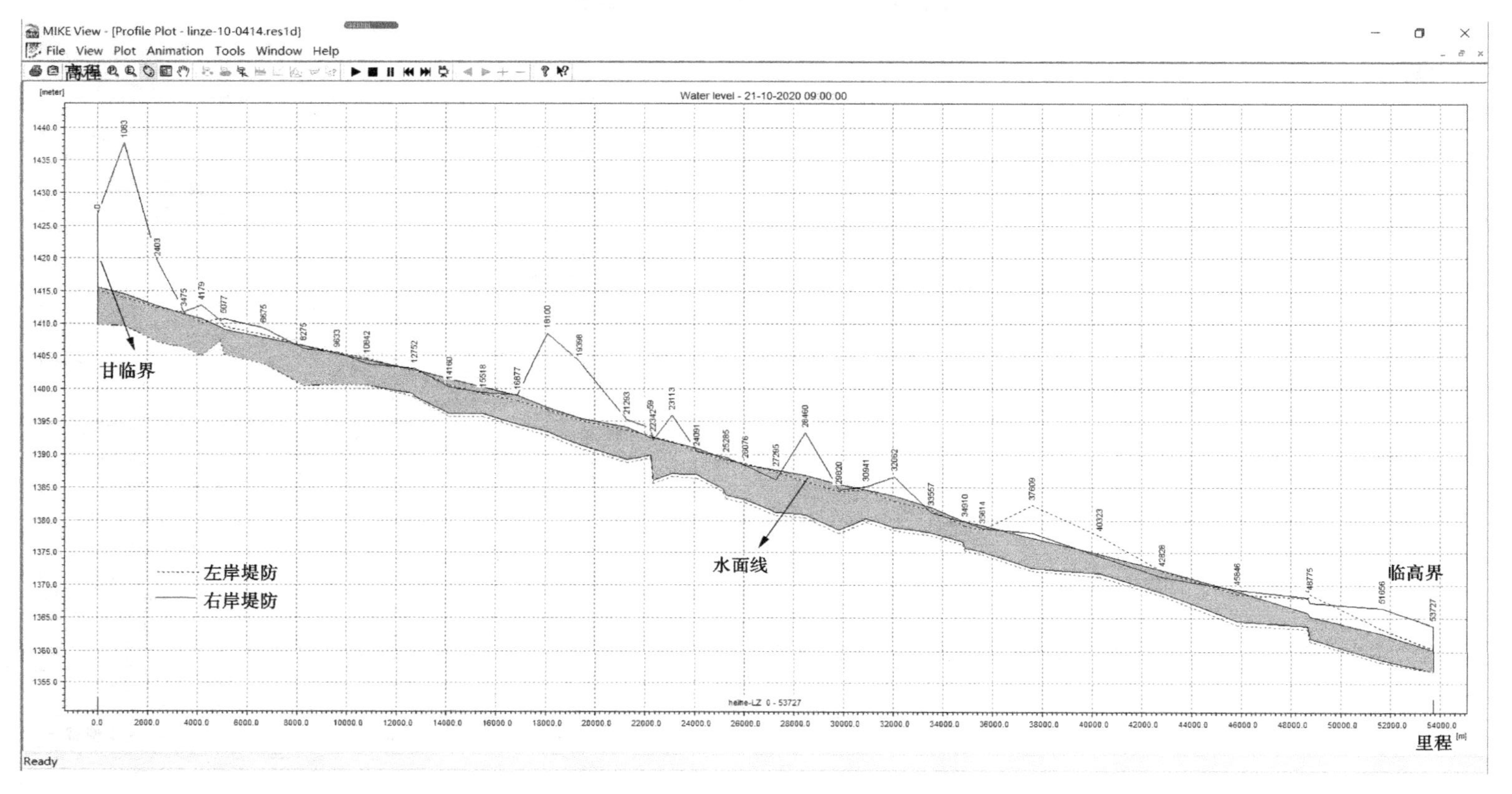

图 2-14　黑河临泽段(10 年一遇)设计洪水位沿程变化

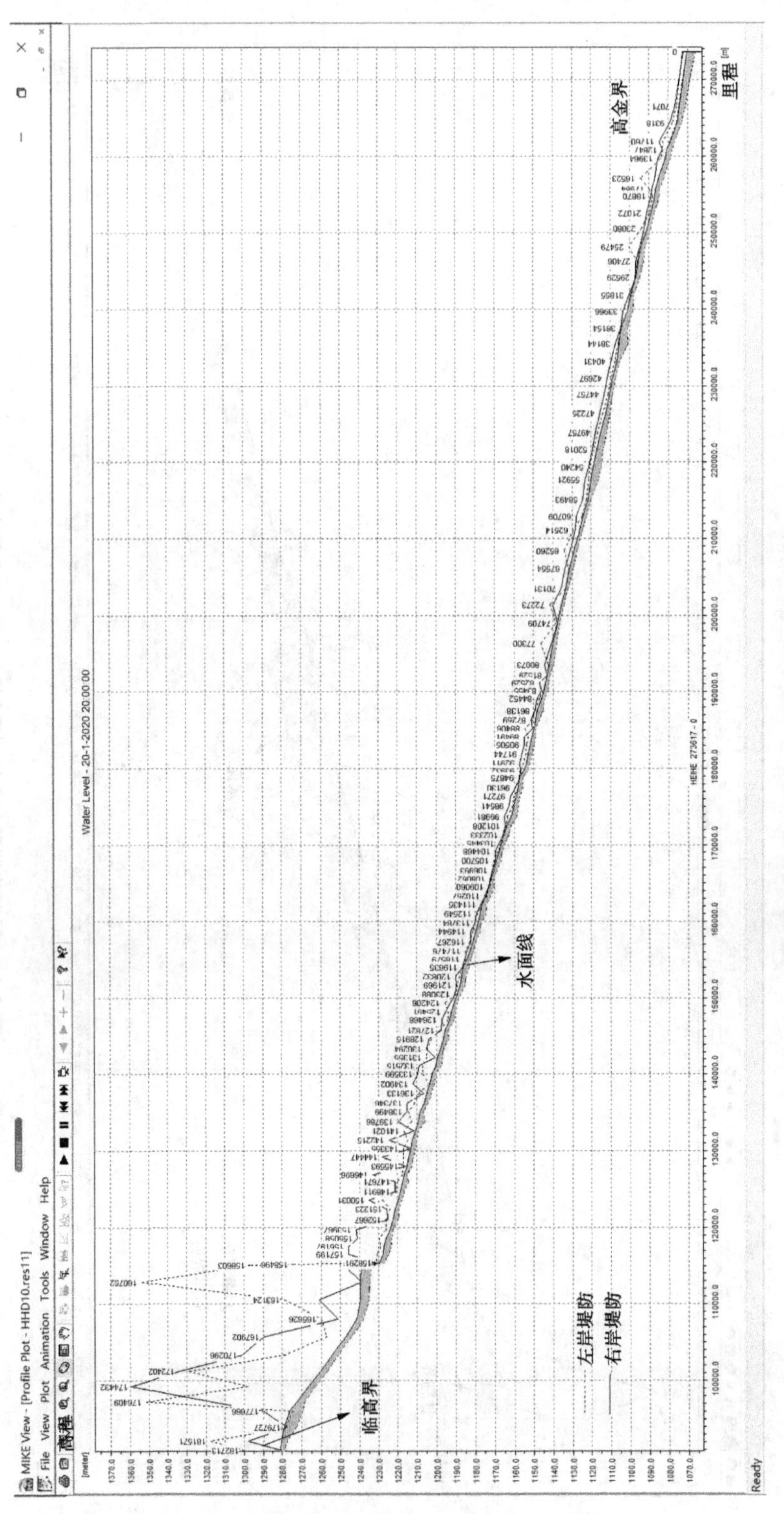

图 2-15 黑河高台段（10 年一遇）设计洪水位沿程变化

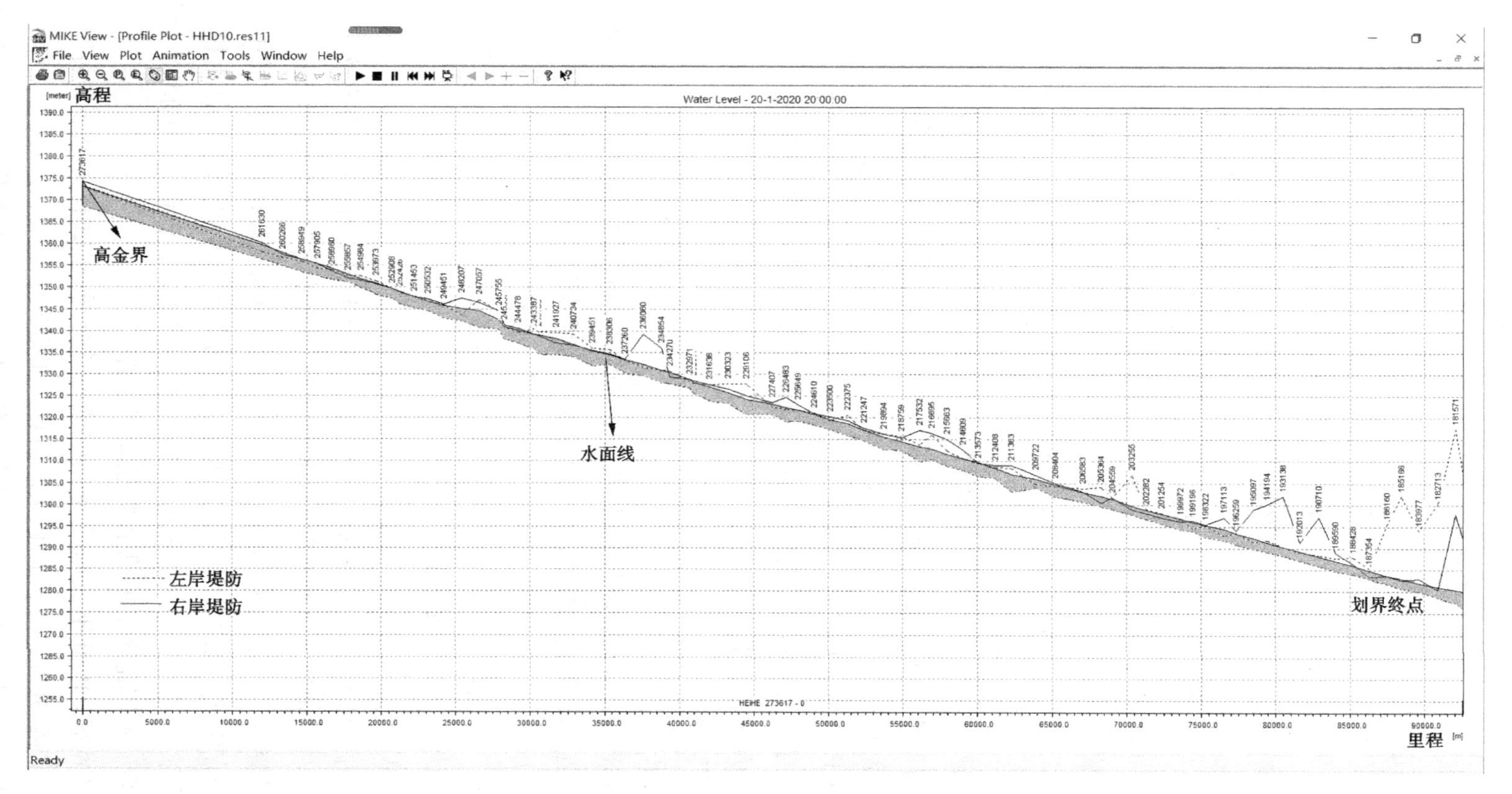

图 2-16　黑河金塔段（10 年一遇）设计洪水位沿程变化

2.8.3　河道特性与河势分析

2.8.3.1　河道特性

黑河干流流经祁连山山地、中游走廊平原和黑河下游的戈壁、荒漠，不同河段河道特性差异较大。莺落峡以上河段为山区河流，该河段河道为峡谷型河道，山高谷深、水流湍急。莺落峡至正义峡河段为黑河中游，河道比降2‰～1‰，属宽浅型河道。正义峡至狼心山河段河道基本不产流，其中正义峡至大墩门段属峡谷段，河床比降较大，河道冲淤变化不大，河道平均比降为2.56‰，该河段基本不产流；大墩门至哨马营段属典型的游荡型河道，该河段汊道众多，主流左右摆动，同时，由于沙漠入侵河道形成众多沙丘的阻水影响，流速极其缓慢，是水量的主要损失河段；哨马营至狼心山段属宽浅型河道，由于该河段河道基本已下切至基岩，总体上水量损失不大。

黑河综合整治后河床发生了较大的变化，约束了洪水的走向，减少了对岸坡的冲刷，使黑河河势趋于稳定。河床比降在现状基础上进行了优化，河底高程降低，主河槽宽分段统一；但整治后至今，河道宽度和底高程基本不变，河道总体处于冲淤平衡的状态。因此，在没有人类活动的情况下，由于本河段含沙量不大，泥沙回淤强度不大，河道处于自然平衡状态。由于历史实测资料较少，本次对河道演变只进行定性分析。河道河势的未来变化，仍将取决于该河流的河道洪水的水沙条件。在较大洪水情况下，特别是发生漫滩洪水以后，河槽局部将会发生冲刷。

2.8.3.2　河势分析

1. 肃南县

黑河黄藏寺村至莺落峡段河道属峡谷型河道，区间河道没有经过治理，建有8座水电站。根据河道查勘调查，该段河道河床组成大多为粗砂砾、卵石，粒径大多在10 cm以上，河道主要在山区中行进，两岸无堤防，无人员居住，河道的过流能力可以达到10年一遇洪水。从平面形态上看（见图2-17），该段河道形态弯曲，河道主流稳定，多年来位置变化不大，该河段河势整体上比较稳定。

2. 甘州区

黑河从莺落峡出山后，受各河段的来水量及其变化，来沙量、来沙组成及其变化，河床比降、河床形态及地质变化等因素制约和影响，河道演变的类型主要有弯曲河道、分汊河道、顺直（微弯）河道、游荡河道4种主要类型。黑河甘州区段地处黑河中游中段，这4种河道类型均有分布。黑河出山口以下，从上到下河床比降由陡变缓，泥沙由粗变细，由砾卵块石变为细砂、粉细砂。莺落峡水文站断面位于出山口，河床质由卵砾块石、粗砂组成，进入平原区后，河床比降变缓，泥沙颗粒逐渐变细。

莺落峡站选取1980年、2006年和2015年3个年份，以2015年断面资料作为参照，对比其余年份资料，分析河床稳定性，大断面套绘如图2-18所示。

根据莺落峡站大断面对比图，选定具有代表性、不同起点距分布的5条测深垂线，以

图 2-17　肃南河段不同时期平面影像对比

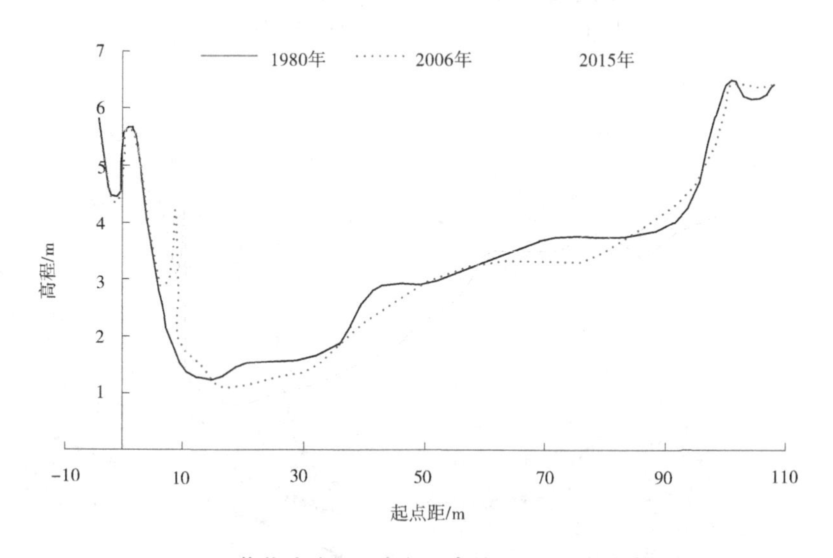

图 2-18　莺落峡站实测大断面套绘(2015 年与各年对比)

相同起点距、不同日期的河底高程值作为分析测站断面河床稳定性的依据,依此给出评价等级。莺落峡站断面年际变化统计情况见表 2-24(规定测站以 2015 年最后一次大断面实测成果作为基准参照。

表 2-24　莺落峡站断面年际变化统计情况　　单位:m

年份	起点距/m									
	0		20		50		70		100	
	河底高程	与基准值的差值	河底高程	与基准值的差值	河底高程	与基准值的差值	河底高程	与基准值的差值	河底高程	与基准值的差值
1980 年	5.66	0.22	1.23	0.44	2.89	0.53	3.72	0.21	6.46	2.26
2006 年	5.62	0.18	0.52	−0.27	3.6	1.24	2.58	−0.93	6.32	2.12
2015 年	5.44		0.79		2.36		3.51		4.2	

注:表中"+"表示相对于 2015 年代表河床被冲刷,"−"表示相对于 2015 年代表河床被淤积,下同。

由表 2-24 和图 2-18 可知,莺落峡站起点距 0 m、20 m、50 m、100 m 处河床与 2015 年相比基本处在冲刷状态,其中起点距 0 m、50 m、100 m 处河床 2015 年的河底高程最高,起点距 20 m 处河床 2006 年的河底高程最高,起点距 70 m 处河床处于先冲刷再淤积的情况,其中 1980 年河底高程最高。综上所述,不存在明显的河床侵蚀或淤积,河床较稳定。

1) 莺落峡—草滩庄水枢纽

莺落峡—草滩庄河段,河道窄深,河宽 30~500 m,草滩庄枢纽工程上游库区河床淤积严重。河段处于黑河出祁连山过渡段,河床为冲洪积砂卵砾石,结构松散,河道纵向稳定系数较大,泥沙运动强度较弱,河床总体稳定,河道水流集中。张鹰公路上游河道不同时期河道平面影像对比如图 2-19 所示。

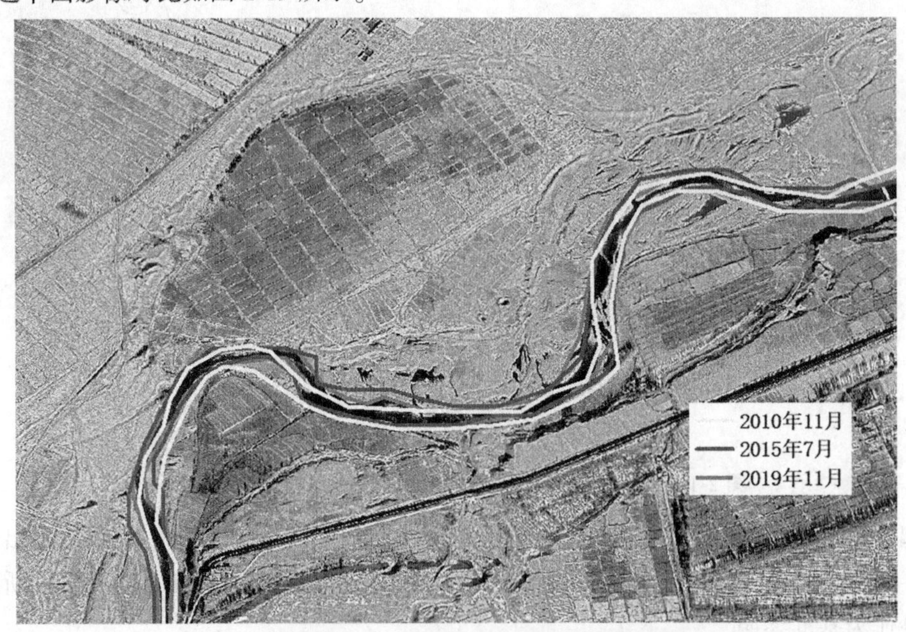

图 2-19　张鹰公路上游河道不同时期河道平面影像对比

2)草滩庄—省道213

草滩庄—省道213段河道河床质地为砂砾石,河床纵坡逐渐变缓,河床中小水主流散乱不定,汊流和河滩较为发育,河心滩一般高出河床1.0~1.5 m,主流两侧高漫滩一般高出河床。河床及漫滩物质组成岩性为砂卵砾石,从上游至下游,漂石、卵石含量有所减少,砂和砾石含量相应地有所增加。根据河床形态和河床物质组成,河床的纵向和横向稳定性均较差,河势较不稳定,从上游至下游河床物质抗冲刷能力减弱,造成河道主水流偏移,是河道变迁的主要原因。防洪堤修建以后河床平面摆动受到约束,逐步控制住河势横向变化。石庙子溢流堰上游河道不同时期平面影像对比如图2-20所示。

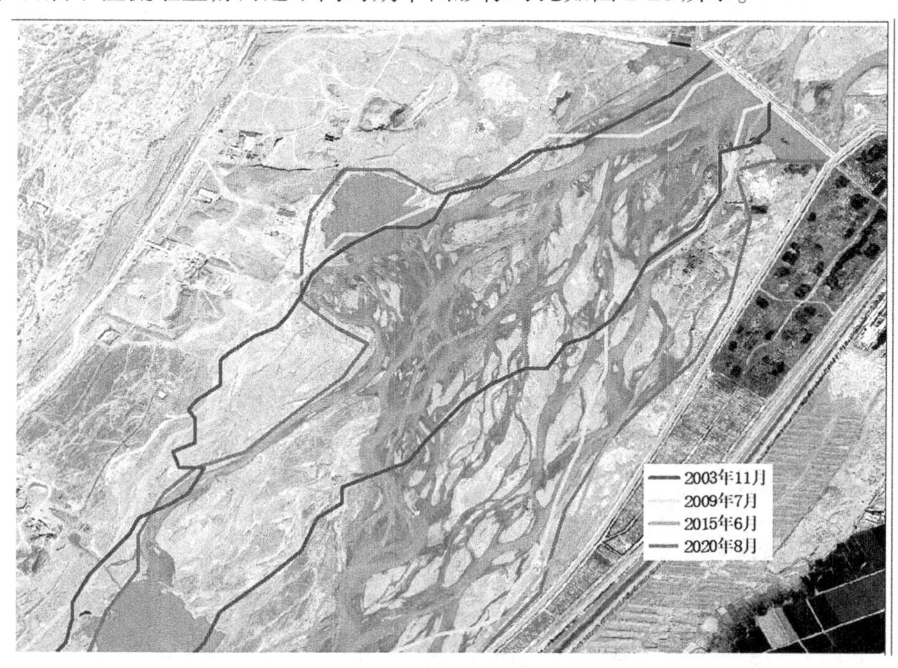

图2-20 石庙子溢流堰上游河道不同时期平面影像对比

3)省道213—国道312

省道213—国道312河段经过四期河道生态治理,控制了主流摆动,归束了河道主槽,两岸建有防洪堤,河床平面摆动受到约束,逐步控制住河势横向变化,河势趋于稳定。省道213—连霍高速段不同时期河道平面影像对比如图2-21所示。

4)国道312—甘临分界

国道312黑河桥以下段,河道平均比降2.5‰,河床质地为砂砾石,河宽0.3~1.0 km,河床已有地下水出露。两岸均为农田,高于河床2.2~7 m。两岸建有断续的堤防,河势较为稳定,河道水流集中,无岔流。昔喇渠上游不同时期河道平面影像对比如图2-22所示。

3.临泽县

黑河临泽段河床处于冲洪积平原之上,河床质主要有圆砾、砾砂、粗砂、中砂及细砂等,从上游至下游颗粒由粗变细,河心滩发育,且灌木丛林密集。两岸均为一级阶地,阶面宽阔向河床及下游倾斜,高出河床1~3 m,阶地上有耕地分布,加之两岸植物护岸措施较

图 2-21　省道 213—连霍高速段不同时期河道平面影像对比

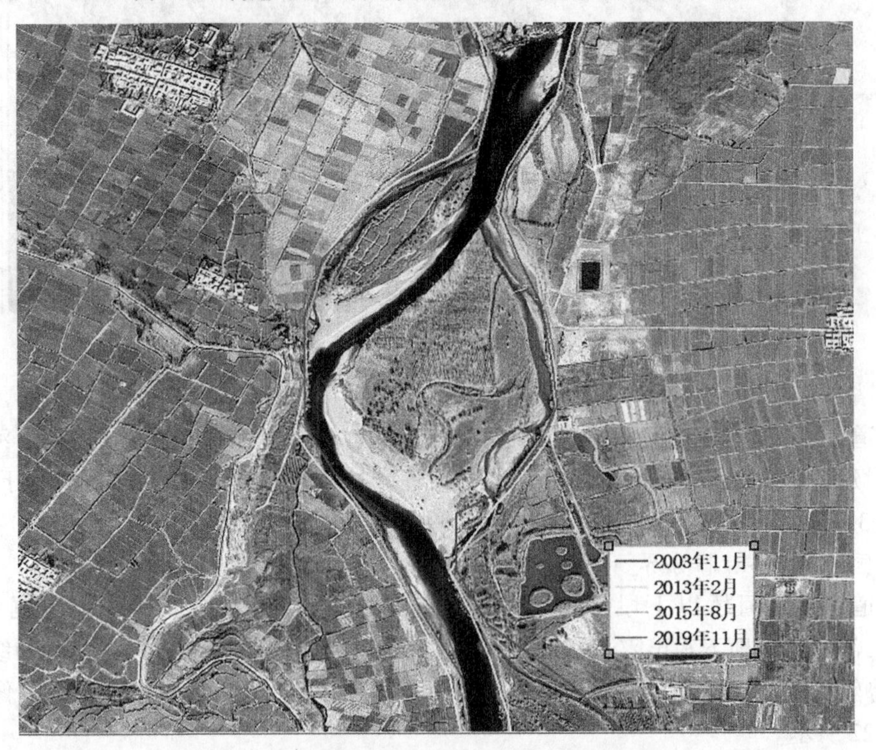

图 2-22　昔喇渠上游不同时期河道平面影像对比

多,主流相对稳定。

高崖站选取 1980 年、2006 年和 2015 年 3 个年份,以 2015 年断面资料作为参照,对比其余年份资料,分析河床稳定性,高崖站实测大断面套绘如图 2-23 所示。高崖站断面年际变化统计情况见表 2-25。

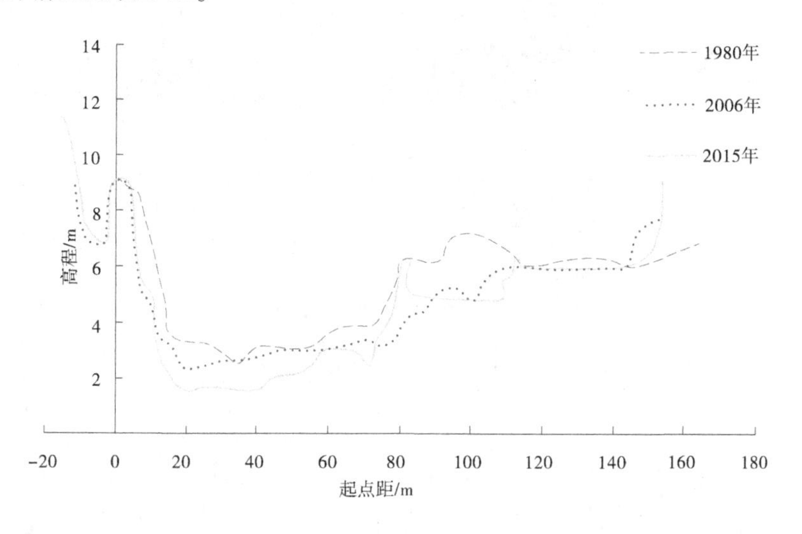

图 2-23　高崖站实测大断面套绘(2015 年与各年对比)

表 2-25　高崖站断面年际变化统计情况　单位:m

年份	起点距/m									
	0		20		50		70		100	
	河底高程	与基准值的差值	河底高程	与基准值的差值	河底高程	与基准值的差值	河底高程	与基准值的差值	河底高程	与基准值的差值
1980 年	9. 85	0. 16	5. 44	1. 29	5. 28	0. 73	5. 84	0. 71	7. 54	-0. 31
2006 年	9. 68	-0. 01	4. 73	0. 58	5. 19	0. 64	5. 41	0. 28	7. 79	0. 06
2015 年	9. 69		4. 15		4. 55		5. 13		7. 85	

由图 2-23 和表 2-25 可知,高崖站起点距 20 m、50 m 处河床与 2015 年相比处在冲刷状态,与 1980 年相比,分别累计冲刷 1. 29 m 和 0. 73 m。20 m 与 50 m 高程 2015 年河底高程最高。起点距 0 m 处河床先冲刷后淤积,2006 年后一直处于淤积状态,其中 1980 年的河底高程最高,起点距 70 m 处河床基本处于冲刷情况,至 2006 年一直处于冲刷状态,只有 2015 年才有小幅淤积。起点距 116 m 处河床自 1980 年起一直处于淤积状态,累计淤积 0. 31 m。不存在明显的河床侵蚀或淤积,河床较稳定。

根据临泽县黑河治理的相关报告,临泽县河段属平原河流,河流蜿蜒,主流摆动不定,河宽在 100~320 m,平均比降 1. 49‰,水流流速较小。河床纵向稳定性向下游逐渐变弱,河道大部分属于过渡状态河段,愈向下游河床愈不稳定;结合暖泉村上游不同时期河道平面影像对比(见图 2-24)定性该段河道为蜿蜒型河道。

图 2-24 暖泉村上游不同时期河道平面影像对比

4. 高台县

正义峡站选取 1980 年、2006 年和 2015 年 3 个年份，以 2015 年断面资料作为参照，对比其余年份资料，分析河床稳定性，大断面套绘如图 2-25 所示。正义峡站选定的测深垂线具体分布见表 2-26。

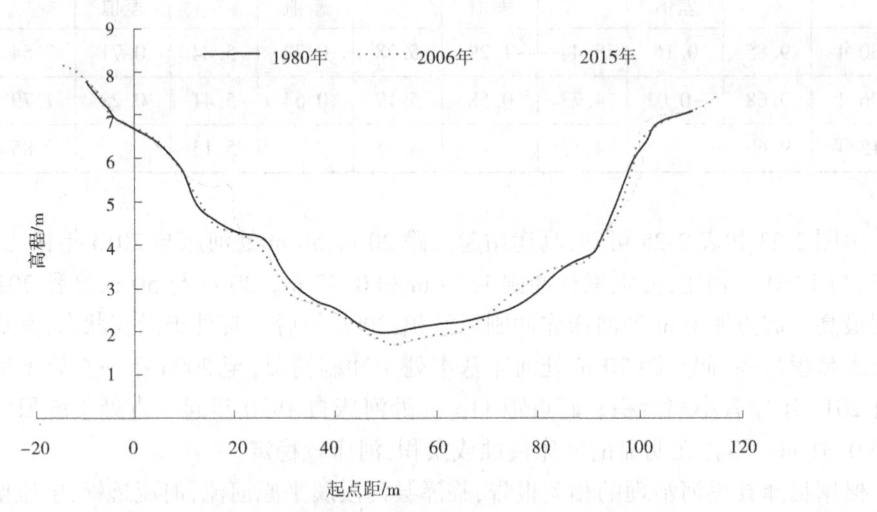

图 2-25 正义峡站实测大断面套绘(2015 年与各年对比)

表 2-26　正义峡站断面年际变化统计　单位:m

<table>
<tr><th rowspan="3">年份</th><th colspan="10">起点距/m</th></tr>
<tr><th colspan="2">0</th><th colspan="2">20</th><th colspan="2">50</th><th colspan="2">80</th><th colspan="2">100</th></tr>
<tr><th>河底高程</th><th>与基准值的差值</th><th>河底高程</th><th>与基准值的差值</th><th>河底高程</th><th>与基准值的差值</th><th>河底高程</th><th>与基准值的差值</th><th>河底高程</th><th>与基准值的差值</th></tr>
<tr><td>1980 年</td><td>6. 67</td><td>0. 06</td><td>4. 3</td><td>-0. 05</td><td>1. 92</td><td>-0. 51</td><td>3. 07</td><td>-0. 21</td><td>6. 36</td><td>0. 6</td></tr>
<tr><td>2006 年</td><td>6. 62</td><td>0. 01</td><td>4. 23</td><td>-0. 12</td><td>1. 69</td><td>-0. 74</td><td>3. 25</td><td>-0. 03</td><td>6. 43</td><td>0. 67</td></tr>
<tr><td>2015 年</td><td>6. 61</td><td></td><td>4. 35</td><td></td><td>2. 43</td><td></td><td>3. 28</td><td></td><td>5. 76</td><td></td></tr>
</table>

由图 2-25 和表 2-26 可知,正义峡站起点距 0 m、100 m 处河床与 2015 年相比一直处在冲刷状态,与 1980 年相比,分别累计冲刷 0. 06 m 和 0. 6 m。起点距 20 m、50 m、80 m 处河床较 2015 年一直处于淤积状态,分别较 1980 年淤积 0. 05 m、0. 51 m、0. 21 m。不存在明显的河床侵蚀或淤积,河床较为稳定。

1) 六坝—双丰段

高台县黑河六坝—双丰段河段总长 21. 425 km,治理河段范围为黑河高临分界线到西腰墩水库,共布置堤防 12. 766 km。该段河道平面有弯曲,属游荡型河段,河床宽为 235~812 m,河床质由含砾中砂及细砂组成。该段河床宽浅,顺直段较长,河床下切深度 0. 3~1. 5 m,发育有河心滩,两岸为一级阶地,略高出河岸,阶面平坦开阔,部分已垦为耕地。自修建防洪堤后,河流的横向摆动减缓,河势有所改善。六坝—双丰段不同时期河道平面影像对比如图 2-26 所示。

2) 八一村—西腰墩水库

高台县巷道镇八一村—西腰墩水库段总长 9. 338 km,河宽在 200~1 000 m,平均比降 0. 978‰。治理河段河床处于冲洪积平原之上,河床质主要有砂砾石、粗砂、中砂及细砂等,从上游至下游颗粒由粗变细。该段河床宽浅,顺直段较长,河床下切深度 1~1. 5 m,正常流水河槽 80~100 m,深 0. 4~0. 8 m,发育有河心滩,两岸为一级阶地,高出河岸,阶面平坦开阔,均已垦为耕地。自修建防洪堤后,河流的横向摆动减缓,河势有所改善。

3) 西腰墩—刘家深湖水库

西腰墩水库—刘家深湖水库段总长 20. 075 km,治理段首端距高崖水文站 77. 4 km,距高台县 7. 0 km,治理段以上流域面积 3. 29 万 km^2。该段河道呈 S 形,主流摆动不定,属游荡型河段,河床宽 310~913 m,平均比降 0. 844‰。河床质由含砾中砂及细砂组成,河床下切深度 0. 3~1. 6 m,正常流水河槽 80~200 m,深 0. 4~0. 8 m,发育有河心滩,两岸为一级阶地,略高出河岸,阶面平坦开阔,大部分已垦为耕地。两岸岸坡冲刷淘蚀严重,部分岸坡已经坍塌。自修建防洪堤后,河流的横向摆动减缓,河势有所改善。

图 2-26 六坝—双丰段不同时期河道平面影像对比

4) 刘家深湖水库—正义峡

高台县刘家深湖水库—正义峡段河道呈 S 形,主流摆动不定,属游荡型河段,河床宽 292~864 m,平均比降 0.837‰。河床质由含砾中砂及细砂组成,河床下切深度 0.3~0.8 m,正常流水河槽 200~800 m,深 0.4~0.8 m,发育有河心滩,两岸为一级阶地,略高出河岸,阶面平坦开阔,大部分已垦为耕地。两岸岸坡冲刷淘蚀严重,部分岸坡已经坍塌。自修建防洪堤后,河流的横向摆动减缓,河势有所改善。

5) 正义峡—高金界河段

该段为平原型河道,从平面形态(见图 2-27)上看河道形态弯曲,河道主流稳定,多年来位置变化不大,河势整体上比较稳定。

5. 金塔县

正义峡至大墩门段,属峡谷段,为切割基岩的河床,河道长 19 km,河宽约 100 m,河床比降较陡,平均为 2.56‰,该河段基本不产流。大墩门至哨马营段经过河道治理,河势较为稳定。哨马营到河道划界终点段,为砂质河床,河道相对束窄,河床下切深 2.0~2.5 m,河道平均宽 200~300 m。从河段平面形态上看,该段为蜿蜒型河道,河势基本稳定。自修建防洪堤后,河流的横向摆动减缓,河势有所改善。大墩门上游不同时期河道平面影像对比如图 2-28 所示。

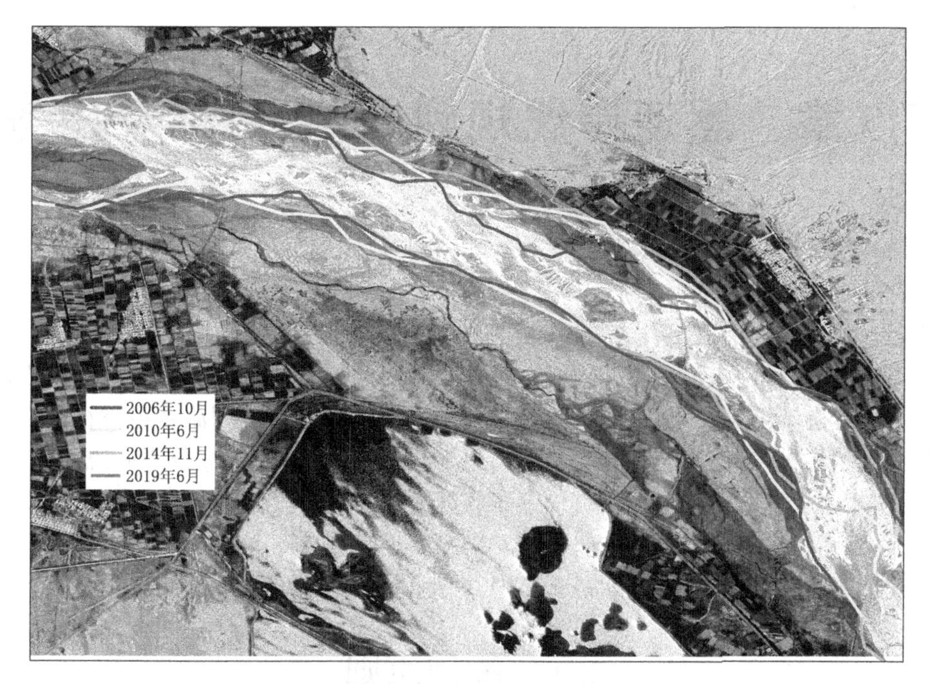

图 2-27　侯庄村上游不同时期河道平面影像对比

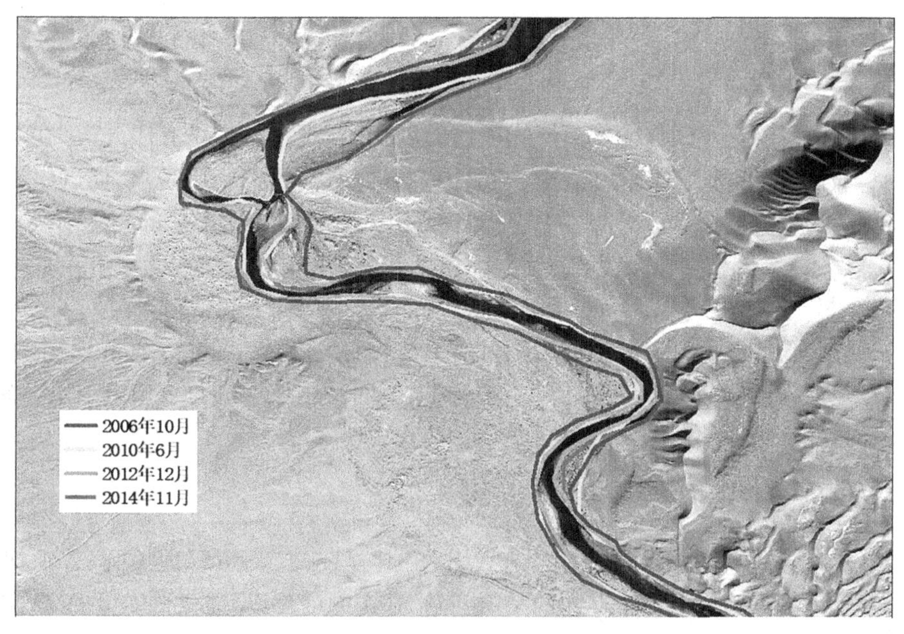

图 2-28　大墩门上游不同时期河道平面影像对比

第 3 章　黑河岸线规划原则、目标及任务

河湖岸线保护与利用规划编制要以习近平新时代中国特色社会主义思想为指导，全面贯彻党的十九大和十九届二中、三中、四中、五中全会及黄河流域生态保护和高质量发展座谈会、中央财经委员会第六次会议精神，全面落实“节水优先、空间均衡、系统治理、两手发力”的新时期中央治水思路，在总结河流岸线保护与利用的基础上，全面考虑流域较长时期的生态环境建设要求和流域经济社会发展需要，全面协调流域经济社会发展与生态环境保护的关系，正确处理岸线开发利用与治理保护的关系，综合协调流域上下游、左右岸及相关部门和行业间的关系，统筹兼顾近远期的要求，通过对岸线的优化配置和合理布局，在保障防洪安全、河势稳定、供水安全和满足水生态环境保护要求的前提下，充分发挥岸线的多种功能，实现岸线的科学保护、合理利用，促进流域经济社会的可持续发展。

3.1　规划原则

3.1.1　保护优先、合理利用

坚持保护优先，把岸线保护作为岸线利用的前提，实现在保护中有序开发、在开发中落实保护。协调城市发展、产业开发、生态保护等方面对岸线的利用需求，促进岸线合理利用、强化节约集约利用。做好与生态保护红线划定、空间规划等工作的相互衔接。

3.1.2　统筹兼顾、科学布局

遵循河湖演变的自然规律，根据岸线自然条件，充分考虑防洪安全、河势稳定、生态安全、供水安全等方面的要求，兼顾上下游、左右岸、不同地区及不同行业的开发利用需求，科学布局河湖岸线生态空间、生活空间、生产空间，合理划定岸线功能分区。

3.1.3　依法依规、从严管控

按照《中华人民共和国水法》《中华人民共和国防洪法》《河道管理条例》等法律法规的要求，针对岸线利用与保护中存在的突出问题，强调制度建设、强化整体保护、落实监管责任，确保岸线得到有效保护、合理利用和依法管理。

3.1.4　远近结合、持续发展

既考虑近期经济社会发展需要，节约集约利用岸线，又充分兼顾未来经济社会发展需求，做好岸线的保护，为远期发展预留空间，划定一定范围的保留区，做到远近结合、持续发展。

3.2　规划目标

3.2.1　总体目标

统筹经济社会发展、防洪安全、岸坡稳定、供水安全以及水生态环境保护要求，科学划分岸线功能分区，形成保护优先、布局合理、功能完备的岸线利用格局；提出岸线保护与利用管理要求，进一步规范岸线开发利用行为，调整明显不符合岸线功能分区的生产项目，促进岸线资源的可持续利用；合理确定涉及岸线利用行为的部门间管理范围与管理职责，实现岸线资源的集约高效利用，提高岸线资源的综合利用水平。

3.2.2　管控目标

坚守河湖自然岸线保有率底线，实行河湖岸线节约利用，改善利用方式，大力推进岸线整治修复，提高河湖生态岸线率，构建科学合理的岸线保护利用格局。土地利用规划、城乡规划、流域规划、防洪规划等涉及岸线保护与利用的相关规划，应落实自然岸线保有率、岸线利用率管理要求。

3.3　规划水平年

基准年为 2018 年，规划水平年为 2030 年。

3.4　规划范围

黑河干流甘肃段，起点为青海省祁连县与甘肃省肃南县交界处（109°09′39″E，38°18′52″N），终点为酒泉市金塔县与内蒙古自治区额济纳旗交界处（100°08′25″E，40°54′08″N），河道长度为 465.89 km。规划河道区位如图 3-1 所示。黑河甘肃段岸线保护与利用规划范围见表 3-1。

3.5　主要任务

岸线保护与利用规划的主要任务是在收集沿河各县（区）社会经济、涉水工程区域地形、生态环境现状、岸线利用现状等资料的基础上，评价沿河岸线资源现状利用水平，分析岸线保护与利用中存在的主要问题；深入分析岸线利用对防洪安全、河岸稳定、水资源利用、生态环境保护及其他方面影响的基础上，根据不同岸线的主要特点，综合考虑社会经济发展和生态环境保护、沿河防洪、城市建设和土地利用，确定岸线保护与利用的总体规划布局，科学合理地划分岸线功能分区；按照保障防洪安全、供水安全、维护河道健康、促进岸线资源可持续利用的要求，研究提出岸线布局调整和控制利用管理指导意见，并提出加强岸线保护与利用的政策制度要求。

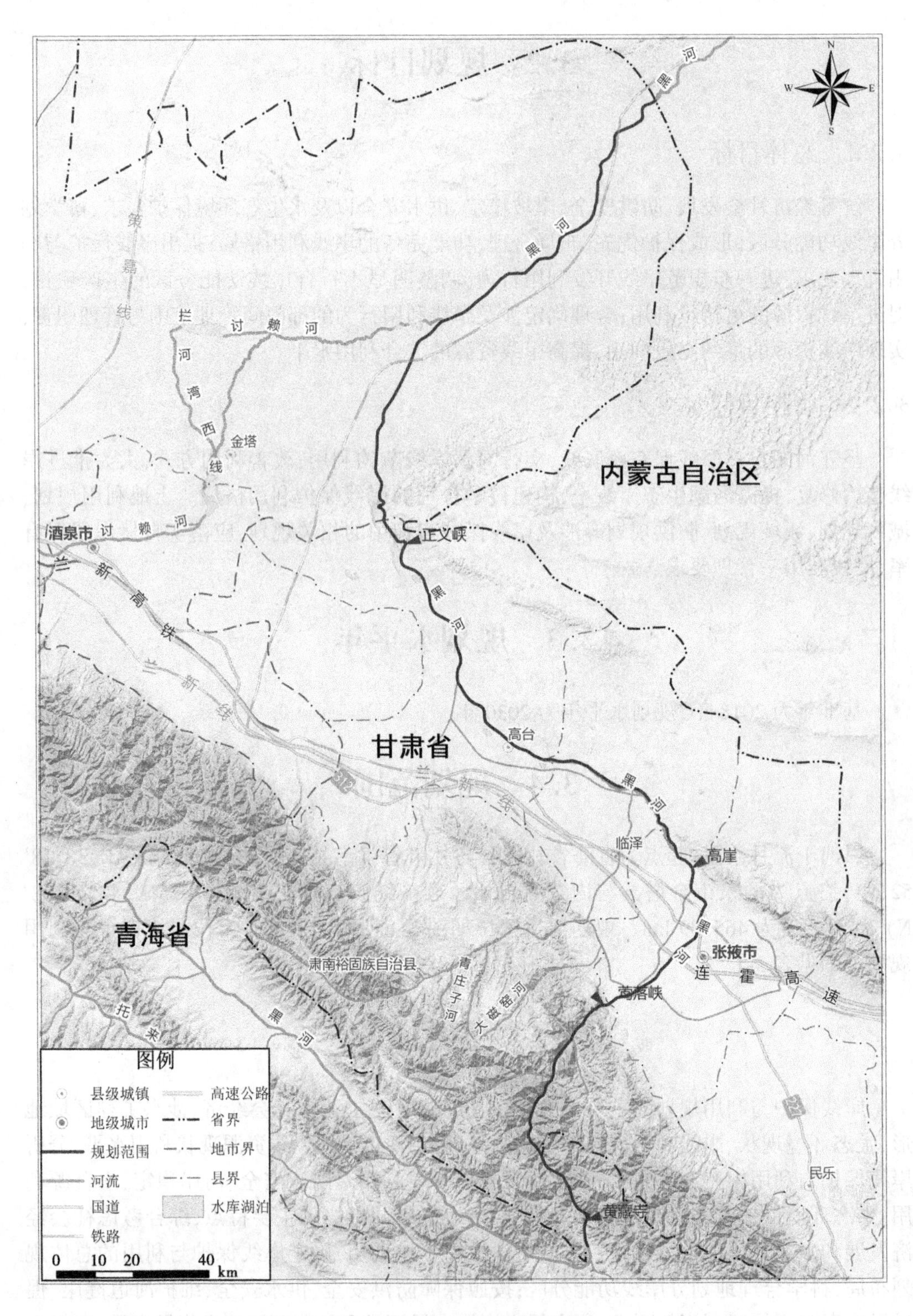

图 3-1 黑河岸线规划范围

表 3-1　黑河甘肃段岸线保护与利用规划范围

河段		河长/km	管理范围线长度/km	
			左岸	右岸
黑河	肃南县段	104.10	123.46	63.47
	甘州区段	61.25	60.68	55.40
	临泽县段	52.87	52.56	55.39
	高台县段	91.48	92.22	93.59
	金塔县段	156.19	165.79	160.04

3.6　技术路线

岸线保护与利用规划的技术路线如图 3-2 所示。在资料收集与分析整理等的基础上，划分岸线功能区和拟订规划方案，提出岸线利用管理的控制条件与指导意见，以及与有关规划的衔接与评估审查，最后制定矢量数据，完成岸线保护与利用规划成果上图展示。

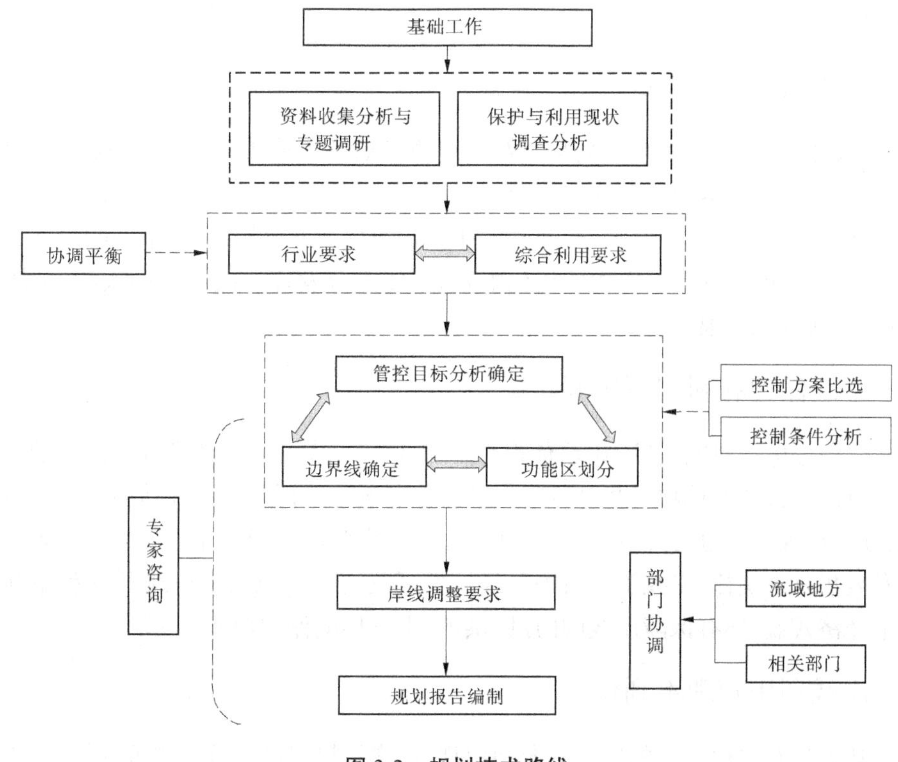

图 3-2　规划技术路线

第 4 章 黑河岸线保护和利用形势研究

4.1 岸线保护和利用存在的主要问题

河道岸线是有限的宝贵资源，黑河流域河道岸线利用有着悠久的历史。但整体上黑河流域河道岸线的开发利用水平较低，开发程度不均，邻近肃南县、甘州区的岸线，开发利用程度较高，邻近金塔县的岸线，开发利用程度较低。黑河流域在河道岸线利用和管理方面还存在着以下问题。

4.1.1 岸线保护和利用缺乏系统规划

目前，黑河河道岸线利用缺乏全面、科学、系统的规划。有些无堤河段管理界限不明确，对岸线建筑物难以界定其是否侵占河道，给岸线的管理造成较大的困难。由于岸线范围模糊，功能区没有界定，管理上缺乏依据，造成部分河段开发无序，致使防洪、供水、生态环境保护等岸线功能缺乏统筹协调。有时以土地利用规划或防洪规划，甚至以城市规划代替岸线开发利用规划，岸线利用未能处理好上下游、左右岸等方面的关系，影响了河势的走向和稳定。

4.1.2 岸线利用效率不高

对岸线的防洪、供水、生态环境及开发利用功能缺乏统筹协调，且缺乏统一的岸线资源利用规划，造成岸线资源的配置不够合理，开发利用布局不适宜。部分岸线利用项目立足于局部利益，缺乏与国民经济发展及其他相关行业规划的协调，常以单一的目标进行岸线的开发利用，不能达到岸线资源的优化配置，不能充分发挥岸线资源的效能，利用效率不高，造成岸线资源的浪费。

4.1.3 岸线保护和利用不协调

对岸线治理保护研究不够，缺乏有效的控制措施，无序开发和随意侵占河道的现象日益增多。目前实行的对单项工程进行防洪及河势影响分析评价难以评估多项目的群体影响情况，导致出现岸线过度开发的现象，河道安全行洪和河势稳定压力加大。未来很长一段时间发展仍是主旋律，岸线资源对国民经济发展具有重要意义。岸线开发利用项目不仅应注重经济效益，还有保障岸线的防洪、供水、生态环境保护功能。

4.1.4 岸线利用管理不到位

由于缺乏具有法律效力的岸线资源利用规划，岸线界定没有统一规范的标准，岸线界限范围不明确,涉河项目开发建设利用的区域是否侵占岸线的性质难以确定,管理和审批依据不足、难度大,造成岸线利用管理不到位。岸线开发利用管理法规尚不健全,管理体制机制不完善,难以有效规范和调节岸线利用行为。

4.2　经济社会发展对岸线保护和利用的需求

党的十九大强调,生态文明建设功在当代、利在千秋,要推动形成人与自然和谐发展现代化建设新格局。在河湖实施河湖长制是贯彻党的十九大精神、加强生态文明建设的具体举措,是关于全面推行河长制的意见提出的明确要求,是加强河道管理保护、改善河道生态环境、维护河流健康、实现流域功能永续利用的重要制度保障。

实施河长制,实行河道岸线分区管理,依据土地利用总体规划等,合理划分保护区、保留区、控制利用区、开发利用区,明确分区管理保护要求,强化岸线用途管制和节约集约利用,严格控制开发利用强度,最大程度地保持河道岸线的自然形态。沿河土地开发利用和产业布局,应与岸线分区要求相衔接,并为经济社会可持续发展预留空间。

4.2.1　加强生态环境保护

生态敏感区是生态环境条件变化最激烈和最易出现生态问题的地区,也是区域生态系统可持续发展及进行生态环境综合整治的关键地区。就岸线利用而言,黑河特别需要保护的生态环境敏感区的类型主要包括国家公园、自然保护区、饮用水水源地、森林公园、地质公园、湿地公园和水功能保护区。黑河岸线保护和利用规划,将改善区域水环境的水质和生态系统,有效地减轻水环境的营养元素负荷,进一步改善黑河水环境,实现资源的合理化再生,保证可持续发展和供水安全,为生态环境建设打下坚实基础,使黑河流域的生态环境、水土保持、植被保护、野生动物栖息环境得到进一步改善,同时对控制水土流失,改善生态环境,充分调节蓄水量及流速起到积极作用。

岸线开发利用与生态环境保护密切相关,加强生态环境保护是维护生态安全、改善环境质量的重要保障,也是实现人水和谐、提升人民群众生活品质的关键举措,对于增强甘肃省经济社会可持续发展的生态支撑能力具有极为重要的意义。因此,迫切需要通过科学布局、强化保护,避免岸线开发利用对生态环境造成影响,维系优良生态,建立"河湖健康,风景秀美"的水生态体系,做到人与水和谐相处,推动经济社会发展与水资源水环境承载能力相适应,促进经济社会可持续发展。

4.2.2　强化岸线保护

黑河岸线是重要的自然资源,对沿岸地区经济社会发展具有重要的作用。随着经济社会的快速发展,黑河岸线资源开发利用存在局部河段布局不甚合理、使用效率偏低、资源浪费严重、部分地区供需矛盾突出等问题,迫切需要通过统一规划和加强管理,实现岸线资源的合理利用和有效保护。通过对黑河岸线的规划全覆盖,较全面地掌握河道岸线的资源储量及可开发利用量，制定与沿岸地区发展相适应的河道岸线保护范围与开发控制利用计划，通过建立健全河道岸线保护和开发利用协调机制，统筹河道岸线资源管控，促进河道岸线资源有序、健康开发。

4.2.3 推动沿岸经济社会发展

“十三五”期间，张掖市通过城市总体规划建设，已经形成“一心、两轴、两带”的城镇发展空间结构组织，张掖市区已经成为张掖乃至整个河西地区的中心。连接高台县、临泽县、甘州区、山丹县的连霍高速、312 国道及兰新铁路，形成张掖市东西向的城镇发展轴线；沿 227 国道、兰新铁路二线，为由黑河连至祁连山段的城镇发展斜向轴线，形成黑河生态城镇发展带和祁连山生态城镇发展带。长期以来，黑河在保障灌溉用水、发展农业灌溉、维护区域生态环境和推动区域发展等方面发挥了巨大作用。

张掖市市委、市政府通过“一园三带”生态工程建设，推进自然生态修复和国土绿化，使全域林草植被不断增加，绿化布局更加优化，产业结构趋于合理，生态系统质量和稳定性有效提升，“一园三带”共融的复合型生态走廊基本形成。巩固扩大祁连山和黑河中游生态治理成果，提高市域生态文明建设水平，夯实张掖作为西部生态安全屏障的基础条件，满足人民群众对优质生态产品的需求，为张掖经济社会全面、协调、可持续发展创造更好的生态条件。

随着经济社会的发展，对河道岸线开发利用程度的需求逐步增加，而河道岸线资源有限，必须有序开发，通过规划全覆盖，较全面地掌握河道岸线的资源储量及可开发利用量，制定与城乡发展相适应的河道岸线保护范围与开发控制计划，通过建立健全河道岸线保护和开发利用协调机制，统筹河道岸线资源管控，促进河道岸线资源有序、健康开发。

4.2.4 保障防洪安全

黑河干流发展农业、林业和牧草业具有得天独厚的条件，自古以来就是重要的灌溉农业区。在经济社会和城市化进程中，造就沿河两岸遍布人口密集的城市、乡镇、村庄和大片农田，部分河段防洪标准不匹配；中下游河段河道弯曲，部分河段存在淤积堵塞，过洪能力不足，防洪工程体系存在明显薄弱环节，对人民群众生命财产安全构成严重威胁。

黑河干流沿线在河西走廊地区经济发展中具有重要战略地位，《黑河保护治理升级版实施方案》与《落实黑河流域生态保护和高质量发展实施方案》在顶层设计上长远谋划黑河流域生态保护和高质量发展，以打造内陆河保护治理新标杆为发展蓝图，重点打造黑河经济带发展在河西走廊的突出地位，推动黑河向“河畅、水清、岸绿、景美”的幸福河发展，对黑河岸线稳定、防洪安全需求进一步加大。

4.2.5 保障供水安全

张掖市自古就有“塞上江南”和“金张掖”的美誉，素有“桑麻之地”、鱼米之乡的美称，作为黑河流域经济活跃地带，水安全问题影响着张掖市万千百姓的生活、生产。

依据《张掖市城市总体规划(2012—2020年)》,至2020年滨河新区建成,届时城市人口将达到48.8万人,城市总需水量达到16.00万 m^3/d。按照《张掖市甘州区滨河水源地城市集中饮用水源地保护区划分技术报告》,在张掖城区西侧约8 km处黑河滩建设滨河水源地,供水井总数为14眼,其中12眼为抽水井,另外2眼为备用井。地下水属潜水类型,埋深较浅,主要接受南部侧向径流流入及黑河渗漏补给;水源地易受张肃公路黑河大桥一带及各乡镇附近废品废料堆放场、生活垃圾堆放场所的影响。按照水源地保护划分依据,保护范围对岸线稳定、监管、违章建筑搬迁、开发利用提出了明确要求。

黑河干流作为重要的农业灌溉区,岸线内取水口星罗棋布。保障岸线内取水设施的安全稳定是农业增收的基础,也是农业高质量发展的必然需求。

4.3　岸线保护与利用控制条件分析

4.3.1　防洪

河道主行洪区,是水行政主管部门的红线区,在此区域内,禁止一切开发利用活动;如需修建跨河桥梁、码头和其他设施,必须按照国家规定的防洪标准所确定的河宽进行,不得缩窄行洪通道。桥梁、管道、管线等跨河及穿河工程必须满足防洪要求。

黑河流域作为张掖市主要的洪水宣泄通道,岸线开发利用上应确保行洪断面充足,开发利用项目不得占用河道所需的行洪空间。黑河干流内非防洪工程建设主要涉及桥梁、缆线、管道及其他各类建筑物等。由于桥墩、承台等构造物布设在河道内,长期占用河道和堤防,形成壅水、阻水等情况,会造成河道防洪、泄洪能力不同程度地削减,防洪安全存在各种隐患。黑河临泽、金塔段部分河段防洪设施不完善,防洪能力不足,缺乏必要的分洪控制建筑物和交通道路桥梁等设施,影响行洪安全。

4.3.2　生态

岸线开发利用势必对水生态环境产生一定的影响,降低岸线开发利用区在整个流域的比例,限制流域水域岸线开发利用,不仅是保护河道水域环境的需要,也是保证水源可持续利用的需要,是长期发展的必然要求。黑河干流甘肃段涉及自然保护区、国家公园、地质公园、森林公园、饮用水水源地共5个生态敏感区,生态敏感区内岸线应根据敏感级别按有关规定不开发利用或限制开发利用。涉及省级水土流失重点预防区和重点治理区的河段,要根据相关规定限制开发利用。已批复的涉河湖工程在实施过程中,应做好生态保护等相关工作,保障生态安全。

4.3.3　供水

黑河干流现状还有1处集中式饮用水水源地,即甘州区滨河集中式饮用水水源地。滨河集中式饮用水水源地保护区总面积为9.19 km^2,一级保护区面积为2.88 km^2,二级保护区面积为 6.31 km^2。涉及黑河干流岸线长度为 6.21 km。

饮用水水源地一级保护区的水质标准不得低于国家规定的《地表水环境质量标准》Ⅱ类标准,并须符合国家规定的《生活饮用水卫生标准》(GB 5749—2022)的要求。水源地二级保护区的水质标准不得低于国家规定的《地表水环境质量标准》Ⅲ类标准,应保证一级保护区的水质能满足规定的标准。根据《饮用水水源保护区污染防治管理规定》《集中式饮用水水源环境保护指南》等规定,涉及水源地保护区范围的河段,禁止从事可能污染饮用水水源的活动。

水质要求相对较严格,因此河段开发利用应充分考虑水质目标要求,保障水质达标。实施以改善水质为主要目标的河道生态修复工程,严格控制在限制开发区域内的河道岸线安排工业(含能源)项目,经批准必须建设的,优先安排河道流域治理,确保河道安全和水质达标。

4.3.4 经济社会

黑河甘肃张掖地区,地处古丝绸之路和欧亚大陆桥之要地,农牧业开发历史悠久,自古以来享有"金张掖"之美誉。长期以来,黑河在保障灌溉用水、发展农业灌溉、维护区域生态环境和推动区域发展等方面发挥了巨大作用,在全省经济社会中具有重要的战略地位,对沿岸地区的岸线保护与利用提出了新要求。

根据《张掖市城市总体规划(2012—2020)》(甘政函〔2014〕50 号)和《酒泉市城市总体规划(2016—2030)》(甘政函〔2017〕95 号),两市均依托黑河发展旅游经济。为确保经济社会的可持续发展,需要对沿岸的岸线功能区进行统一规划,重点发展地区的岸线利用有利于地区经济发展,但在开发利用过程中也不能片面追求经济效益,必须与防洪和生态控制条件相协调。

4.3.5 重要涉水工程

黑河涉水工程主要有桥梁、电站、水库、取排水口、跨河电(光)缆、管道、渡槽、旅游建筑物、景观工程等。由于桥墩、承台等构造物布设在河道内,长期占用河道和堤防,形成壅水、阻水等情况,会造成河道防洪、行洪能力不同程度地削减,防洪安全存在隐患。岸线开发利用应严格遵守相关行业涉水工程管理保护条例,开发利用活动不得危害重要涉水工程安全稳定,如需必要,应征得工程有关行业行政主管部门的同意方可开展不危害工程安全的建设活动。

4.4 岸线保护和利用现状

4.4.1 涉河工程建设现状

黑河岸线开发历史悠久,自汉代即进入了农业开发和农牧交错发展时期,汉、唐、西夏年间移民屯田,唐代在张掖南部修建了盈科、大满、小满、大官、加官5渠,清代开始开发高台、民乐、山丹等地灌区。中华人民共和国成立以来,特别是20世纪60年代中期以来,为满足地方经济社会发展的需要,黑河(尤其是黑河中游地区)进行了较大规模的水利工程建设。随着社会经济快速发展,城市规模迅速扩张,涉水涉河建筑物日益增多,尤其是城市河段、资源(采砂等)开发集中或有滩涂开发利用条件的河段。

在黑河上游干流河道上修建有水库和多座梯级水电站,中下游干流河道上主要有一些跨河、穿河、跨堤、穿堤、临河的建筑物、构筑物,如公路桥、铁路桥、管道和线路穿越等。上游水电站均办理了河道建设项目、土地利用等审批手续,中游涉水工程部分办理了相关手续。经实地查勘,黑河干流规划范围涉河工程主要有水库8座(水电站8座),引水枢纽2座,桥梁43座,管线5条,高压输电线5座,取水口50个,入河排污口1个,渡槽3座和沿河观景台若干等。在黑河的甘州区、临泽县、高台县和金塔县河段修建有堤防,长度分别为35.77 km、26.65 km、73.77 km和59.2 km,甘州区规划加固护岸15.675 km,临泽县规划新建防洪堤27.63 km,临泽县规划新建2条跨河桥梁。黑河涉河现状及规划工程情况见附表2。黑河干流甘肃省境内水利工程分布见图4-1。

4.4.1.1　水利工程现状

目前,黑河干流的张掖市肃南县境内在建大型水库1座,为黄藏寺水库,设计总库容为4.03亿m^3,承担着黑河中游12个灌区(有效灌溉面积182.69万亩)的供水;6座中型水库,总库容1.27亿m^3,分别为宝瓶河水库、三道湾水库、大孤山水库、小孤山水库、龙首二级水库、龙首一级水库;1座小型水库,龙汇水库总库容为143万m^3;张掖市境内建成一座引水枢纽草滩庄引水枢纽,酒泉市金塔县境内建成大墩门水利枢纽,承担黑河中游及下游鼎新灌区及辖区内工业供水、生态供水及水利发电供水等任务。

1.祁连山水电站整改情况

甘肃祁连山国家级自然保护区共有水电站42座,总装机容量为113.94万kW,涉及武威、金昌、张掖3市的天祝、凉州、永昌、山丹、肃南和甘州6县(区)。其中,黑河流域17座,装机容量为88.07万kW。甘肃省境内黑河干流水电站共有8座。按开发方式分,龙首一级为坝后式水电站,宝瓶河、龙首二级、小孤山为混合式水电站,其余4座为引水式水电站。按核准情况分,甘肃境内黑河干流水电站均有发展改革等部门的核准、审批手续。大孤山、二龙山、宝瓶河3座水电站在发展改革部门核准前开工建设,存在未批先建的问题。已由核准部门参照《企业投资项目核准和备案管理条例》(国务院令第673号)和《甘肃省企业投资项目核准和备案管理办法》(甘政办发〔2017〕123号)等有关规定予以处理。

已建成的水电站,不同程度存在未按规定下泄生态流量的问题。除小孤山水电站建有永久性泄流设施外,其余均未设置永久性泄流设施,未安装流量计量和监控设备。经前期督促整改,建成运行水电站现已全部落实最小下泄流量。保留运行水电站全部设置闸门限位桩、泄水底管、虹吸管等生态流量永久性、无障碍泄放设施,严格按照省水利厅、省环保厅《关于严格落实祁连山自然保护区水电站最小下泄流量的通知》(甘水农电发

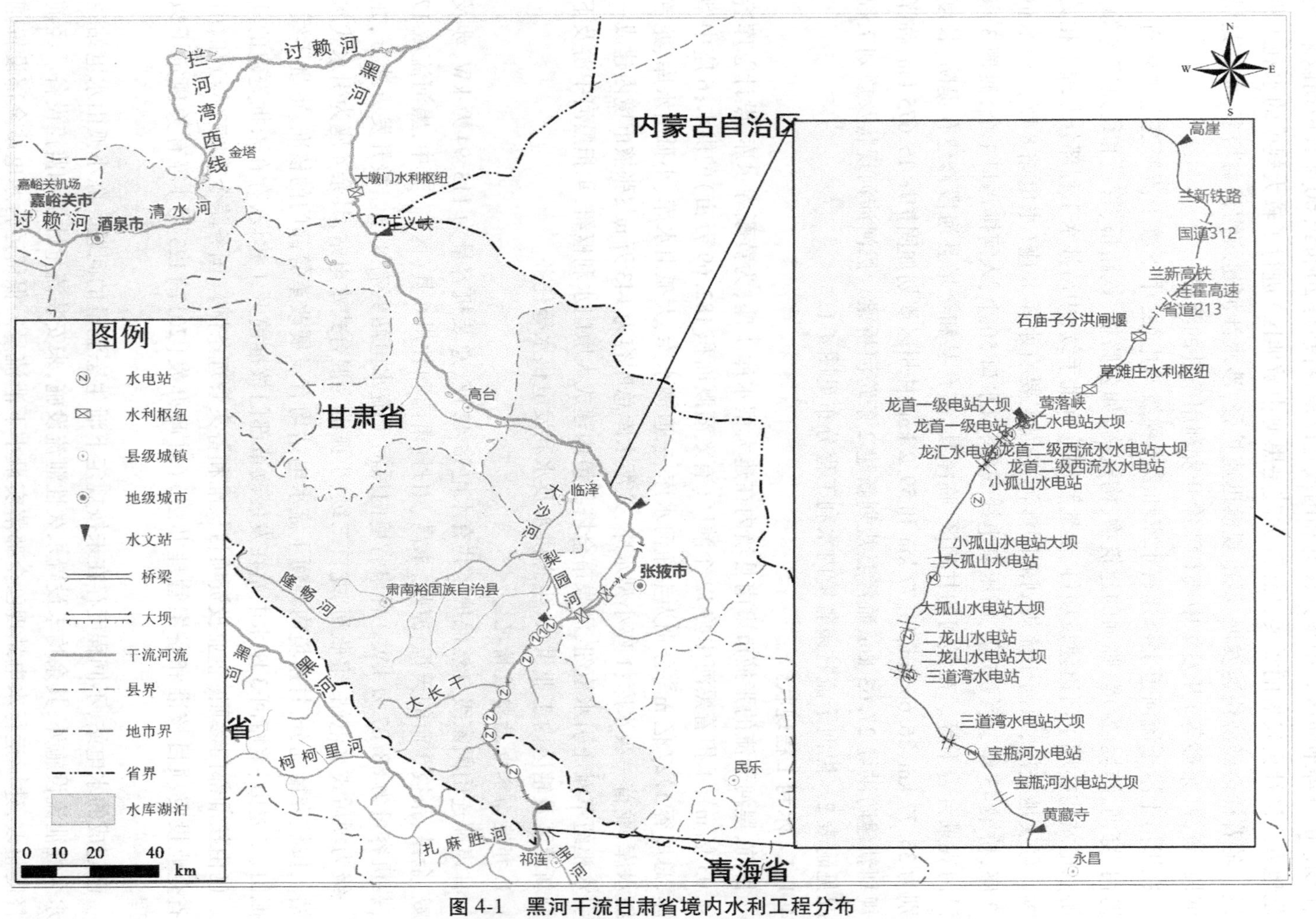

图 4-1　黑河干流甘肃省境内水利工程分布

〔2017〕211号)要求下泄生态流量,并安装引水泄水计量监控设备,流量数据实时传输至监控平台,实现在线监控和预警管理,严格落实环保、水保治理措施,维护河流生命健康。

2. 水库

1) 黄藏寺水库(在建)

黄藏寺水库坝址位于黑河上游峡谷进口下游约1 km处,工程规模属于Ⅱ等大(2)型。水库死水位2 580.00 m,相应死库容0.61亿m^3(有效);正常蓄水位2 628.00 m,正常蓄水位以下有效库容3.33亿m^3,调节库容2.95亿m^3;设计洪水水位2 628.00 m,校核洪水位2 628.70 m,水库总库容4.03亿m^3(原始),调洪库容0.08亿m^3;汛期限制水位与正常蓄水位相同。

20世纪90年代,黑河流域出现水资源紧缺和生态失衡的危机,引起了党中央、国务院的高度重视。1995年,国务院审批了由水利部上报的不同来水情况下的《黑河干流水量分配方案》;2001年2月,国务院第94次总理办公会议决定实施黑河近期治理,实现当黑河莺落峡来水15.8亿m^3时,向下游新增下泄量2.55亿m^3,达到正义峡下泄量9.5亿m^3的分水目标。

黄藏寺水库承担向下游正义峡调水的任务,确保国务院分水方案的实现。同时,黄藏寺水库还向黑河中游的12个灌区(有效灌溉面积182.69万亩)供水,冬季泄放生态基流,满足河道最小流量要求。现状和2030年水平,黑河中游黄藏寺水库供水范围内12个灌区需水总量分别为11.78亿m^3和10.89亿m^3。

根据国家发展和改革委员会批复的《黑河黄藏寺水利枢纽工程初步设计报告》,黄藏寺水利枢纽7月中旬和8月中旬以"全线闭口、集中下泄"的方式向中下游进行生态补水,补水流量为300~500 m^3/s,输水效率为0.6~0.75。据黑河中下游调水期间输水试验实测流量资料分析,现状河道形态影响下,当莺落峡站流量为500 m^3/s时,正义峡站流量约为350 m^3/s,狼心山站约为245 m^3/s,输水效率可达到0.7。

生态调水的实施,保证了国务院黑河调水方案的实现,改善了下游河道的生态环境,实现了流域生态修复、粮食生产、国防科研、边疆稳定、民生改善、经济建设等全面、协调、可持续发展,是生态发展的必然要求。

2) 宝瓶河水库

宝瓶河水库为峡谷形水库,水库基本上无调节洪水的能力。坝型为混凝土面板堆石坝,最大坝高90.0 m,大坝校核洪水为1 000年一遇,洪峰流量为3 040 m^3/s,校核洪水位为2 522.58 m,总库容为2 050万m^3;大坝设计洪水为50年一遇,洪峰流量为1 920 m^3/s,设计洪水位为2 521 m。为争取发电水头,水库汛期排沙限制水位为2 500 m。宝瓶河水库正常蓄水位为2 521.00m,正常蓄水位以下库容为1 855万m^3,调节库容为132万m^3。

3) 三道湾水库

三道湾水库为峡谷型水库,水库基本上无调节洪水的能力,枢纽泄洪建筑物的布置及泄洪能力主要根据相应频率洪峰流量要求确定。坝型为混凝土面板堆石坝,最大坝高48.70 m,水库总库容为530万m^3。大坝校核洪水为1 000年一遇,洪峰流量为3 080 m^3/s,校核洪水位为2 372.41 m;大坝设计洪水为50年一遇,洪峰流量为1 620 m^3/s。大坝正常蓄水位为2 370 m。为争取发电水头,水库汛期排沙限制水位为2 364 m,冲沙水位为2 360 m。

4) 大孤山水库

大孤山水库控制流域面积为 8 609 km^2,坝顶高程为 2 146. 5 m,水库总库容为 30 万 m^3,无调节能力。水库正常蓄水位为 2 145. 50m,发电死水位为 2 142. 00m。

5) 小孤山水库

小孤山水库总库容为 170 万 m^3,无调节能力。水库正常蓄水位为 2 060. 00 m、设计洪水位为 2 061. 50 m,校核洪水位为 2 061. 50 m。

6) 龙首二级水库

龙首二级水库坝型为混凝土面板堆石坝,坝顶高程为 1 924. 5 m,最大坝高 146. 5 m,库容为 8 620 万 m^3。水库校核洪水位为 1 922. 93 m,设计洪水位为 1 920 m,正常蓄水位为 1 920. 00 m,死水位为 1 918. 00 m。

7) 龙汇水库

龙汇水库溢流坝坝型为混凝土面板堆石坝,坝顶高程为 1 760. 80 m,最大坝高 12. 5 m。水库校核洪水位为 1 767. 00 m,设计洪水位为 1 765. 50 m,正常蓄水位为 1 760. 8 m。

8) 龙首一级水库

龙首一级水库拦河坝为碾压混凝土半重半拱坝,相应挡水建筑物防洪标准按 50 年一遇洪水设计,500 年一遇洪水校核;厂房按 50 年一遇洪水设计,200 年一遇洪水校核。水库正常蓄水位为 1 748 m,正常蓄水位以下库容为 1 210 万 m^3;水库校核洪水位为 1 749. 4 m,总库容为 1 320 万 m^3;水库设计洪水位为 1 748. 49 m,相应尾水位为 1 694. 9 m;汛期防洪限制水位为 1 746 m。

3. 水电站

根据《甘肃祁连山国家级自然保护区水电站关停退出整治方案》(甘政办发〔2017〕203 号)文件精神,按照肃南县水电站关停退出的整体部署安排,寺大隆一级、二级水电站已关停退出。黑河干流甘肃段水电站均分布在张掖市,分别为宝瓶河水电站、三道湾水电站、二龙山水电站、大孤山水电站、小孤山水电站、龙首二级水电站、龙汇水电站、龙首一级水电站。黑河干流重要水利工程现状如图 4-2 所示。

1) 宝瓶河水电站

黑河宝瓶河水电站地处甘肃省肃南县和青海省祁连县境内省界的黑河上,是黑河水能规划的三道黑沟、臭牛沟两级合并后按一级方式开发的电站。距张掖市约 165 km,距上游黄藏寺水电站 15. 6 km,距下游三道湾水电站厂房 26. 2 km,工程采用混合式开发,主要任务是发电。电站工程由引水枢纽、引水发电系统及发电厂区三部分建筑物组成。工程规模为Ⅲ等中型工程,主要建筑物按 3 级建筑物设计,次要建筑物按 4 级建筑物设计。枢纽建筑物由挡水坝、泄水建筑物、引水建筑物和发电厂房等部分组成。

2) 三道湾水电站

黑河三道湾水电站地处甘肃省肃南县境内,黑河大峡谷夹道沟下游 2. 5 km 至柳树园河段,距张掖市约 150 km,是黑河水能规划的第四座梯级电站。工程主要任务是发电,采用引水式开发。本电站工程由引水枢纽、引水发电系统及发电厂区三部分建筑物组成,属中型Ⅲ等工程。

(a)三道湾水电站

(b)二龙山水电站

(c) 大孤山水电站

(d) 小孤山水电站

(e)龙首二级水电站

(f)龙首一级水电站

图 4-2　黑河干流重要水利工程现状

3)二龙山水电站

黑河二龙山水电站地处黑河大峡谷中段,位于张掖市区西南 120 km 处。电站的主要任务是发电,开发河段柳树园—二子龙沟河段长度为 8 km。电站采用径流引水式开发,设计引水流量为 98.0 m^3/s,电站总装机容量为 50.5 MW,年发电量为 1.74 亿 kW·h,工程规模属中型Ⅲ等工程。水电站主要由引水渠、压力引水洞、调压井、高压水道和发电厂房组成。

4) 大孤山水电站

大孤山水电站坝址距张掖市 112 km,是黑河中上游梯级开发规划中的第 5 座梯级电站,以发电为主。水库枢纽为Ⅲ等中型工程,主要由引水发电洞进口、泄洪冲沙闸、挡水坝段和消力池等组成。主要建筑物按 3 级建筑物设计,总装机容量为 65 MW。

5) 小孤山水电站

小孤山水电站为Ⅲ等中型工程,主要由混凝土闸坝、泄洪冲沙闸、引水发电系统和发电厂房等组成。主要建筑物(泄水建筑物、引水系统、发电厂房)按 3 级建筑物设计,总装机容量为 102 MW。

6) 龙首二级水电站

龙首二级(西流水)水电站地处甘肃省肃南县境内,黑河大峡谷西流水至榆木沟河段,距张掖市西南郊约 38 km,是黑河水能规划的第 7 座梯级电站,主要任务是发电,采用混合式开发。电站总装机容量为 135 MW,单机容量为 45 MW,年发电量为 5.07 亿 kW · h,属Ⅲ等中型工程。水电站枢纽由拦河大坝、泄水建筑物、引水系统及发电厂房等建筑物组成。

7) 龙汇水电站

黑河龙汇水电站位于龙首一级、二级水电站之间,是一个“拾遗补缺”的小型水电站。电站设计引水流量为 70 m^3/s,设计水头 11.5 m,属小(2)型工程,工程等级为 V 等,主要和次要建筑物均为 5 级。

8) 龙首一级水电站

龙首一级水电站工程位于甘肃省张掖市西南约 30 km 黑河干流出山口的莺落峡峡口处,电站总装机容量为 52 MW,年发电量为 1.836 亿 kW · h,最大坝高 80 m,总库容为 1 320 万 m^3,属Ⅲ等中型工程。大坝、引水及厂房为 3 级建筑物,工程区地震设防烈度为Ⅷ度。该电站的主要任务是提供必要的电能缓解当地工农业用电紧张状况,且在张掖地区电网中承担调峰、调相等任务。

4. 取水枢纽

1) 草滩庄引水枢纽

草滩庄引水枢纽工程位于黑河莺落峡出山口下游 10 km 处,属大(2)型水闸工程,是黑河草-梨-西(草滩庄枢纽、梨园堡水库、西总干渠)工程系统的重要组成部分。工程于 1984 年 4 月兴建,1987 年 6 月主体工程完成投入运行。

枢纽工程主要由东西土坝、进水闸、泄洪闸、西总干渠跨河渡槽及公路桥五大部分组成。工程的主要功能首先是抬高水位,保证东西总干渠的引水灌溉,其次是工程防洪,保证黑河下游安全,最后是实施黑河调水。

草滩庄枢纽按百年一遇洪水设计,洪峰流量为 2 880 m^3/s;按 1 000 年一遇校核,洪峰流量为 4 890 m^3/s。东西土坝位于闸室的两端,坝型为壤土心墙坝,坝顶长 597.70 m,最大坝高 11.08 m,顶宽 6 m。泄洪闸位于主河槽,共 14 孔,单孔净宽 10 m,安装 10 m×8.20 m 的升卧式平板闸门,2×25 t 卷扬式启闭机,单宽流量 34.90 m^3/s。

2) 大墩门水闸枢纽

大墩门水闸枢纽位于巴丹吉林沙漠的西端,属甘肃省酒泉市金塔县管辖,在原天仓乡双树村东南数十千米的地方，离县城 70 多 km。

大墩门水闸枢纽于 2012 年 10 月竣工，规模为大(2)型，主要建筑物级别为 2 级，次要建筑物为 3 级。总库容为 750 万 m^3，工程区地震烈度为Ⅶ级。设计洪水标准为 50 年一遇，相应洪峰流量为 1 590 m^3/s，设计洪水位为 1 235.10 m；校核洪水标准为 500 年一遇，相应洪峰流量为 2 770 m^3/s，校核洪水位为 1 237.20 m。枢纽闸墩顶高程为 1 237.70 m，进水闸底板高程为 1 230 m，泄洪冲沙闸底板高程为 1 228 m，溢流坝堰顶高程为 1 232 m，溢流坝闸墩顶高程为 1 240.10 m。

5. 供水和排水

1) 农业灌溉取水口

黑河干流甘肃境内现有规模以上取水口 50 处(见表 4-1)，均为农业取水。其中甘州区 14 处、临泽县 12 处、高台县 23 处、金塔县 1 处。

表 4-1　黑河干流(甘肃境内)规模以上取水口基本情况

序号	县(区)	镇	取水口名称	取水口位置	年最大取水量/万 m^3	灌溉面积/万亩
1	甘州区	乌江镇	上梨沟支渠取水口	国道 312 线三明桥以下 20 m 处黑河左岸	142	0.31
2	甘州区	新墩镇	东引干渠取水口	张掖市黑河城防工程东岸防洪堤 6+340 处	787	0.79
3	甘州区	龙渠镇	东总干渠取水口	黑河草滩庄枢纽	24 211	66.09
4	甘州区	乌江镇	元丰干渠取水口	国道 312 线黑河大桥以下 200 m 处黑河右岸	193	0.69
5	甘州区	乌江镇	先锋干渠取水口	甘州区乌江镇贾家寨村上梨沟取水口以下 400 m 处黑河左岸	472	0.67
6	甘州区	明永镇	塔儿干渠取水口	黑河省道 213 线至国道 312 线左岸输水堤	1 875	3.25
7	甘州区	乌江镇	张寨支渠取水口	甘州区乌江镇贾家寨村四社居民点东 800 m 处黑河左岸	125	0.17
8	甘州区	靖安镇	喑喇干渠取水口	甘州区靖安镇新沟村六社居民点向南 1 500 m 处	7 800	17.81
9	甘州区	乌江镇	永安干渠取水口	甘州区乌江镇永丰村二社生态林	1 083	1.47
10	甘州区	龙渠镇	西总干渠取水口	黑河草滩庄枢纽	18 515	65.00

续表 4-1

序号	县(区)	镇	取水口名称	取水口位置	年最大取水量/万 m^3	灌溉面积/万亩
11	甘州区	龙渠镇	西洞干渠取水口	龙渠一级电站厂房向南 200 m 处	1 536	2.01
12	甘州区	龙渠镇	马子干渠取水口	草滩庄枢纽大坝以东 300 m 处	3 869	5.18
13	甘州区	乌江镇	鸭翅干渠取水口	甘州区乌江镇大湾村九社北河滩	3 843	4.42
14	甘州区	龙渠镇	龙洞干渠取水口	龙渠一级电站引水渠铁合金厂厂房以东 50 m 处	4 775	6.97
15	临泽县	板桥镇	三坝干渠取水口	板桥镇西柳村二社向南 1 500 m 处	1 525	8.79
16	临泽县	蓼泉镇	三清渠取水口	临泽县蓼泉镇唐湾村三社北侧	6 696	7.81
17	临泽县	蓼泉镇	丰稔渠取水口	临泽县蓼泉镇新添村八社居民点以北 1.1 km 处	2 216	3.40
18	临泽县	板桥镇	二坝干渠取水口	板桥镇板桥村三社向南 200 m 处	2 727	9.60
19	临泽县	平川镇	五坝渠取水口	临泽县平川镇四坝村五社	1 216	1.72
20	临泽县	平川镇	四坝干渠取水口	平川水库南坝向南 300 m 处	1 373	2.69
21	临泽县	板桥镇	头坝干渠取水口	临泽县板桥镇古城村六社下游 1 000 m 处	1 845	2.48
22	临泽县	蓼泉镇	新鲁干渠取水口	临泽县蓼泉镇墩子村一社向北 600 m 处	2 393	5.39
23	临泽县	鸭暖镇	暖泉干渠取水口	临泽县鸭暖镇小鸭村六社向北 1 km 处	1 135	1.22
24	临泽县	蓼泉镇	柔远渠取水口	临泽县平川镇黑河大桥以西 3.1 km 处	3 009	4.93
25	临泽县	蓼泉镇	站家渠取水口	临泽县蓼泉镇下庄村二社居民点以北 1.5 km 处	1 965	2.34

续表 4-1

序号	县(区)	镇	取水口名称	取水口位置	年最大取水量/万 m^3	灌溉面积/万亩
26	临泽县	鸭暖镇	蓼泉干渠取水口	临泽县鸭暖镇昭武村三社向北 1 km 处	2 314	5.20
27	高台县	合黎镇	七坝渠取水口	黑河大桥右堤向西 500 m 处	381	1.37
28	高台县	罗城镇	万丰干渠取水口	黑河右岸桥儿湾村下游 700 m 处	417	0.19
29	高台县	黑泉镇	临河干渠取水口	黑河左岸黑泉镇小坝村五社上游 600 m 处	1 786	0.60
30	高台县	巷道镇	乐善渠取水口	黑河大桥左堤向西 1.5 km 处	588	1.12
31	高台县	罗城镇	侯庄干渠取水口	黑河右岸下庄子下游 900 m 处	535	0.43
32	高台县	合黎镇	六坝渠取水口	高台县合黎镇五一村三社	1 220	1.21
33	高台县	合黎镇	双丰渠取水口	黑河右堤合黎镇八坝村以东 2.5 km 处	993	1.02
34	高台县	罗城镇	天城干渠取水口	黑河右岸肖家庄上游 200 m 处	563	0.51
35	高台县	巷道镇	定宁渠取水口	东湾村二社居民点以北 2.1 km 处	936	1.32
36	高台县	黑泉镇	小坝渠取水口	黑河左堤黑泉镇永丰村村委会以北 2.7 km 处	264	0.49
37	高台县	罗城镇	常丰干渠取水口	黑河左岸河西村九社上游 800 m 处	849	0.42
38	高台县	巷道镇	新开渠取水口	黑河大桥左堤向东 2.3 km 处	467	0.52
39	高台县	罗城镇	新沟渠取水口	黑河左岸罗城黑河大桥下游 100 m 处	240	0.19
40	高台县	罗城镇	杨家沟干渠取水口	黑河左岸罗城黑河大桥下游 1 100 m 处	432	0.47
41	高台县	宣化镇	永丰渠取水口	黑河左堤宣化镇上庄村向东 2 km 处	595	1.30

续表 4-1

序号	县(区)	镇	取水口名称	取水口位置	年最大取水量/万 m^3	灌溉面积/万亩
42	高台县	黑泉镇	红山干渠取水口	黑河右岸跨河渡槽上游1 800 m处	971	0.66
43	高台县	巷道镇	纳凌渠取水口	八一村一社居民点以北1.8 km处	2 102	1.63
44	高台县	罗城镇	罗城干渠取水口	黑河右岸红山村上游2 000 m处	703	0.63
45	高台县	黑泉镇	胭脂渠取水口	黑河右堤黑泉镇十坝村村委会以西0.8 km处	408	0.57
46	高台县	黑泉镇	镇江渠取水口	黑河左堤黑泉镇新开村六社向西1 km处	161	
47	高台县	黑泉镇	镇鲁干渠取水口	黑河右岸胭脂堡村一社处	321	0.36
48	高台县	宣化镇	黑新开渠取水口	黑河左堤宣化镇乐三村三社以东0.6 km处	378	
49	高台县	宣化镇	黑泉渠取水口	黑河左堤宣化镇乐二村八社以西2.5 km处	556	0.98
50	金塔县	鼎新镇	黑河金塔县大墩门取水口	大墩门引水枢纽右岸	9 000	15.81

2)排污口现状

黑河干流目前有1处入河排污口，位于高台县，排污单位为高台县污水处理厂，通过明渠入河，水质由张掖市环境监测站监测。高台县污水处理厂地理位置如图4-3所示。

4.4.1.2 防洪工程

1.堤防现状

黑河张掖段已建堤防150.48 km，其中左岸72.75 km，右岸77.73 km；黑河金塔县已建堤防65.74 km，其中左岸堤防33.61 km，右岸堤防32.13 km。黑河两岸堤防建设现状如表4-2所示。

图 4-3　高台县污水处理厂地理位置

表 4-2　黑河两岸堤防建设现状

序号	起止位置	县区	设防标准		堤防等级		长度/ km		
			左岸	右岸	左岸	右岸	左岸	右岸	合计
1	莺落峡至草滩庄	甘州区	10 年一遇	10 年一遇	5 级	5 级	4.93	4.94	9.87
2	草滩庄至石庙子分洪堰		20 年一遇	50 年一遇	4 级	2 级	1.01	9.68	10.69
3	石庙子分洪堰至省道 213 线		50 年一遇	50 年一遇	2 级	2 级	1.41	1.72	3.13
4	省道 213 线至国道 312 线		—	50 年一遇	—	2 级	—	12.08	12.08
5	国道 312 线至甘临分界		10 年一遇	10 年一遇	5 级	5 级	6.68	7.60	14.28
6	小鸭至暖泉	临泽县	10 年一遇	10 年一遇	5 级	5 级	13.45	13.20	26.65

续表 4-2

序号	起止位置	县区	设防标准		堤防等级		长度/ km		
			左岸	右岸	左岸	右岸	左岸	右岸	合计
7	八一村至西腰墩水库	高台县	10年一遇	—	5级	—	7.64	—	7.64
8	六坝村至双丰村		10年一遇	10年一遇	5级	5级	4.91	6.06	10.97
9	六坝大桥城防段		—	20年一遇	—	4级	—	1.80	1.80
10	西腰墩水库至刘家深湖水库		10年一遇	10年一遇	5级	5级	17.315	7.672	24.987
11	刘家深湖至侯庄村		10年一遇	10年一遇	5级	5级	15.404	12.974	28.378
12	金塔县堤防	金塔县	10年一遇	10年一遇	5级	5级	33.61	32.13	65.74

2. 规划期河道治理工程

1) 甘州区莺落峡至省道 213 线生态治理工程

根据《黑河干流莺落峡至省道 213 线生态保护治理工程(一期工程)可行性研究报告》(张发改农经〔2020〕40 号)),对黑河干流疏浚 3.73 km,对河道两岸现状堤防进行外观、除险加固。对原河道主槽进行整治,河道整治宽度基本在 300 m 左右。防洪标准 20 年一遇堤防等级为 4 级。

黑河干流莺落峡至省道 213 线生态保护治理工程(一期工程)总长度约 5.17 km,设计范围内总面积约 807.89 hm^2,其中蓝线控制范围面积约 203.34 hm^2,景观设计面积约 604.54 hm^2,绿化种植面积约 115.51 hm^2。现状左岸为戈壁沙滩、崖坡及龙首公墓区,河滩内有部分农田及树木;右岸为农田、林地、荒滩、电站等设施。河道生态景观主要通过绿化种植、文化广场、景观小品、健身步道、休闲运动场地、基础服务设施及配套用房等景观措施,打造成滨水景观,为周边居民提供优质的休闲生活娱乐活动空间。

黑河干流莺落峡至省道 213 线生态保护治理一期工程,绿化种植面积约 115.51 hm^2,其中右岸种植利用原来的经济林灌溉系统,不需要重新设计灌溉系统,其余沿黑河左岸绿化种植需要设计灌溉系统,灌溉面积为 94.80 hm^2,为满足河道左岸地被、灌木、乔木等植物的灌溉需求,需配套建设绿化灌溉系统。灌溉工程设计的主要内容是:根据河道治理段生态修复工程绿化种植设计布置方案,通过对设计灌溉面积进行合理分区,对每个分区单独布置取水灌溉系统,采用引水管道从工程区外种子产业园中水池和工程区内灌溉取水点取水,经水泵加压提升,再通过布设在输配水管网末端的灌水器实现对河道两岸植被的喷洒灌溉。

2)甘州区支家崖至甘临界河道治理工程

根据《黑河张掖市甘州区支家崖至甘临分界段河道治理工程初步设计报告》(甘区水务发〔2021〕35 号),工程设计整治流量为该河段的造床流量,采用 2 年一遇洪水,相应洪峰流量为 342 m^3/s,工程级别 5 级。初步设计治理河长 15.886 km,在现状河岸加固护岸 15.675 km,其中右岸 4.25 km,左岸 11.425 km;生态绿化措施治理段 1.28 km,修建灌溉尾水沟穿护岸涵管 9 座,修建铅丝笼块石潜坝 2 座,口门拦河坝与护岸交接处加固工程 3 处。

3)临泽县友好村至柔远渠口河道治理工程

根据《黑河临泽县友好村至柔远渠口段防洪治理工程初步设计》(临水建字〔2021〕13 号),临泽段黑河治理河长 40.7 km,新建防洪堤工程 27.63 km,其中新建堤防工程 23.5 km,新建护岸 4.13 km,工程防洪标准为 10 年一遇,工程级别为 5 级。

4.4.1.3　生态治理

黑河河道生态治理项目对黑河干流及主要支流的 43.2 km 河道进行治理,重点实施黑河城区段生态治理、黑河草滩庄至省道 213 线河道生态治理、临泽县黑河干流及大沙河流域综合治理、高台县黑河水系石炭沟下段综合治理 4 个子项目。

对黑河甘州城区段 13.2 km 河道、黑河草滩庄至省道 213 线段河道及防洪沟道,通过疏浚河道、稳定主流,恢复采砂区、植树种草、对两岸滩地、河道内采砂场进行生态修复,实施水系连通整治,配套桥涵等相关设施,逐步建成黑河沿岸绿色生态走廊。通过实施水系连通、生态蓄水、生态护堤、生态供水、生态绿化等工程和关键河段修建生态丁坝等导控工程,使黑河甘州城区段防洪能力达到 50 年一遇洪水的设防标准,其他河段能够达到 10 年一遇洪水的设防标准。采取疏浚河道、恢复采砂区,固定两岸滩地、稳定河道主流等生态修复措施,黑河流域生态系统不断改善,生物多样性和栖息环境得到改善,水土流失状况得到有效治理。

4.4.1.4　跨河与穿河建筑物

跨河建筑物主要形式有跨河桥梁、跨河管线和高压线路等,详细统计信息见附表 2。

1.跨河桥梁

根据现场踏勘调研统计结果,黑河现状河段内跨河桥梁共计 43 座,主要为张鹰公路大桥、省道 213 线黑河大桥、连霍高速桥、国道 312 线黑河大桥、合黎大桥、六坝大桥、滨河大桥、黑泉黑河大桥、罗城黑河大桥、酒航路大桥、肃航公路大桥等,大部分桥梁为连续梁桥,利用岸线长度为 26.90 km。部分桥梁现状见图 4-4~图 4-9。

图 4-4　张掖国道 312 线黑河大桥

图 4-5　黑河小龙公路桥

图 4-6　莺落峡大桥

图 4-7　吊桥

图 4-8　龙首黑河大桥

图 4-9　旧桥墩

2. 穿河管道

黑河跨河管线主要包括输水、输气、输油等管道设施，根据现场调查统计资料，黑河现状河段内跨河管线共计 5 处，均分布在甘州区，有西气东输 3 条，西油东输 1 条，倒虹吸 1 条，均横穿河道，占用左、右岸线长度合计 8.02 km。

3. 跨河建筑物

根据现场调查统计资料，黑河现状河段内跨河输电线缆有 5 处(见图 4-10)，占用左、右岸线长度合计 500 m；渡槽共计 3 处，肃南县、高台县、金塔县各 1 处，占用左、右岸线长度合计 60 m。

图 4-10　跨河电缆

4.4.1.5　河道采砂

1. 采砂现状

根据调研及现场查勘，黑河仅在甘州区存在采砂活动，有采砂厂 15 座，均办理了采砂许可证。甘州区采砂现状如图 4-11 所示。

图 4-11　甘州区采砂现状

2. 采砂规划

黑河目前只有张掖市甘州区有采砂规划，黑河张掖肃南、临泽、高台段和酒泉金塔河段全线禁采。黑河规划采砂河段划分见表4-3。

表4-3　黑河规划采砂河段划分

起止地名	长度/km	区段划分	控制开采量/万 m^3
省道213线以南	5.60	可采区	251
盈科电站以上黑河西岸	1.80	可采区	50
草滩庄水利枢纽大坝上游约2.3 km处	1.00	可采区	10
龙渠一级电站黑河干流左岸	0.60	可采区	7
巨龙铁合金厂老厂址黑河干流左岸	0.70	可采区	12
草滩庄枢纽以上	1.20	保留区	—
省道213线至国道312线段(西河)	11.00	保留区	—
莺落峡水文站至张莺公路段	3.60	禁采区	—
省道213线至高崖水文站段	32.80	禁采区	—

1）可采区

根据《甘肃省甘州区2016—2020年重要河道采砂管理规划》，黑河河道设置5个可采区，主要分布在省道213线上游分洪溢流堰以南黑河西岸，分别为：

（1）可开采Ⅱ区（黑河砂石B区）。位于省道213线以南，黑河干流西岸，东至黑河干流主河道，西至甘州区巴吉滩公墓区，北至省道213线，南至石庙电站厂址对岸，属黑河城防工程管理站和西干水管所河道管理范围。

（2）可开采Ⅲ区（石庙电站采砂区）。位于盈科电站以上黑河西岸，呈东北-西南向带状分布，东北接可开采Ⅱ区，西南至黑河干流主河道，东南距草滩庄水利枢纽约3 km，西北至甘州区巴吉滩公墓区，可采区范围长1 800 m，宽250~400 m，可采区范围为（长×宽）1 800 m×320 m，面积700亩。

（3）可开采Ⅳ区（莺落峡砂石一号开采区）。位于草滩庄水利枢纽大坝上游约2.3 km处，龙渠二级电站黑河干流对岸（左岸），北至黑河干流左岸岸堤，南至黑河主河道，与龙渠二级电站引水渠遥相对应，向西延伸约1 km，可采区范围为（长×宽）1 000 m×250 m，面积342亩，属总口水管所河道管理范围。

（4）可开采Ⅴ区（莺落峡砂石二号采砂区）。位于龙渠一级电站黑河干流对岸（左岸），北至黑河干流左岸岸堤，南至黑河主河道，与龙渠一级电站尾水渠遥相对应，东与可开采Ⅳ区（即莺落峡砂石一号采砂区）相邻，西至龙渠一级电站，可采区范围为（长×宽）600 m×200 m，面积150亩，属上三渠水管所河道管理范围。

（5）可开采Ⅵ区（小龙滩砂石矿区）。位于巨龙铁合金厂老厂址黑河干流对岸（左岸),北至黑河干流左岸岸堤,南至黑河主河道,与巨龙铁合金厂老厂遥相对应,东距西洞干渠倒虹吸工程约 0.50 km,西至巨龙建材公司黑河过水路面,可采区范围为(长×宽)700 m×200 m,面积 199 亩。

2)禁采区

(1)省道 213 线—连霍高速公路段,长度为 3 km。划分原因:本段为张掖市三水厂水源地一级、二级水源地保护区域。

(2)连霍高速公路—国道 312 线段,长度为 7.80 km。划分原因:本段左岸为张掖新加坡华德生态城,右岸为张掖市滨河新区、黑河国家级湿地自然保护区,本段采砂对城市防洪安全有较大不利影响。

(3)国道 312 线—兰新铁路段,长度为 5.40 km。划分原因:本段为黑河的重要节点,黑河分汊为两股主流在兰新铁路黑河大桥前 1 km 处汇合。该河道两侧均为农田耕地,砂石料的开采对河道防洪安全有较大不利影响。

(4)兰新铁路—高崖水文站段,长度为 16.60 km。划分原因:本段属黑河湿地自然保护区,砂石资源储量小,河道较窄,河道两岸均为农田耕地。为保护黑河湿地及两岸农田耕地,本段不宜设置采砂场。

(5)草滩庄引水枢纽上下游水闸、水坝等拦河水利工程建筑物上游 1.50 km、下游 1.50 km 以内河段。

(6)莺落峡水文站至张莺公路黑河过水路面区段,长度为 3.60 km。划分原因:本段为直接影响其他重要设施的水域禁采范围。

(7)重点险工险段及建筑物上、下游保护范围。划分原因:本段为直接影响其他重要设施的水域禁采范围。

3)保留区

(1)保留Ⅰ区。位于草滩庄大坝库区以上黑河河道管理范围内,起止坐标:$X_p = 38°50'21''$,$Y_p = 100°15'08''$;$X_p = 38°49'55''$,$Y_p = 100°14'21''$,保留区范围为(长×宽)1 200 m×150 m,面积 250 亩,主要考虑今后草滩庄大坝前清淤维修、河道治理疏浚预留采砂区。

(2)保留Ⅲ区。位于规划的黑河新加坡生态城以西的黑河西河区域,上至省道 213 线—G30 高速公路—国道 312 线段。根据张掖市城市规划,未来将在黑河西岸修建新加坡华德生态城,为满足防洪要求,将在黑河西岸开挖宽 0.20 km、长 11 km 的西河防洪工程。为保证该区域河道防洪工程的建设,将该区域河道开挖区预留为保留区,为河道治理工程提供用砂。

4.4.2 生态敏感区

黑河流域是我国生态系统的重要组成部分,为有效保护流域生态环境,近年来,国家和地方政府在黑河建立了多种类型的自然保护区、地质公园、森林公园和湿地公园等。黑河干流涉及生态敏感区现状见表 4-4 和附表 3。

表 4-4　黑河干流涉及生态敏感区现状

序号	市	县(区)	生态敏感区名称	设立年份	生态敏感类型	生态敏感级别
1	张掖市	肃南县	祁连山国家公园甘肃片区(试点)	2017 年	国家公园	国家级
2			甘肃祁连山国家级自然保护区	1988 年	自然保护区	国家级
3		甘州区	甘州区滨河集中式饮用水水源地	2014 年	饮用水水源地	县级
4			甘州区黑河省级森林公园	1996 年	森林公园	省级
5			张掖黑河湿地国家级自然保护区	2004 年	自然保护区	国家级
		临泽县			自然保护区	国家级
		高台县			自然保护区	国家级
6	酒泉市	金塔县	甘肃金塔黑河省级地质公园	2012 年	地质公园	省级

4.4.2.1　祁连山国家公园

2017 年 9 月,中共中央办公厅国务院办公厅印发了《祁连山国家公园体制试点方案》,确定祁连山国家公园总面积 5.02 万 km^2,分为甘肃省和青海省 2 个片区,其中甘肃省片区 3.44 万 km^2,占总面积的 68.5%;青海省片区 1.58 万 km^2,占 31.5%,祁连山国家公园区位如图 4-12 所示。行政区划涉及甘肃省肃北蒙古族自治县、阿克塞哈萨克族自治县、肃南县、民乐县、永昌县、天祝藏族自治县、武威市凉州区、中农发山丹马场、国营鱼儿红牧场和国营宝瓶河牧场 10 个县(区、场),青海省海西蒙古族藏族自治州德令哈市、天峻县和海北藏族自治州祁连县、门源回族自治县 4 县(市)。

根据《祁连山国家公园总体规划(试行)》(2020 年 6 月)管控分区划分,将祁连山冰川雪山等主要河流源头及汇水区、集中连片的森林灌丛、典型湿地和草原、脆弱草场、雪豹等珍稀濒危物种主要栖息地及关键廊道等区域划为核心保护区。核心保护区是祁连山国家公园的主体,实行严格保护,维护自然生态系统功能。核心保护区面积为 2.75 万 km^2,占国家公园总面积的 55%,其中甘肃省片区 1.81 万 km^2,青海省片区 0.94 万 km^2。将祁连山国家公园内核心保护区以外的其他区域划为一般控制区。同时,对于穿越核心保护区的道路,以现有和规划路面向两侧共 700 m 范围内,按照一般控制区的管控要求管理。一般控制区是祁连山国家公园内需要通过工程措施进行生态修复的区域、国家公园基础设施建设集中的区域、居民传统生活和生产的区域,以及为公众提供亲近自然、体验自然的宣教场所等区域,为国家公园与区外的缓冲和承接转移地带。一般控制区面积为 2.27 万 km^2,占国家公园总面积的 45%,其中甘肃省片区 1.63 万 km^2,青海省片区 0.64 万 km^2。祁连山国家公园管控分区如图 4-13 所示。

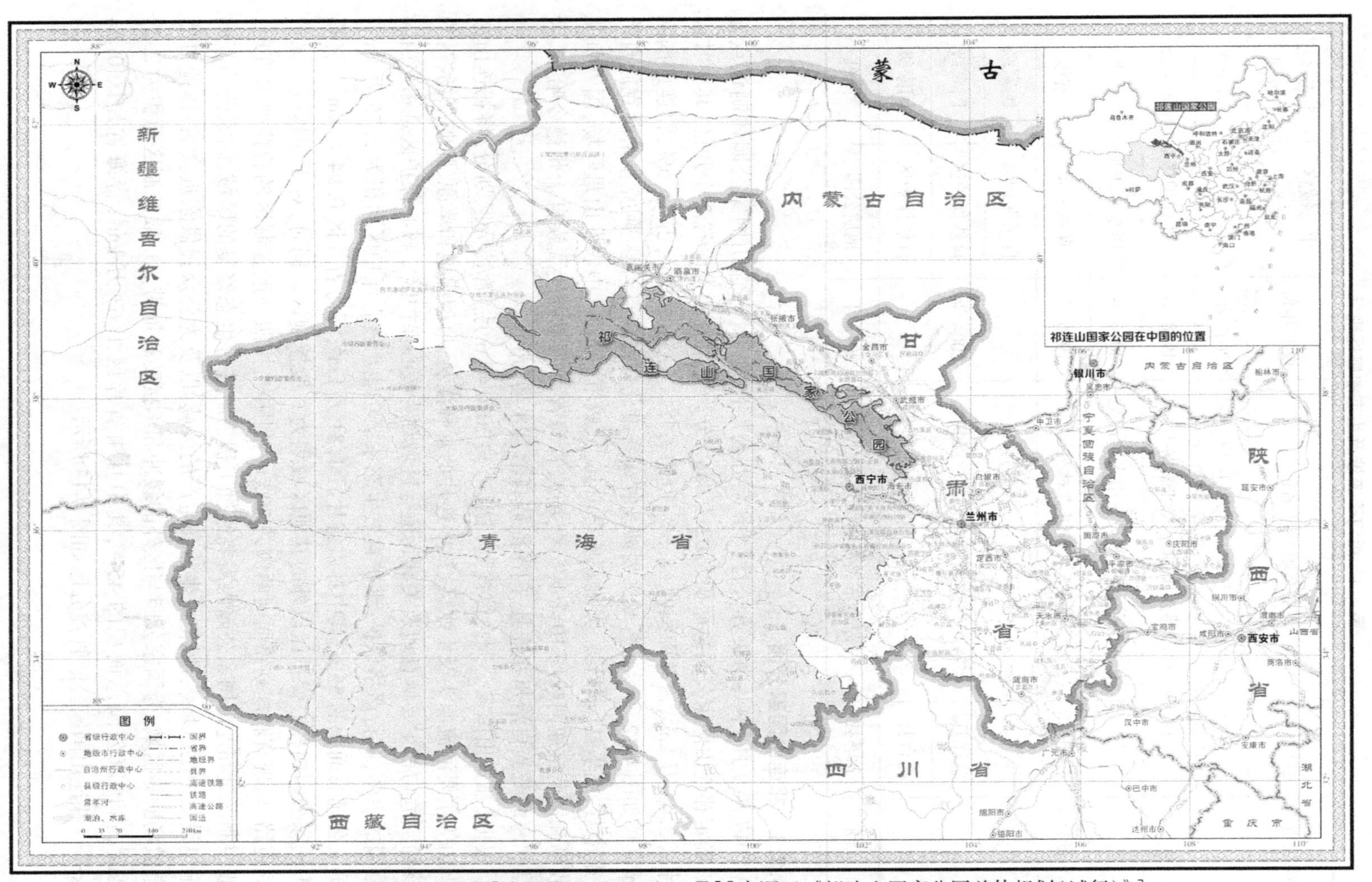

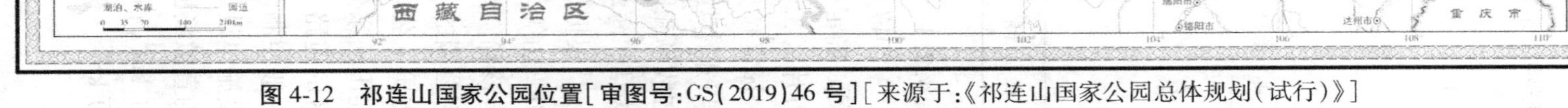

图 4-12　祁连山国家公园位置[审图号:GS(2019)46 号][来源于:《祁连山国家公园总体规划(试行)》]

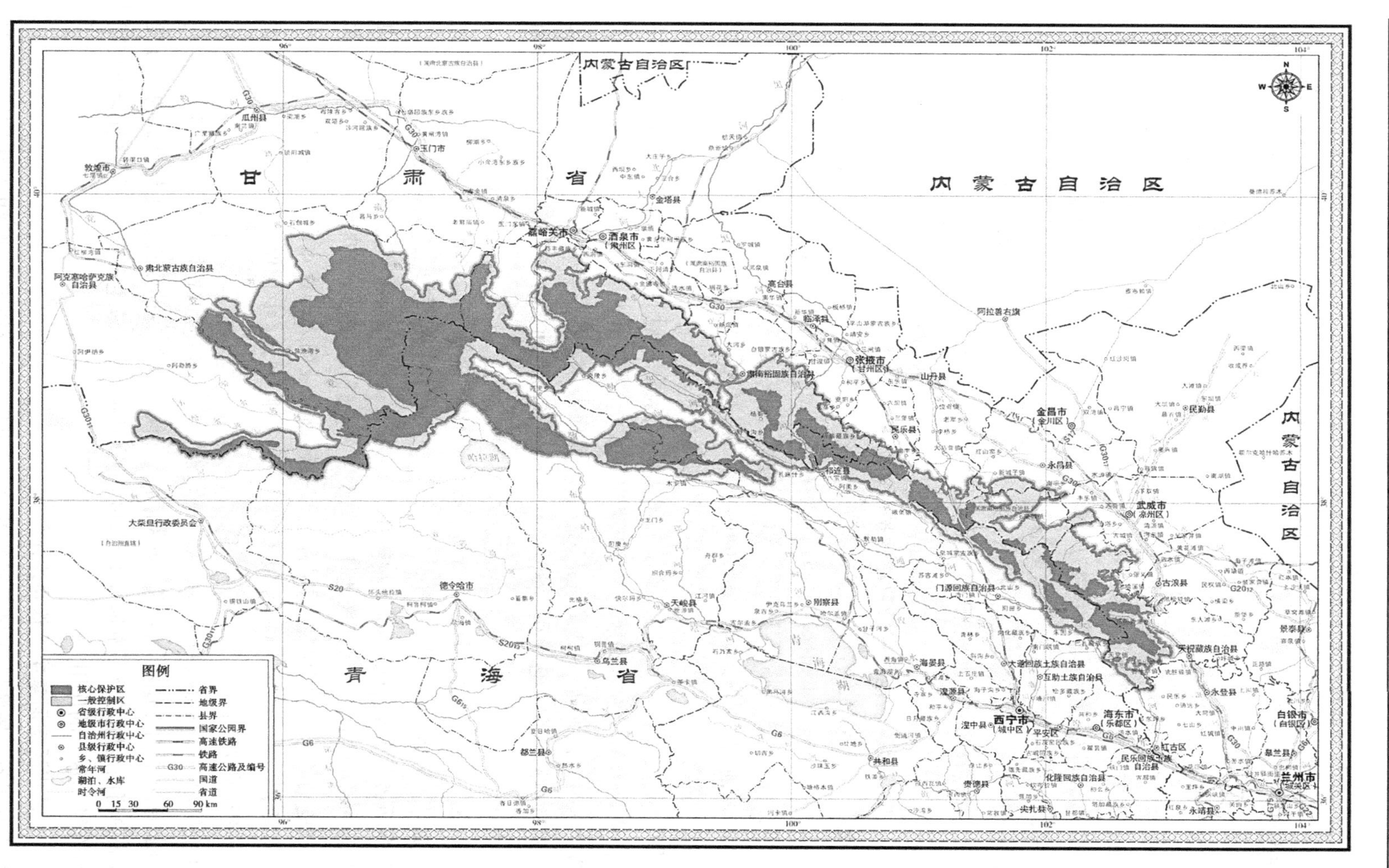

图4-13　祁连山国家公园管控分区[来源于:《祁连山国家公园总体规划(试行)》]

4.4.2.2　甘肃祁连山国家级自然保护区

甘肃祁连山国家级自然保护区于1988年5月9日正式纳入第二批国家级森林和野生动物类型自然保护区保护名录,成为国家级森林和野生动物类型自然保护区。2008年,在国家环境保护部公布的《全国生态功能区划》中,将祁连山区确定为水源涵养生态功能区,将"祁连山山地水源涵养重要区"列为全国50个重要生态服务功能区之一。

甘肃祁连山国家级自然保护区地处青藏、蒙新、黄土三大高原交汇地带的祁连山北麓,属森林生态系统类型的自然保护区。该保护区为森林生态系统类型的自然保护区,以青海云杉、祁连圆柏、蓑羽鹤等生物为保护对象。

甘肃祁连山国家级自然保护区总面积265.3万hm^2,区域范围为东经97°25′~103°46′,北纬36°43′~39°36′。保护区地跨武威、金昌、张掖3市的凉州、天祝藏族自治县、古浪、永昌、甘州、山丹、民乐、肃南县8县(区)。其中,核心区面积为802 261.6 hm^2,缓冲区面积为470 625.2 hm^2,实验区面积为1 380 136.2 hm^2。

4.4.2.3　张掖黑河湿地国家级自然保护区

张掖黑河湿地国家级自然保护区地处甘肃省河西走廊中部的"蜂腰"地带,东邻阿拉善右旗,西接酒泉市的肃州区、金塔县,南临祁连山,北靠合黎山,涉及甘州区的乌江镇、三闸镇、新墩镇和靖安镇,临泽县的平川镇、板桥镇、鸭暖镇、蓼泉镇和沙河镇,高台县的宣化镇、合黎镇、黑泉镇、罗城镇、巷道镇和城关镇。保护区沿黑河中游干流河道分布,东自甘州区三闸镇新建村,向西经高台县罗城镇盐池滩至黑河正义峡出界处;北自黑河正义峡出界起,沿黑河干流北岸、山丹河河道至甘州区红沙窝国有林场;南自甘州区三闸镇东泉村起,沿黑河干流南岸,经甘州区沙井镇兴隆村、临泽大沙河至五泉国有林场,沿大沙河河道与黑河干流南岸,至肃南县和高台县交界处。地理坐标为东经99°19′21″~100°33′60″,北纬38°48′7″~39°53′02″,总面积为39 971.39 hm^2,核心区面积为13 676.25 hm^2,缓冲区面积为12 881.33 hm^2,实验区面积为13 413.81 hm^2。

保护区湿地类型多样,野生动植物资源丰富,共有维管植物59科173属385种(包含栽培植物),被列入国家保护植物的10种,其中Ⅰ级保护植物2种,Ⅱ级保护植物8种。野生脊椎动物209种,其中鱼类19种,水禽64种,占我国水禽种数的24.71%。另有昆虫892种,珍稀昆虫11种。保护区地处我国候鸟三大迁徙途径西部路线的中段地带,是多种珍稀濒危鸟类迁徙途中的停留栖息地和中转站。被列入国家重点保护野生动物名录28种,其中Ⅰ级保护动物6种,Ⅱ级保护动物22种,列入《中日保护候鸟及栖息环境协定》名录的动物73种。

张掖黑河湿地国家级自然保护区建立是保护黑河环境和湿地资源的有效举措,有利于湿地水源涵养、生物多样性维系、防风固沙、气候调节等多种生态功能与效益的充分发挥,对维护河西走廊乃至下游地区生态环境的良性循环、区域生态安全与经济社会可持续发展具有极其重要的作用。

4.4.2.4　甘州区滨河集中式饮用水水源地

根据甘肃省人民政府2014年批复的《张掖市甘州区滨河水源地城市集中饮用水水源

地保护区划分技术报告》,滨河水源地位于张掖城区西侧约8 km处的明永镇沿河村东侧黑河滩,基本在连霍高速和张肃公路之间。地理坐标为东经100°16′04″~100°26′31″,北纬38°52′37″~39°00′34″。

滨河集中式饮用水水源地保护区总面积为9.19 km^2,具体范围如下:一级保护区范围以水源地内14口取水井(ZK1~ZK14号井)中的10口外围取水井(ZK3~ZK9号井,ZK12~ZK14号井)为中心,以170~540 m为半径的圆形外切线形成的十边形区域,面积2.88 km^2。二级保护区范围以东起黑河东岸防洪坝,西至明永镇沿河村一社—庙湾子滩一线,南起张肃公路,北至山临高速(一级保护区除外),面积6.31 km^2。张掖市甘州区滨河水源地保护区技术划分如图4-14所示。

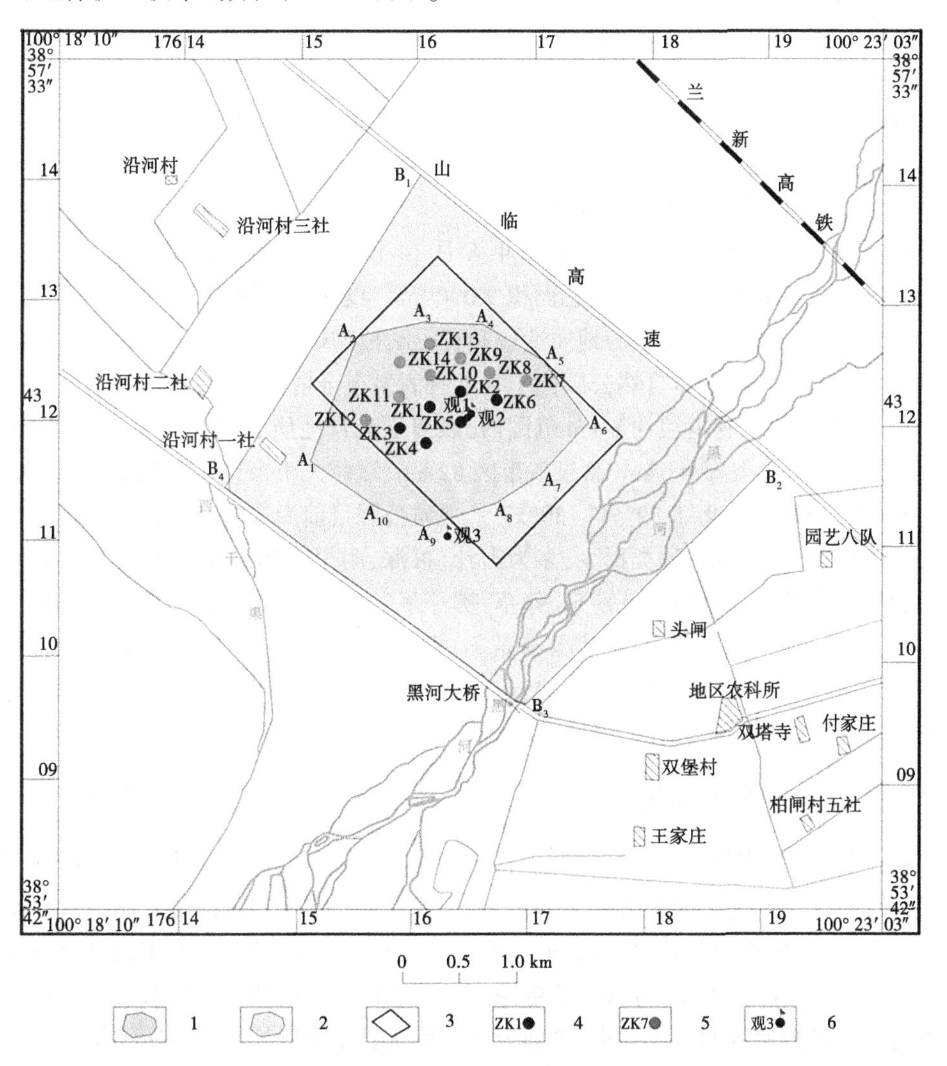

1—一级保护区范围;2—二级保护区范围;3—水源地范围;4—已有供水井及编号;

5—设计供水井及编号;6—观测井及编号。

图4-14　张掖市甘州区滨河水源地保护区技术划分

4.4.2.5 甘州区黑河省级森林公园

甘州区黑河省级森林公园公园位于甘州城区西郊、国道312线2 737 km处的黑河滩林区,中国第二大内陆河——黑河萦绕而过,这里树木郁郁葱葱,泉流清澈见底,鸟鸣清脆悦耳,奇花异草争奇斗艳;春绿如茵,夏凉风徐,秋红似火,冬静情幽,自然景观独具特色。

公园始建于1996年6月,现已建成人工湖、露天游泳池、环形跑马场、围猎竞射场、珍禽观赏园、儿童乐园、垂钓池等观赏娱乐项目和以汉、回、蒙、裕固族风俗为主的地方民俗风情帐篷、蒙古包及林间卡厅、度假村等一批休闲餐饮景点。同时,公园修建了停车场、园内公路、林间步道、卫生设施以及水、电、通信、道路等基础设施,并栽植云杉、国槐、柳树、垂榆、榆叶梅、白榆、紫花槐、圆柏等十多种风景树木2万多株。开业至今,累计接待游客46万人(次),收到了明显的经济效益、社会效益和相应的生态效益。1997年被评为甘肃省B级森林公园,2001年被评为国家AA级旅游景区。

甘州区黑河省级森林公园公园山庄已初步发展成为以自然风光和人工造景相融,集旅游、休闲、避暑、度假、餐饮服务为一体的园林胜地。

4.4.2.6 甘肃金塔黑河省级地质自然公园

甘肃金塔黑河省级地质公园于2012年6月14日经原甘肃省国土资源厅批准设立(甘国土资环发〔2012〕29号),公园总面积9 090 hm^2,设立一级保护区4 313 hm^2,二级保护区4 425 hm^2。主要保护对象为地质遗迹和野生动植物资源。

甘肃金塔黑河省级地质自然公园位于甘肃省酒泉市金塔县东部的鼎新镇大墩门黑河河谷,分布于大墩门水利枢纽约8 km范围内,黑河干流自地质公园中部由南向北蜿蜒流过。公园东距金塔县县城41 km、酒泉市市区82 km、嘉峪关市市区118 km。地理坐标介于东经99°19′~99°27′、北纬39°51′~39°57′。地质公园目前尚未进行建设。

公园内植被结构简单,种类稀少,多为肉汁、根深、耐旱种属的旱生半灌木草本,主要有芦苇、甘草、骆驼刺、胖姑娘、芨芨草、赖草、拂子茅、盐爪爪、碱蓬、盐角草、苏枸杞、白刺、红柳等,植被总盖度不足1%;动物主要有黄羊、青羊、羚羊、甘肃马鹿、獾、刺猬、狼、狐狸、白鹤、天鹅、野鸽、喜鹊、鸿雁、雉鸡、沙鸡、蓝额红尾鸡、布谷鸟、啄木鸟、云雀、麻雀、乌鸦、黄腰柳莺、山石鸟、猫头鹰、鹞子、老鹰、雕、斑鸠等。

4.4.3 生态保护红线现状

根据《甘肃省生态保护红线评估技术报告》(2020年11月),考虑甘肃省经济社会发展的阶段性特征及全面建成小康社会的需要,确保重要的生态功能区、生态敏感脆弱区、重要生态系统、主要物种及其繁衍地、栖息地得到有效保护,区域生态安全得到有力保障。按照“多规合一”“划管结合”的总体思路,依据统筹划定生态保护红线、永久基本农田、城镇开发边界三条控制线的有关要求,全面分析前期全省生态保护红线划定结果,协调解决矛盾冲突,统筹考虑地方诉求,结合自然保护区范围及功能分区优化调整、市县级国土空间规划编制等工作,科学实施生态保护红线调整优化。黑河干流沿线生态红线分布如图4-15所示。

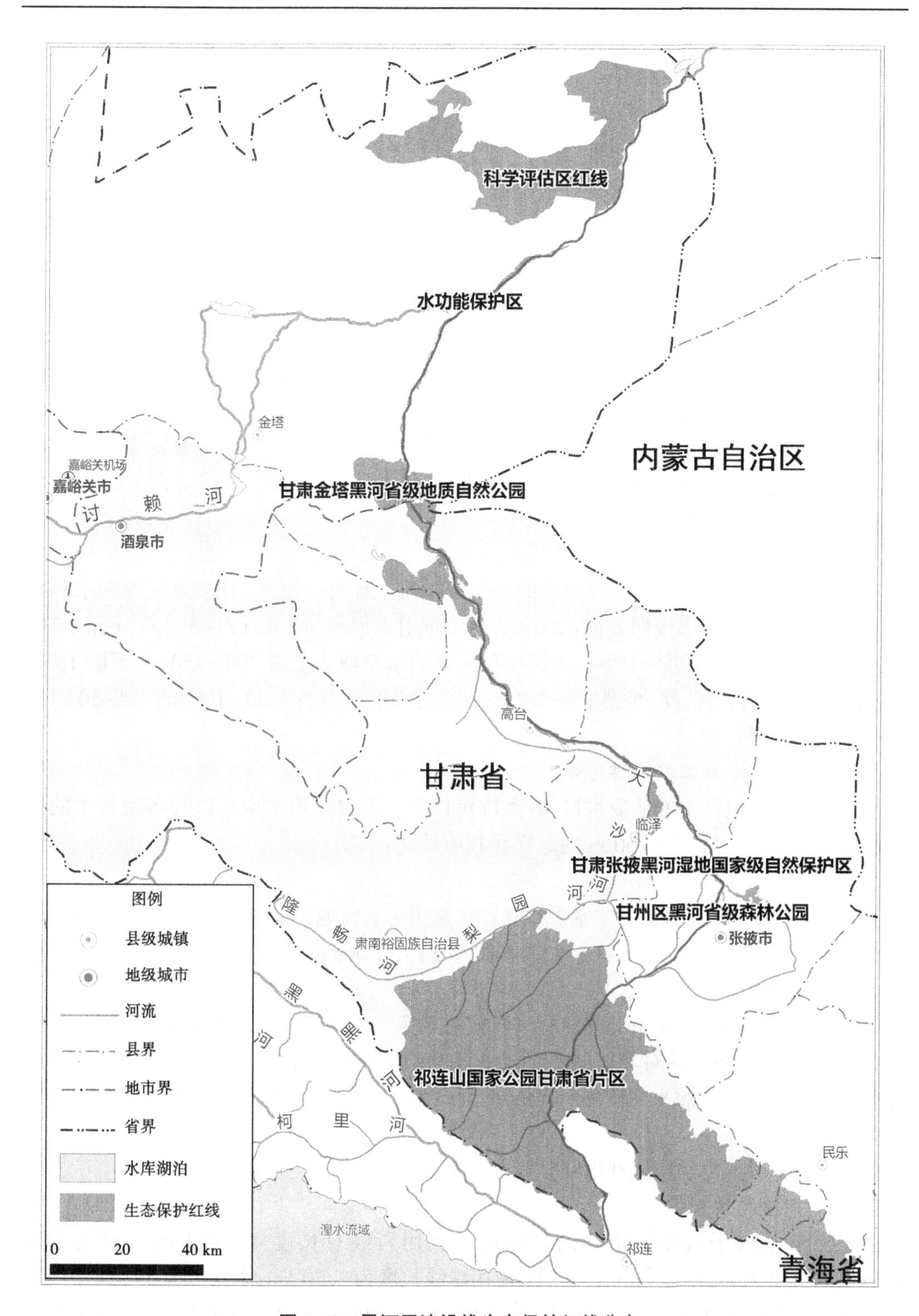

图 4-15　黑河干流沿线生态保护红线分布

4.4.4　岸线资源利用情况

4.4.4.1　划分标准

根据工程或构筑物功能性质、涉河方式及社会影响,可将岸线利用工程(构筑物)分为跨(穿)河道的线路、水利工程、工农业取水和工农业排污口、饮用水取水口、监测站点等5类。

1. 跨(穿)河道的线路

本类别主要包括跨河桥梁、跨河铁路、跨河电缆、通信光缆、输油输气管道等。由于跨越河、湖的桥梁和铁路一般都是国家、省、市、县主要交通干线,根据《公路安全保护条例》和《铁路安全管理条例》要求,考虑桥梁重要性,本书在规范安全要求的基础上适当延长,桥梁占用岸线长度为国道、省道、县道桥梁中心线上下游各200 m,乡道桥梁中心线上下游各100 m划定利用长度,铁路占用岸线长度为铁路中心线上下游各1 000 m划定利用长度;根据《电力设施保护条例》,非特高压跨河电缆按照上下游各50 m划定岸线利用长度,特高压按上下游100 m划定利用长度;根据《石油、天然气管道保护条例》,按照管线上下游各500 m划定利用长度。

2. 水利工程

本类别主要包括沿河道岸线建设的涵闸及枢纽工程等。根据《甘肃省河湖和水利工程土地划界标准》,本书按照大型水库和大型有坝引水枢纽为上游150~300 m、下游150~300 m划定岸线利用长度;中型水库和中型有坝引水枢纽为上游100~150 m、下游100~150 m划定岸线利用长度;小型水库和小型有坝引水枢纽为上游50~100 m、下游50~100 m划定岸线利用长度。

3. 工农业取水和工农业排污口

本类别主要包括工农业取水口、各类排污口等。工农业用水取水口与各类污水的排污口可视为点状工程,按照50 m划定岸线利用长度。

4. 饮用水取水口

本类别主要包括城市饮用水水源地和农村饮用水水源地。根据《饮用水水源保护区划分技术规范》(HJ 338—2018),按照水源地取水口上游2 500 m和下游500 m划定利用长度。

5. 监测站点

本类别主要包括水文站、水位站、水质监测站等。水文监测是水文计算、预警预报的重要支撑,周边水域活动对其监测断面的扰动将会影响监测数据的准确性。根据《甘肃省水文管理办法》,按照水文监测断面两岸上下游各500 m划定岸线利用长度,其他类别监测站参照划定。

黑河甘肃段各类别岸线利用划分标准见表4-5。

4.4.4.2　岸线利用长度

经统计,黑河干流张掖市和酒泉市段已利用岸线总长度41.05 km,现状利用率4.45%,主要包括取水口、排污口54个,占用岸线长度为2.70 km;水利工程59处,占用岸线长度为7.75 km;监测站点3处,占用岸线长度为3.00 km;穿河管道5处,占用岸线长度为0.5 km;跨河道桥梁43处,占用岸线长度为26.90 km;旅游设施3处,占用岸线长度为0.20 km。黑河涉河现状及规划工程情况统计见附表2。

表 4-5　黑河甘肃段各不同类别岸线利用划分标准

利用性质	参照依据		现状利用范围采用值
	规范与条例名称	要求	
水利工程	《甘肃省河湖和水利工程土地划界标准》	1. 大型水库为上游 150~200 m，下游 200~300 m； 2. 中型水库为上游 100~150 m，下游 150~200 m； 3. 小型水库为上游 50~100 m，下游 50~150 m	大型按上下游各 200 m； 中型按上下游各 150 m； 小型按上下游各 100 m
水利工程	《甘肃省河湖和水利工程土地划界标准》	1. 大型有坝引水枢纽为上游 150~300 m，下游 150~300 m； 2. 中型有坝引水枢纽为上游 100~150m，下游 100~150m； 3. 小型有坝引水枢纽为上游 50~100 m，下游 50~100 m	大型按上下游各 300 m； 中型按上下游各 150 m； 小型按上下游各 1 000 m
饮用水水源地	《饮用水水源保护区划分技术规范》	一般河流水源地，一级保护区水域长度为取水口上游不小于 1 000 m，下游不小于 100 m 范围内的河道水域；二级保护区长度从一级保护区的上游边界向上游（包括汇入的上游支流）延伸不得小于 2 000 m，下游侧外边界距一级保护区边界不得小于 200 m	
水文监测站	《甘肃省水文管理办法》	水文监测河段周围环境保护范围：沿河纵向以水文基本监测断面上下游各一定距离为边界，不小于 500 m，不大于 1 000 m；沿河横向以水文监测过河索道两岸固定建筑物外 20 m 为边界，或者根据河道管理范围确定	监测断面上下游各 500 m
桥梁	《公路安全保护条例》	禁止在下列范围内从事采矿、采石、取土、爆破作业等危及公路、公路桥梁、公路隧道、公路渡口安全的活动： （一）国道、省道、县道的公路用地外缘起向外 100 m，乡道的公路用地外缘起向外 50 m； （二）公路渡口和中型以上公路桥梁周围 200 m； （三）公路隧道上方和洞口外 100 m。 在前款规定的范围内，因抢险、防汛需要修筑堤坝、压缩或者拓宽河床的，应当经省、自治区、直辖市人民政府交通运输主管部门会同水行政主管部门或者流域管理机构批准，并采取安全防护措施方可进行	国道、省道、县道上下游各 200 m； 乡道上下游各 100 m

续表 4-5

利用性质	参照依据		现状利用范围采用值
	规范与条例名称	要求	
桥梁	《铁路安全管理条例》	铁路线路两侧应当设立铁路线路安全保护区。铁路线路安全保护区的范围，从铁路线路路堤坡脚、路堑坡顶或者铁路桥梁（含铁路、道路两用桥，下同）外侧起向外的距离分别为： （一）城市市区高速铁路为 10 m，其他铁路为 8 m； （二）城市郊区居民居住区高速铁路为 12 m，其他铁路为 10 m； （三）村镇居民居住区高速铁路为 15 m，其他铁路为 12 m； （四）其他地区高速铁路为 20 m，其他铁路为 15 m。 任何单位和个人不得擅自在铁路桥梁跨越处河道上下游各 1 000 m 范围内围垦造田、拦河筑坝、架设浮桥或者修建其他影响铁路桥梁安全的设施	上下游各 1 000 m
输电线路	《电力设施保护条例》	江河电缆保护区的宽度为： （一）敷设于二级及以上航道时，为线路两侧各 100 m 所形成的两平行线内的水域； （二）敷设于三级及以下航道时，为线路两侧各 50 m 所形成的两平行线内的水域	一般线路按上下游各 50 m； 特高压按上下游各 100 m
通信线路	—	—	上下游各 50 m（参照一般电缆）
输油管道	《石油、天然气管道保护条例》	在穿越河流的管道线路中心线两侧各 500 m 地域范围内，禁止抛锚、拖锚、挖砂、挖泥、采石、水下爆破。但是，在保障管道安全的条件下，为防洪而进行的养护疏浚作业除外	上下游各 500 m
其他建设用地等			排污口按 50 m； 取水口按 50 m； 其他建设用地根据实际测量值

4.4.5 河道管理范围划定情况

按照《水利部关于加快推进河湖管理范围划定工作的通知》(水河湖〔2018〕314号)和《甘肃省水利厅关于开展河湖管理范围划定工作的通知》(甘水河湖发〔2019〕26号)要求,黄河勘测规划设计研究院有限公司于2020年5月完成了黑河(肃南县、高台县、金塔县河段)管理范围划定工作。

(1)黑河肃南段为山区河流,全长约91.79 km,无河堤。河道沿线防护对象主要为农田,管理范围线按照10年一遇设计洪水位确定。肃南县河道涉及宝瓶水电站、三道湾水电站、大孤山水电站、小孤山水电站、龙首二级水电站、龙汇水电站和龙首一级水电站7座水库,库区管理范围线按照校核洪水位确定。

(2)高台段长约91.48 km,为平原区河流,河道沿线防护对象主要为农田、村庄,建有不连续堤防,堤防等级为5级,堤防段管理范围线以外堤角外取5~10 m确定,无堤防段以10年一遇设计洪水位确定。

(3)金塔段长约156.19 km,为平原区河流,河道沿线防护对象主要为农田、村庄,建有不连续堤防,堤防等级为5级,堤防段管理范围线以外堤角外取5~10 m确定,无堤防段以10年一遇设计洪水位确定。

根据甘肃省省级河湖管理范围划定项目——甘州临泽划界成果复核的要求,本书重新对甘州区和临泽县黑河干流进行了断面测量及水面线计算,复核结果显示原河道管理范围偏小,本书重新对甘州临泽进行管理范围划界计算。

4.4.6 岸线管理现状

甘肃省水域岸线保护与利用管理以水行政主管部门为核心,以河长制平台为重要抓手,实行流域管理机构与地方各级水行政主管部门相结合的体制。为全面推行和落实河长制工作,更好地聚焦加强水域岸线管理保护,甘肃省于2017年8月印发了《甘肃省全面推行河长制工作方案》,同时起草编制了《甘肃省水域岸线管理保护办法》。

4.4.6.1 甘肃省水域岸线管理保护体制

根据《甘肃省水域岸线管理保护办法》,甘肃省水域岸线管理保护实行按流域统一管理与区域分级管理相结合的体制。流域管理机构在其管辖范围内行使法律法规规定的和水行政主管部门授予的水域岸线管理保护职责。县级以上地方人民政府水行政主管部门负责本行政区域内的水域岸线管理保护。县级以上地方人民政府发展改革、国土资源、环境保护、交通、农业、林业、渔业等有关部门,按照法律法规的规定和职责分工,做好水域岸线管理保护工作。

水域岸线管理保护实行地方政府行政首长负责制,其具体工作落实到各级河长和湖长的职责中。对造成水域岸线生态环境损害的,严格按照有关规定终身追究责任。

县级以上地方人民政府水行政主管部门应当明确水域岸线管理保护机构,负责水域岸线管理保护的日常工作。依法设立的省属流域管理机构和水利工程管理机构,接受省水行政主管部门的委托,承担水域岸线管理保护的有关工作。

4.4.6.2　甘肃省河长制工作机制建设

根据《甘肃省全面推行河长制工作方案》，甘肃省逐级建立了党委、政府主要负责同志担任河长的“双河长”工作机制。

黑河干流已全面建立以党政领导负责制为核心的五级河长责任体系。目前，黑河干流设立了省、市、县(区)、乡、村级河长，省级河长由省委副书记担任，按属地管理，市、县(区)、乡级河长由同级党委或政府负责同志担任。省级河长制办公室设在省水利厅，市、县(区)级河长制办公室设在同级水利部门，办公室主任由同级水利部门主要负责同志兼任。黑河干流各级河长是所属区域管理保护的直接责任人，负责组织领导相应水资源保护、水污染防治、水环境治理、水生态修复，以及水域岸线确权划界、采砂等管理保护工作；牵头组织对侵占河道、非法采砂、超标排污、倾倒垃圾等突出问题依法进行清理整治，协调解决重点难点问题；对跨行政区域的河段明晰管理责任，协调上下游、左右岸实行联防联控；对本级相关部门和下一级河长履职情况进行督导，对目标任务完成情况进行考核问责，推动各项工作落实。

河长制办公室对本级河长负责，承担本行政区内河长制组织实施具体工作，落实河长确定的事项；建立健全河长制管理制度和考核办法，组织开展监督、检查和考核；指导监督下一级河长制办公室落实各项任务。各有关部门和单位按照职责分工，协同推进各项工作。

第5章　黑河岸线边界线划定研究

5.1　边界线定义

岸线边界线是指沿河流走向或湖泊沿岸周边划定的用于界定各类岸线功能区垂向带区范围的边界线，分为临水边界线和外缘边界线。

5.1.1　临水边界线

临水边界线是根据稳定河势、保障河道行洪安全和维护河流湖泊生态等基本要求，在河流沿岸临水一侧顺水流方向或湖泊（水库）沿岸周边临水一侧划定的岸线带区内边界线。

5.1.2　外缘边界线

外缘边界线是根据河流湖泊岸线管理保护、维护河流功能等管控要求，在河流沿岸陆域一侧或湖泊（水库）沿岸周边陆域一侧划定的岸线带区外边界线。

外缘边界线和临水边界线之间的带状区域即为岸线。岸线既具有行洪、调节水流和维护河流（湖泊）健康的自然生态功能属性，同时在一定情况下，也具有开发利用价值的资源功能属性。任何进入外缘边界线以内岸线区域的开发利用行为都必须符合岸线功能区划的规定及管理要求，且原则上不得逾越临水边界线。

5.2　边界线划定原则

（1）根据岸线利用与保护的总体目标和要求，结合各河段的河势状况、岸线自然特点、岸线资源状况，在服从防洪安全、河势稳定和维护河流健康的前提下，充分考虑水资源利用与保护的要求，按照合理利用与有效保护相结合的原则划定岸线边界线。

（2）根据流域综合规划、防洪规划、水功能区划、河道整治规划，统筹协调近远期防洪工程建设、河流生态功能保护、滩地合理利用、土地利用等国民经济各部门对岸线利用的需求，结合岸线保护的要求划定。

（3）应充分考虑河流左右岸的地形地貌条件、河势演变趋势，以及开发利用与治理的相互影响，综合考虑河流两岸经济社会发展、防洪保安和生态环境保护对岸线利用与保护的要求等因素，合理划定河道左右岸的岸线边界线。

（4）城市段的岸线边界线应充分考虑城市防洪安全与生态环境保护的要求，结合城市发展的总体规划、岸线开发利用与保护现状、城市景观建设等因素。

（5）岸线边界线的划定应保持连续性和一致性，特别是各行政区域交界处，应依据河流特性、综合考虑各行业需求,在统筹岸线资源和区域经济发展的前提下,科学合理进行划定,避免因地区间社会经济发展要求的差异,导致岸线边界线划分不合理。

5.3　边界线划定的方法

5.3.1　临水边界线

根据《水利部办公厅关于印发〈河湖岸线保护与利用规划编制指南(试行)〉的通知》(办河湖函〔2019〕394 号,简称《指南》)及《甘肃省河湖岸线保护与利用规划编制中解决“三线重合”有关问题的指导意见》(甘水办河湖发〔2021〕8 号)中规定,临水边界线按以下原则或方法划定,并尽可能留足调蓄空间。

(1)已有明确治导线或整治方案线(一般为中水整治线)的河段,以治导线或整治方案线作为临水边界线。

(2)平原河道以造床流量或平滩流量对应的水位与陆域的交线或滩槽分界线作为临水边界线。

(3)山区“V”字形无滩地河段以设计洪水位与陆域交线作为临水边界线,有滩地的山区、川区河段以平滩流量(或造床流量)对应水位与天然陆域(或天然岸坎)交线为基础,并留有适当河宽划定临水边界线;或者在常洪水位下,如果河道滩槽关系明显(天然岸坎较为明显)、河势较为稳定的河段,可采用滩槽分界线作为临水边界线。

(4)湖泊以正常蓄水位与岸边的分界线作为临水边界线,对没有确定正常蓄水位的湖泊可采用多年平均湖水位与岸边的交界线作为临水边界线。

(5)水库库区一般以正常蓄水位与岸边的分界线或水库移民迁建线作为临水边界线。

具体划定方法如下:

根据水文计算的设计洪水位,在横断面图上标出设计洪水位线。如图 5-1 所示,设计洪水高程与断面两端交于 A、B 两点,即为临水边界线与该断面的交点,同理计算不同断面的水位高程与断面的交点,并分别进行标注。然后左右岸各交点沿河道高程平滑顺序连接,形成河道临水线,见图 5-2。

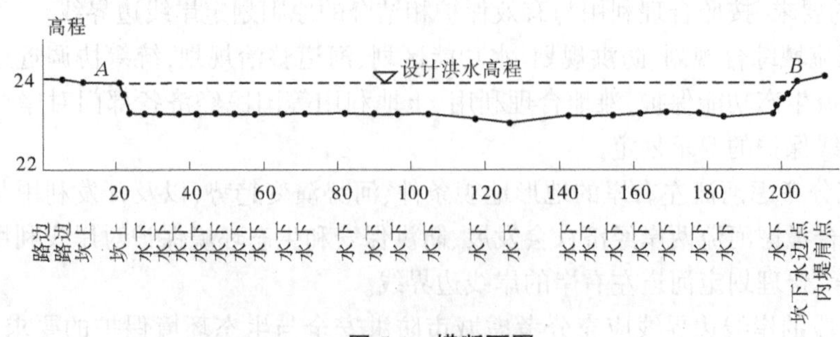

图 5-1　横断面图

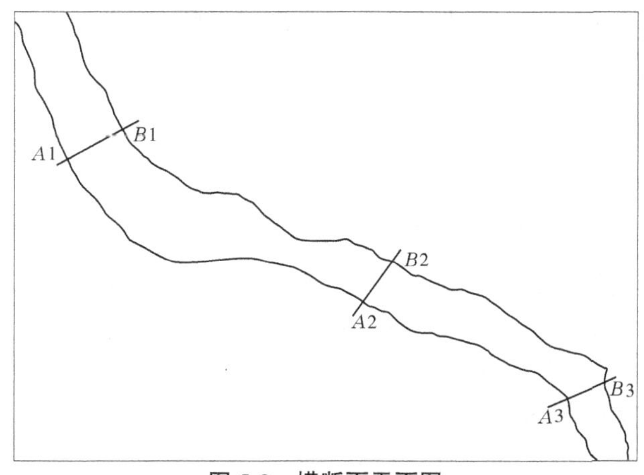

图5-2 横断面平面图

5.3.2 外缘边界线

根据《水利部关于〈加快推进河湖管理范围划定工作〉的通知》(水河湖〔2018〕314号),可采用河湖管理范围线作为外缘线,但不得小于河湖管理范围线,并尽量向外扩展。

(1)对有堤防工程的河段,外缘边界线可采用已划定的堤防工程管理范围的外缘线。堤防工程管理范围的外缘线一般指堤防背水侧护堤地宽度,1级堤防防护堤宽度为20~30 m,2级、3级堤防防护堤宽度为10~20 m,4级、5级堤防防护堤宽度为5~10 m。

(2)对无堤防的河湖,根据已核定的历史最高洪水位或设计洪水位与岸边的交界线作为外缘边界线。

(3)水库库区以水库管理单位设定的管理或保护范围线作为外缘边界线,若未设定管理范围,一般以有关技术规范和水文资料核定的设计洪水位或校核洪水位的库区淹没线作为外缘边界线。

(4)已规划建设防洪工程、水资源利用与保护工程、生态环境保护工程的河段,应根据工程建设规划要求,预留工程建设用地,并在此基础上划定外缘边界线。

5.3.2.1 有堤防河段外缘边界线确定方法

有堤防的河道,外缘边界线为两岸堤防之间的水域、沙洲、滩地(包括可耕地、林地)、行洪区、两岸堤防及护堤地。有堤防段河道划界示意图如图5-3所示。

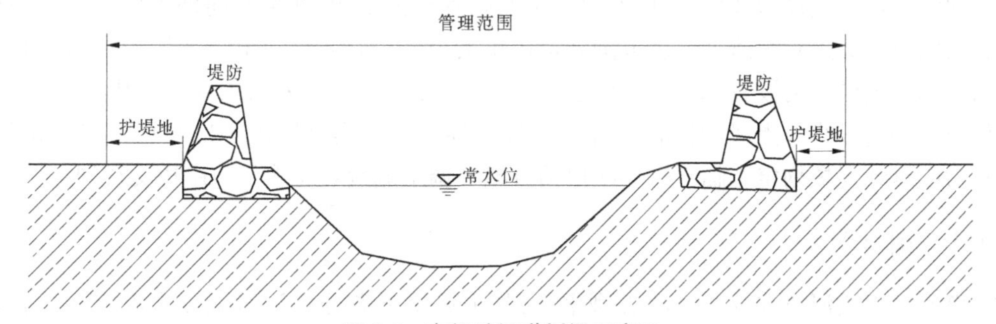

图5-3 有堤防河道划界示意图

不同工程级别护堤地宽度取值由各地区划界规范确定,甘肃省护堤地宽度如表 5-1 所示。

表 5-1　甘肃省护堤地宽度

工程级别	1	2、3	4、5
护堤地宽度/m	20~30	10~20	5~10

综上所述,有堤防河段,根据堤防工程级别,1 级堤防以堤防背水侧堤脚线外扩 20~30 m 作为其外缘边界线;2 级堤防和 3 级堤防以堤防背水侧堤脚线外扩 10~20 m 作为其外缘边界线;4 级堤防和 5 级堤防以堤防背水侧堤脚线外扩 5~10 m 作为其外缘边界线。

5.3.2.2　**无堤防河段外缘边界线**

无堤防的河道,有治理规划时外缘边界为两岸规划堤防之间的水域、沙洲、滩地(包括可耕地、林地)、行洪区、两岸堤防及护堤地,护堤地宽度与有堤防段相同。

无治理规划时,外缘边界为历史最高洪水位或者设计洪水位之间的水域、沙洲、滩地和行洪区,如图 5-4 所示。

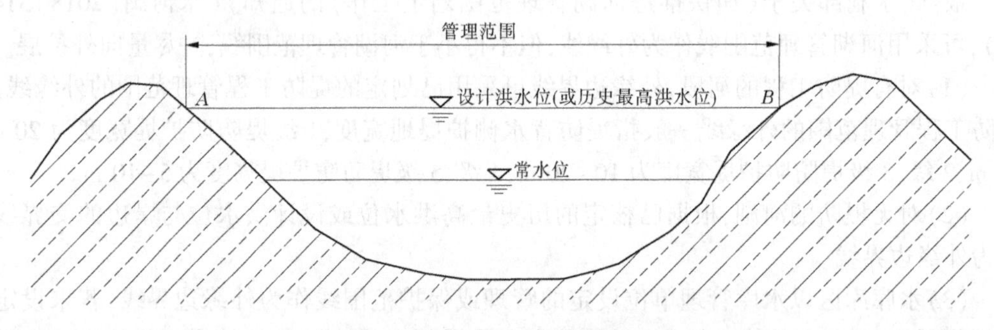

图 5-4　无堤防河道划界示意图

5.4　边界线的划定

本书中黑河岸线规划范围涉及张掖市肃南县、甘州区、临泽县、高台县,酒泉市金塔县。根据水利部《河湖岸线保护与利用规划编制指南(试行)》相关规定:外缘边界线可采用河湖管理范围线作为外缘线,但不得小于河湖管理范围线,并尽量向外扩展。根据《甘肃省人民政府关于省级河湖管理范围划定成果的公告(甘政发〔2019〕68 号》,黑河(肃南县、高台县、金塔县河段)已完成管理范围划界工作,本书直接采用划界成果中管理范围线作为外缘边界线。黑河(甘州临泽段)外缘边界线按照设计防洪标准与规划堤防工程在本书中重新复核划定。临水边界线根据黄藏寺调水流量对应水位与岸边交线划定。

5.4.1　肃南县

黑河肃南段河道涉及 8 个峡谷型水库,从上游至下游分别为黄藏寺水库、宝瓶河水库、三道湾水库、大孤山水库、小孤山水库、龙首二级水库、龙汇水库、龙首一级水库。水库特征水位如表 5-2 所示。按照 5.3.2 节水库边界线划定方法,划定外缘边界线。

表 5-2　水库级别与划界水位

水库名称	水库级别	校核洪水位/m	正常蓄水位/m
黄藏寺水库	大型	2 628.70	2 628.00
宝瓶河水库	中型	2 522.58	2 521.00
三道湾水库	中型	2 372.00	2 370.00
大孤山水库	中型	2 146.00	2 145.50
小孤山水库	中型	2 061.50	2 060.00
龙首二级水库	中型	1 922.93	1 920.00
龙汇水库	小型	1 767.00	1 760.80
龙首一级水库	中型	1 749.40	1 748.00

1. 临水边界线

临水边界线以水库正常蓄水位与库岸岸坡的交线绘制,同时考虑陡坎的控制作用。

2. 外缘边界线

外缘边界线以水库校核洪水位与库岸岸坡的交线绘制,同时考虑陡坎的控制作用。

肃南段河道位于山区,为无堤防段。坝址与下游水库库尾间的河段根据设计洪水位与岸边的交线划定。

1)临水边界线

按黄藏寺调水流量 500 m^3/s 对应水位划定临水边界线,在局部河段,河道两岸有陡坎时,临水边界线划至河道陡坎下坎边。

2)外缘边界线

外缘边界线按照设防流量(10 年一遇洪峰流量)对应的水位与岸边或坎边的交接线划定。若设计洪水位高程未达到河段高坎,外缘边界线调整至该河段高坎上。在局部河段,外缘边界线平顺连接。

5.4.2　甘州区

5.4.2.1　**肃甘界—省道 213**

该段河道两岸为耕地,建有不连续的堤防。根据《黑河干流莺落峡至省道 213 线生态保护治理工程(一期工程)可行性研究报告》,规划期内拟对该段河道进行河道治理和生态治理,对现状河道主槽进行整治及防护、现状堤防进行除险加固、生态带灌溉系统建设等。

1. 临水边界线

规划河段采用规划治导线划定,局部未规划河段采用调水流量 500 m^3/s 对应水位划定临水边界线,在局部河段,河床较平且河道两岸有陡坎时,临水边界线划至河道陡坎下坎边。

2. 外缘边界线

规划河段河道规划修建堤防、生态护岸、修缮堤防等工程,设计等级为5级,外缘边界线取堤防外堤脚线外5~10 m。未规划河段,根据河道防洪标准,无堤防段外缘边界线按照10年一遇设计洪水与岸边交线划定。

5.4.2.2 省道213—国道312

该段河道位于甘州区主城区,经过四期生态治理工程,堤防工程完备,河流水流归束。

1. 临水边界线

采用调水流量对应水位划定临水边界线;甘州城区段河道已完成整治,以整治方案线划定临水边界线。在局部河段,河床较平且河道两岸有陡坎时,临水边界线划至河道陡坎下坎边。

2. 外缘边界线

有堤防段:根据《堤防工程设计规范》(GB 50286—2013)中表3.1.3规定,防洪标准50年一遇河道堤防等级为2级,对应堤防外缘边界线为背水侧外堤角线外扩10~20 m。防洪标准20年一遇河道堤防等级为4级,对应堤防外缘边界线为背水侧外堤角线外扩5~10 m。

无堤防段:根据河道防洪标准,左岸外缘边界线为20年一遇设计洪水位与岸边的交线,右岸外缘边界线为50年一遇设计洪水位与岸边的交线。

在局部河段,外缘边界线平顺连接。

5.4.2.3 国道312—甘临界

该段河道两岸为农田、林地,建有不连续堤防。《黑河张掖市甘州区支家崖至甘临分界段河道治理初步设计》(甘区水务发〔2021〕35号),规划期内拟对支家崖至甘临分界段河道进行生态治理。规划工程防洪标准10年一遇,工程级别5级。

1. 临水边界线

规划河段河道临水边界线采用规划治导线划定,未规划河段采用调水流量对应水位划定临水边界线,在局部河段,河床较平且河道两岸有陡坎时,临水边界线划至河道陡坎下坎边。

2. 外缘边界线

规划河段河道规划修建堤防、生态护岸、修缮堤防等工程,设计等级为5级。根据河道防洪标准,无堤防段外缘边界线按照10年一遇设计洪水与岸边交线划定;有堤防河段,设计等级为5级,对应堤防外缘边界线为背水侧外堤角线外扩5~10 m,本次外缘边界线取堤防外堤脚线外10 m。在局部河段,外缘边界线平顺连接。

5.4.3 临泽县

本河段位于临泽县境内,为有堤防河段,河道已经过治理,建设有断续的堤防。规划期内对黑河平川段、友好村至柔远渠口段进行河道治理,规划新建堤防和生态护岸工程。规划堤防防洪标准10年一遇,工程级别5级。

1. 临水边界线

规划河段河道临水边界线采用规划治导线划定,未规划河段采用调水流量对应水位划定临水边界线,在局部河段,河床较平且河道两岸有陡坎时,临水边界线划至河道陡坎下坎边。

2. 外缘边界线

有堤防段:堤防工程级别为5级。根据《甘肃省水利工程土地划界标准》,按照已建成堤防堤脚线外扩5~10 m划定河道外缘边界线。规划河段以规划堤防外扩5~10 m划定。

无堤防段:外缘边界线按10年一遇设计洪水位与岸边的交界线划定,若设计洪水位高程未达到河段高坎,外缘边界线调整至该河段高坎上。

5.4.4　高台县

5.4.4.1　临泽高台县界—侯庄村八社

该段河道已经治理过,建设有断续的堤防。

1. 临水边界线

河床床面较宽,主河槽摆动较大,以临水侧堤脚线划定河道的临水边界线。局部有相对稳定高滩的河段,临水边界线划至高滩滩脚。

2. 外缘边界线

无堤防段,采用10年一遇设计洪水位与岸线交线划定。

六坝—双丰段、西腰墩水库—刘家深湖水库段、刘家深湖水库—候庄村段堤防工程级别为5级。八一村—西腰墩水库段堤防工程级别为4级。有堤防河段,按照已建成堤防堤脚线外扩5~10 m划定河道外缘边界线。

5.4.4.2　侯庄村八社—高金界

该段河道为无堤防河段。

1. 临水边界线

按调水流量对应水位划定临水边界线,在局部河段,河床较平且河道两岸有陡坎时,临水边界线划至河道陡坎下坎边。

2. 外缘边界线

该河段河道经过常年的冲刷和沉积,河道两岸局部河段形成了较为明显的高坎(天然堤)或稳定的节点,采用10年一遇设计洪水位划定本段的外缘边界线。

5.4.5　金塔县

5.4.5.1　高金界—大墩门水库库尾

1. 临水边界线

该段河道按调水流量对应水位划定临水边界线,在局部河段,河床较平且河道两岸有陡坎时,临水边界线划至河道陡坎下坎边。

2. 外缘边界线

该河段河道经过常年的冲刷和沉积,河道两岸局部河段形成了较为明显的高坎(天然堤)或稳定的节点,采用10年一遇设计洪水位划定本段的外缘边界线。

5.4.5.2 大墩门水库库区

大墩门水闸枢纽位于鼎新镇双树村南,属大型Ⅱ等工程。总库容 750 万 m^3,枢纽大坝校核洪水为 500 年一遇,校核洪水位为 1 237.2 m;大坝设计洪水频率为 50 年一遇,设计洪水位为 1 235.1 m。

1. 临水边界线

大墩门水库库区临水边界线以水库正常蓄水位 1 237.2 m 与库岸岸坡的交线绘制,同时考虑陡坎的控制作用。

2. 外缘边界线

根据《甘肃省水利工程土地划界标准》的相关规定确定水生态空间范围。大型水库大坝两侧的外缘边界从坝肩及坝脚线算起:左右岸 100~300 m,上游 150~200 m,下游 200~300 m;泄洪、输水建筑物和附属设施外缘边界线从基础边界线以外确定:50~200 m;抢险取土用地、维修场地及水库专用公路,按其实际占地确定。库区外缘边界线按照校核洪水位确定。

5.4.5.3 大墩门水利枢纽—西干渠渡槽下游五爱村

1. 临水边界线

按调水流量对应水位划定临水边界线,在局部河段,河床较平且河道两岸有陡坎时,临水边界线划至河道陡坎下坎边。

2. 外缘边界线

该段河道未建堤防,采用 10 年一遇设计洪水位与岸线交线划定,有明显的高坎(天然堤)或稳定的节点时,外缘边界线调整至该河段高坎上。在局部河段,外缘边界线平顺连接。

5.4.5.4 西干渠渡槽下游五爱村—中丰村

1. 临水边界线

按调水流量对应水位划定临水边界线,在局部河段,河床较平且河道两岸有陡坎时,临水边界线划至河道陡坎下坎边。

2. 外缘边界线

河道已经治理过,建设有断续的堤防。

无堤防段,采用 10 年一遇设计洪水位与岸线交线划定。

有堤防河段,设计等级为 5 级,按照已建成堤防堤脚线外扩 5~10 m 划定河道外缘边界线。

5.4.5.5 友好村—河道划界终点

1. 临水边界线

按调水流量对应水位划定临水边界线,在局部河段,河床较平且河道两岸有陡坎时,临水边界线划至河道陡坎下坎边。

2. 外缘边界线

该河段河道未建堤防,经过常年的冲刷和沉积,河道两岸局部河段形成了较为明显的高坎(天然堤)或稳定的节点,采用 10 年一遇设计洪水位划定本段的外缘边界线。在局部河段,外缘边界线平顺连接。

5.4.6 划界成果汇总

根据河湖管理范围划定成果,各河段岸线边界线成果汇总见表5-3、表5-4。本书规划河长465.89 km,共划定岸线边界线1 840.37 km,其中临水边界线917.77 km,左岸490.21 km,右岸427.56 km;外缘边界线922.60 km,左岸494.71 km,右岸427.89 km。

表5-3　黑河岸线边界线划定方案汇总

河道分段	河段起点	河段终点	临水边界线		外缘边界线	
			左岸	右岸	左岸	右岸
肃南县河段	黄藏寺水利枢纽以上		正常蓄水位与库岸交线	无(青海省)	校核洪水位与库岸交线	无(青海省)
	黄藏寺坝址	宝瓶河水库库尾	调水流量对应水位		10年一遇洪水淹没线	
	宝瓶河水库		正常蓄水位与库岸交线		校核洪水位与库岸交线	
	宝瓶河水库坝址	三道湾水库库尾	调水流量对应水位		10年一遇洪水淹没线	
	三道湾水库		正常蓄水位与库岸交线		校核洪水位与库岸交线	
	三道湾水库坝址	大孤山水库库尾	调水流量对应水位		10年一遇洪水淹没线	
	大孤山水库		正常蓄水位与库岸交线		土地征用线	
	大孤山水库库尾	小孤山水库库尾	调水流量对应水位		10年一遇洪水淹没线	
	小孤山水库		正常蓄水位与库岸交线		土地征用线	
	小孤山水库坝址	龙首二级水库库尾	调水流量对应水位		10年一遇洪水淹没线	
	龙首二级水库		正常蓄水位与库岸交线		校核洪水位与库岸交线	
	龙首二级水库坝址	龙汇水库库尾	调水流量对应水位		10年一遇洪水淹没线	
	龙汇水库		正常蓄水位与库岸交线		校核洪水位	
	龙汇水库坝址	龙首一级水库坝址	正常蓄水位与库岸交线		校核洪水位与库岸交线	
	龙首一级水库坝址	肃南甘州区界	调水流量对应水位		10年一遇洪水淹没线	
甘州区河段	肃甘界	省道213线	规划治导线 调水流量对应水位		10年一遇设计洪水位; 堤防外脚线外10 m	
	省道213线	国道312线	规划治导线 调水流量对应水位		50年一遇设计洪水位; 堤防外10~20 m	
	国道312线	甘临界	规划治导线 调水流量对应水位		10年一遇设计洪水位; 堤防外脚线外10 m	
临泽县河段	甘临界	高临界	规划治导线 调水流量对应水位		10年一遇设计洪水位; 堤防外5~10 m	
高台县河段	高临界	侯庄村八社	调水流量对应水位		10年一遇设计洪水位; 堤防外5~10 m	
	侯庄村八社	高金界	调水流量对应水位		10年一遇设计洪水位	

续表 5-3

河道分段	河段起点	河段终点	临水边界线		外缘边界线	
			左岸	右岸	左岸	右岸
金塔县河段	高金界	大墩门水库库尾	调水流量对应水位		10 年一遇设计洪水位	
	大墩门水库		正常蓄水位与库岸交线		校核洪水位与库岸交线	
	大墩门水利枢纽	西干渠渡槽下游五爱村	调水流量对应水位		10 年一遇设计洪水位	
	西干渠渡槽下游五爱村	中丰村	调水流量对应水位		10 年一遇设计洪水位;堤防外 5~10 m	
	友好村	河道划界终点	调水流量对应水位		河口线	

注:临水边界线划定过程中设计洪水位在高坎下时,临水边界线调整至该河段下坎边;外缘边界线划定过程中设计洪水位高程未达到河段高坎,外缘边界线调整至该河段高坎上。

表 5-4　黑河岸线边界线划定成果汇总

行政区划		起止位置	河长/km	临水边界线			外缘边界线		
				左岸	右岸	小计	左岸	右岸	小计
张掖市	肃南县	甘青交界—黄藏寺坝址	12.31	23.00	0	23.00	23.43	0	23.43
		黄藏寺坝址—便桥	32.98	35.59	0	35.59	35.97	0	35.97
		便桥—肃甘界	58.81	64.22	64.00	128.22	64.06	63.47	127.53
		小计	104.10	122.81	64.00	186.81	123.46	63.47	186.93
	甘州区	肃甘界—甘临界	61.25	60.87	55.23	116.10	60.68	55.40	116.08
	临泽县	甘临界—临高界	52.87	53.03	56.15	109.18	52.56	55.39	107.95
	高台县	临高界—高金界	91.48	91.13	93.33	184.46	92.22	93.59	185.81
酒泉市	金塔县	高金界—HH453+576(河道划界终点)	156.19	162.37	158.85	321.22	165.79	160.04	325.83
合计			465.89	490.21	427.56	917.77	494.71	427.89	922.60

第 6 章　黑河岸线功能区划分研究

6.1　岸线功能区定义

岸线功能区是根据河湖岸线的自然属性、经济社会功能属性及保护和利用要求划定的不同功能定位的区段，分为岸线保护区、岸线保留区、岸线控制利用区和岸线开发利用区。

6.1.1　岸线保护区

岸线保护区是指岸线开发利用可能对防洪安全、河势稳定、供水安全、生态环境、重要枢纽和涉水工程安全等有明显不利影响的岸段。

6.1.2　岸线保留区

岸线保留区是指规划期内暂时不宜开发利用或者尚不具备开发利用条件，为生态保护预留的岸段。

6.1.3　岸线控制利用区

岸线控制利用区是指岸线开发利用程度较高，或开发利用对防洪安全、河势稳定、供水安全、生态环境可能造成一定影响，需要控制其开发利用强度、调整开发利用方式或开发利用用途的岸段。

6.1.4　岸线开发利用区

岸线开发利用区是指河势基本稳定、岸线利用条件较好，岸线开发利用对防洪安全、河势稳定、供水安全及生态环境影响较小的岸段。

6.2　岸线功能区划分原则

(1)岸线功能区划分必须服从流域综合规划、防洪规划、水资源规划对河流开发利用与保护的总体安排，并与防洪分区、水功能区、自然生态分区、农业分区和有关生态保护红线等区划相协调，正确处理近期与远期、保护与开发之间的关系，做到近远期相结合，突出强调保护，注重控制开发利用强度。

(2)根据岸线保护与利用的总体目标，按照保护优先、节约集约利用原则，充分考虑河流自然属性、岸线的生态功能和服务功能，统筹协调近远期防洪工程建设、河流生态保护、河道整治、城市建设与发展、土地利用等规划，保障岸线的可持续利用。

(3)根据河流水文情势、水沙状况、地形地质、河势变化等条件和情况,充分考虑上下游、左右岸区域经济社会发展的需求,协调好各方面的关系,明确岸线保护利用要求。

6.3 岸线功能区划分依据

岸线功能区划分应突出强调保护与管控,尽可能提高岸线保护区、岸线保留区在河流、湖泊岸线功能区中的比例,从严控制岸线开发利用区和控制利用区,尽可能减小岸线开发利用区所占比例。

6.3.1 岸线保护区

岸线保护区主要包括岸线开发利用对防洪、供水、生态等安全产生制约性影响的河段岸线。具体如下:

(1)引起深泓变迁的节点段或改分汊河流态势的分汇流段等重要河势敏感区岸线应划为保护区。

(2)列入各省(自治区、直辖市)集中式饮用水水源地名录的水源地,其一级保护区应划为岸线保护区,列入全国重要饮用水水源地名录的应划为岸线保护区。

(3)位于国家级和省级自然保护区核心区和缓冲区、风景名胜区核心景区等生态敏感区,法律法规有明确禁止性规定的,需要实施严格保护的各类保护地的河湖岸线,应从严划分为岸线保护区。

(4)根据地方划定的生态保护红线范围,位于生态保护红线范围的河湖岸线,按红线管控要求划定岸线保护区。

6.3.2 岸线保留区

岸线保留区主要包括河势变化剧烈、规划期内暂不开发、规划生态建设等河段岸线。具体如下:

(1)对河势变化剧烈、岸线开发利用条件较差,河道治理和河势调整方案尚未确定或尚未实施等暂不具备开发利用条件的岸段,划分为岸线保留区。

(2)位于国家级和省级自然保护区的实验区、水产种质资源保护区、国际重要湿地、国家重要湿地及国家湿地公园、森林公园生态保育区和核心景区、地质公园地质遗迹保护区、世界自然遗产核心区和缓冲区等生态敏感区,但未纳入生态保护红线范围内的河湖岸线,应划为岸线保留区。

(3)已列入国家或省级规划,尚未实施的防洪保留区、水资源保护区、供水水源地的岸段等应划为岸线保留区。

(4)为生态建设需要预留的岸段,划为岸线保留区。

(5)对虽具备开发利用条件,但经济社会发展水平相对较低,规划期内暂无开发利用需求的岸段,划为岸线保留区。

6.3.3　岸线控制利用区

主要考虑岸线现状利用程度较高、重要险工险段、规划建设重要涉水工程等河段岸线，划为岸线控制利用区。具体如下：

(1)对岸线开发利用程度相对较高的岸段，为避免进一步开发可能对防洪安全、河势稳定、供水安全等带来不利影响，需要控制或减少其开发利用强度的岸段，划为岸线控制利用区。

(2)重要险工险段、重要涉水工程及设施、河势变化敏感区、地质灾害易发区、水土流失严重区等需控制开发利用方式的岸段，划为岸线控制利用区。

(3)位于风景名胜区的一般景区、地方重要湿地和地方一般湿地、湿地公园及饮用水水源地二级保护区、准保护区等生态敏感区未纳入生态红线范围，但需控制开发利用方式的部分岸段，划为岸线控制利用区。

6.3.4　岸线开发利用区

河势基本稳定、岸线利用条件较好，岸线开发利用对防洪安全、河势稳定、供水安全以及生态环境影响较小的岸段，划为岸线开发利用区。但要在规划中充分体现岸线的集约节约利用。

6.3.5　岸线功能区划分标准表

根据岸线功能区划分依据及相关要求，岸线功能区划分标准如表6-1所示。

表6-1　岸线功能区划分标准

项目	岸线保护区	岸线保留区	岸线控制利用区	岸线开发利用区
河势稳定性	重要河势敏感区	暂不具备开发利用条件的岸段	重要险工险段、重要涉水工程及设施、河势变化敏感区等	河势基本稳定、岸线利用条件较好，开发利用影响较小岸段
生态敏感因素	省级集中式饮用水水源地一级保护区；列入全国重要饮用水水源地名录；国家级省级自然保护区核心区和缓冲区；风景名胜区核心区	国家级、省级自然保护区实验区；水产种质资源保护区；省级以上重要湿地以及国家湿地公园、森林公园生态保育区和核心景区、地质公园地质遗迹保护区、世界自然遗产核心区和缓冲区等	饮用水水源地二级保护区、准保护区；风景名胜区一般景区；地方重要湿地、一般湿地和湿地公园	

续表 6-1

项目	岸线保护区	岸线保留区	岸线控制利用区	岸线开发利用区
生态红线	生态保护红线范围以内	生态红线保护范围以外,为生态建设预留岸段	生态保护红线范围以外	—
经济社会	—	具备开发条件,经济社会发展水平相对较低,规划期内暂无开发利用需求的岸段	开发利用程度较高,需要控制或减少开发强度	—
规划项目	—	列入国家或省级规划,尚未实施的防洪保留区、水资源保护区、供水水源地的岸段	—	

6.4 岸线功能区划定

本次岸线功能区划分考虑生态红线分布情况,功能区分段采用桩号表示,本书黑河规划河道起点为黄藏寺坝址,桩号为 HH0+000,规划终点为划界终点,桩号为 HH453+576。本书中所涉及功能区分段桩号起点均为上述起点,后文不在赘述。

6.4.1 肃南县

黑河肃南段规划河长 91.79 km,规划河段起点为黄藏寺坝址,终点为肃南甘州交界,其中黑河甘青交界左岸亦为本书规划岸线,规划河长为 12.31 km,为黄藏寺水库库区段。临水边界线共计 186.81 km,外缘边界线共计 186.93 km,涉及肃南县康乐镇、马蹄藏族乡、白银蒙古族乡,地处甘肃祁连山国家级自然保护区、甘肃祁连山国家公园。河段示意图如图 6-1 所示。

6.4.1.1 河势稳定性

黑河干流肃南段河段,河床组成大多为粗砂砾、卵石,河床冲淤变化相对较小,河道水流主要在山区中行进,两岸无堤防,该段河势基本稳定,不会发生大的河槽变迁。肃南县河道现状如图 6-2 所示。

6.4.1.2 水功能区划

根据甘肃省人民政府批复的《甘肃省地表水功能区划(2012—2030 年)》(2013 年 1 月),黑河肃南段涉及 1 个一级水功能区,为黑河青甘开发利用区;涉及 1 个二级水功能区,为黑河青甘农业用水区,水质目标为Ⅲ级。

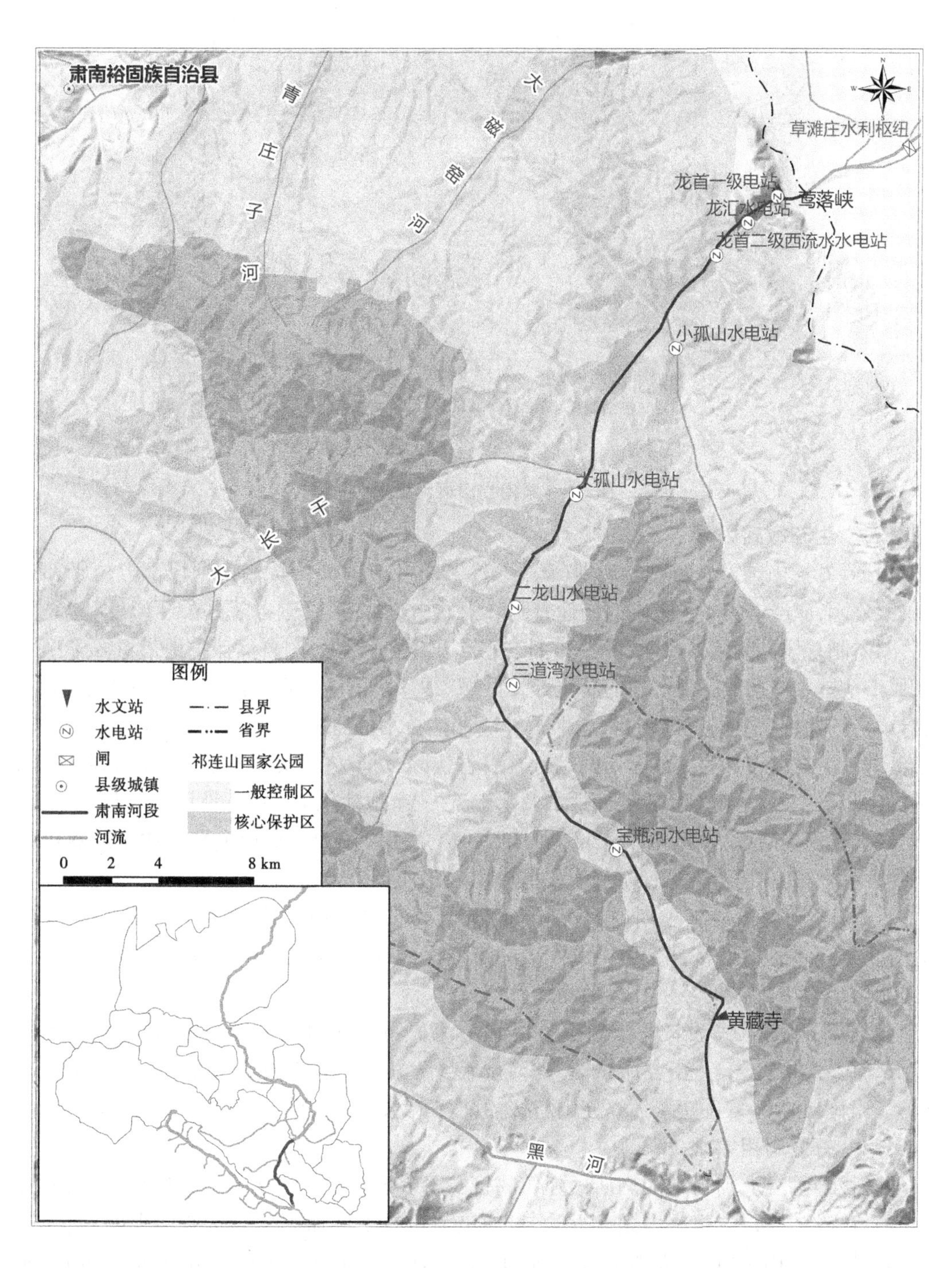

图 6-1　黑河肃南县河段示意图

图 6-2　肃南县山区河道现状

6.4.1.3　生态敏感因素

根据《祁连山国家公园总体规划(试行)》(2020 年 6 月),河段肃南河段部分位于祁连山国家公园,应严格实施国土空间用途管制。中共中央办公厅、国务院办公厅印发《建立国家公园体制总体方案》(2017 年 9 月 26 日)规定:国家公园是我国自然保护地最重要类型之一,属于全国主体功能区规划中的禁止开发区域,纳入全国生态保护红线区域管控范围,实行最严格的保护。根据《甘肃省生态保护红线评估技术报告》(甘肃省自然资源厅、甘肃省生态环境厅、甘肃省林业和草原局),结合甘肃省实际,对境内各类生态系统水源涵养、生态多样性、防风固沙、水土保持重要性评估及水土流失、土地沙化生态敏感性评估,划定生态保护红线。黑河肃南段[左岸 HH1+595～HH86+962,右岸 HH32+982(便桥)～HH85+884]位于黑河中下游防风固沙生态保护红线(祁连山国家公园)。

根据《全国生态功能区划(修编版)》(2015 年 11 月),该段河流位于水源涵养重要区,是实现下游地区经济社会可持续发展的有效保障,应限制或禁止各种不利于保护生态系统水资源涵养功能的经济社会活动和生产方式。

根据《甘肃省人民政府关于划定省级水土流失重点防御区和重点治理区》(甘政发〔2016〕59 号)的公告,肃南县康乐镇、马蹄藏族乡为祁连山省级内陆河流水土流失重点预防区。肃南县白银蒙古族乡为祁连山省级内陆河流水土流失重点预防区。

6.4.1.4　开发利用需求

通过现场踏勘,河道岸线内居民建筑物极少,跨河建筑物涉及交通桥 9 座,规划河段内上游寺大隆一级、二级水电站已拆除,目前该河段自上游而下建有宝瓶河水电站、三道湾水电站、二龙山水电站、大孤山水电站、小孤山水电站、龙首二级水电站、龙汇水电站、龙首一级水电站,开发利用程度相对较高,岸线资源较为紧缺。规划期内暂无其他水利建设规划和其他岸线开发利用需求。

现状河道以防洪、发电为主的综合开发利用,规划期内暂无其他水利建设规划和其他岸线开发利用需求。因此,在该区段应充分重视河道防洪、生态环境保护等方面要求,限制开发利用。

6.4.1.5　岸线功能区划分

综合以上岸线功能区的约束条件,肃南县共划分 5 个功能区,黑河肃南段左、右岸功能区分段位置桩号及生态敏感因素叠加图如图 6-3、图 6-4 所示,岸线功能区划分结果如表 6-2 所示。

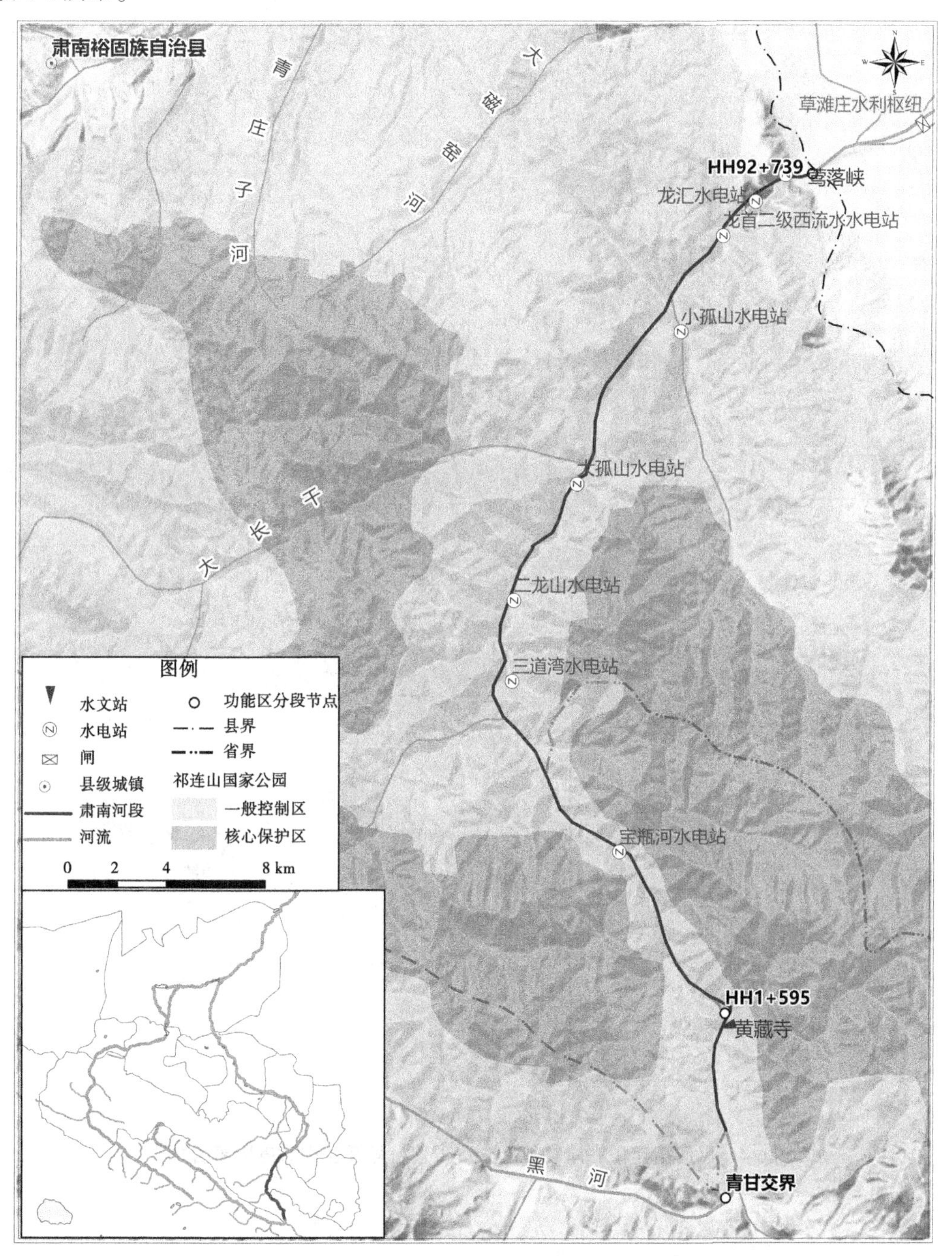

图 6-3　黑河肃南段左岸功能区分段位置桩号及生态敏感因素叠加

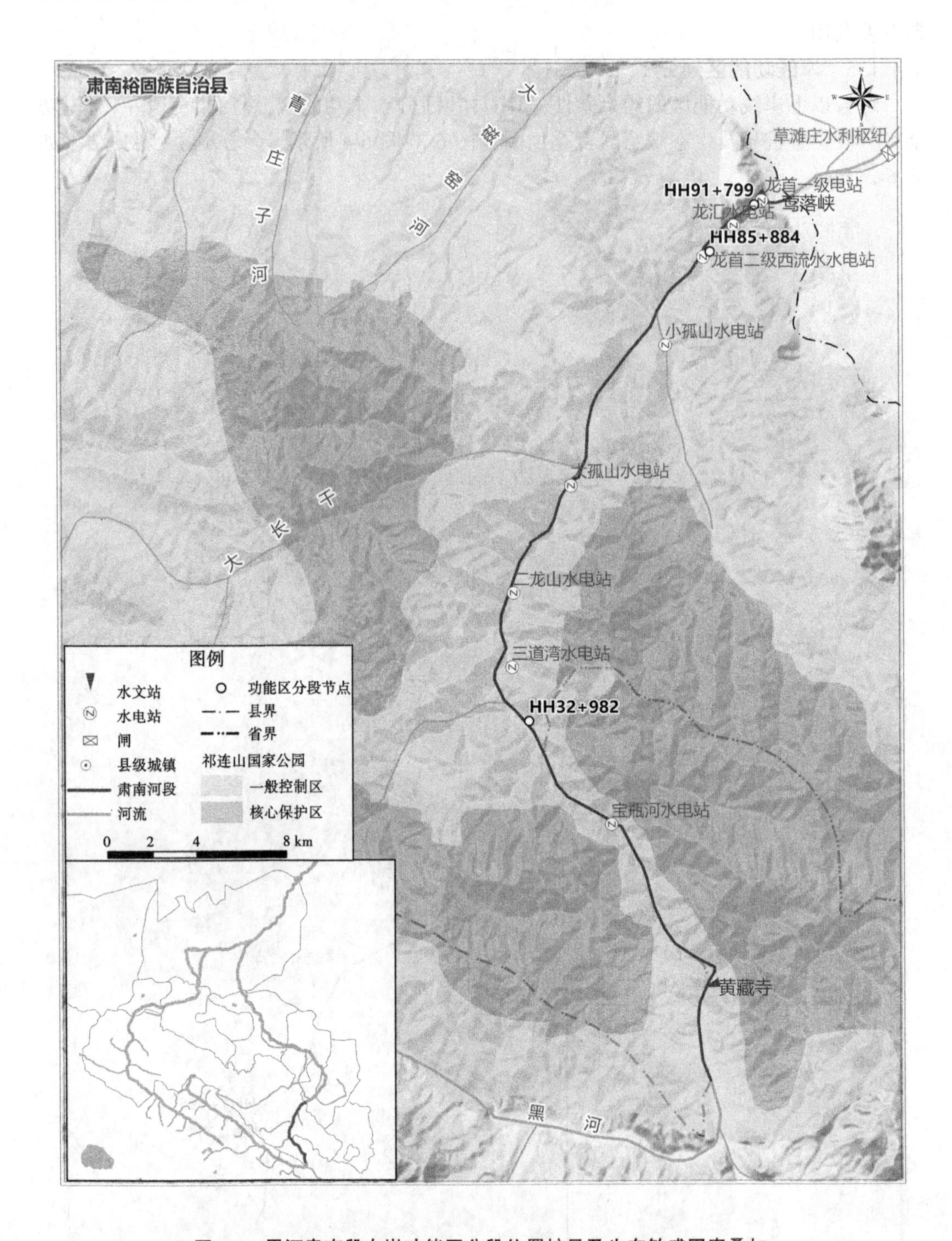

图 6-4　黑河肃南段右岸功能区分段位置桩号及生态敏感因素叠加

表 6-2　黑河肃南段岸线功能区划分成果

序号	岸别	起止位置	岸线功能区	长度/km	划分主要依据
1	左岸	甘青界~HH1+595（黄藏寺坝址）	保留区	24.96	祁连山腹地，生态环境脆弱，祁连山自然保护区实验区，水源涵养重要区
2	左岸	HH1+595~HH86+962	保护区	91.90	黑河中下游防风固沙生态保护红线（祁连山国家公园）
3	左岸	HH86+962~HH92+739（肃甘界）	保留区	6.60	祁连山腹地，生态环境脆弱，水源涵养重要区
4	右岸	HH32+982（便桥）~HH85+884	保护区	57.21	黑河中下游防风固沙生态保护红线（祁连山国家公园）
5	右岸	HH85+884~HH91+799（肃甘界）	保留区	6.26	祁连山腹地，生态环境脆弱，水源涵养重要区

6.4.2　甘州区

黑河甘州区段规划河长 61.25 km，临水边界线共计 116.11 km，外缘边界线共计 116.07 km，涉及甘州区龙渠镇、甘浚镇、小满镇、明永镇、长安镇、新墩镇、乌江镇、三闸镇、靖安镇，河道流经张掖黑河湿地国家级自然保护区、省级水土流失重点治理区。甘州区段河段示意图如图 6-5 所示。

6.4.2.1　河势稳定性

1. 肃甘界—莺落峡水文站

黑河干流肃甘界—莺落峡水文站河段位于祁连山区，河床组成大多为粗砂砾、卵石，河床冲淤变化相对较小，河道水流主要在山区中行进，两岸无堤防，该段河道河势基本稳定，不会发生大的河槽变迁，岸线为基本稳定岸线。

2. 莺落峡水文站—草滩庄水利枢纽

根据《黑河干流莺落峡至省道 213 线生态保护治理工程（一期工程）可行性研究报告》，对黑河干流龙渠电站引水枢纽至省道 213 线进行河道整治、生态修复、交通系统建设等。主要内容包括对现状河道主槽进行整治及防护；对现状堤防进行除险加固；在河道内新建潜坝；生态修复建设；生态带灌溉系统建设；防汛抢险大道及人行道建设等。规划实施后，该段河道河势将趋于稳定。

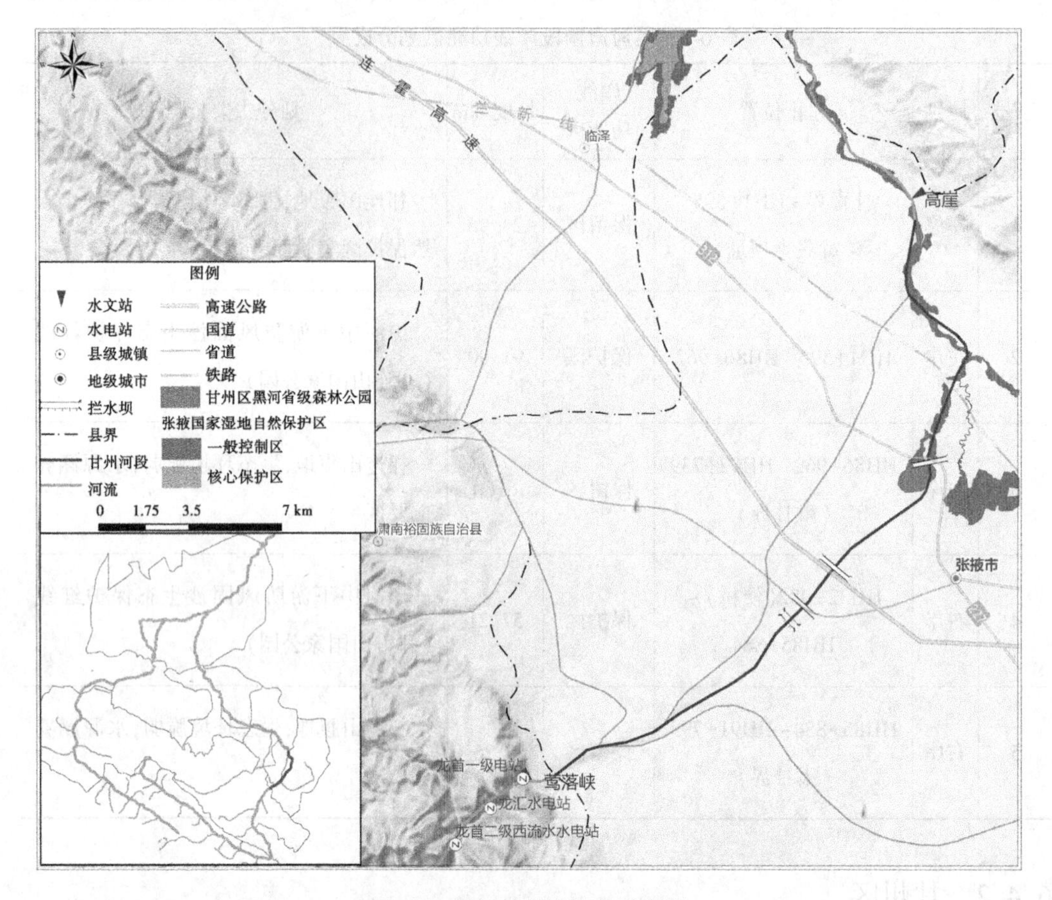

图6-5　黑河甘州区河段示意图

3. 省道213—国道312

黑河甘州城区段经过四期生态治理工程，主要通过疏浚工程、驳岸防护工程、两岸植被恢复工程，对河道进行疏浚固床，断面局部进行开挖，加深中间河槽，两侧滩地局部填高，满足行洪及景观设计的需要。堤防工程完备，河流水流归束，治理后河势稳定。

4. 国道312—甘临分界

根据《黑河张掖市甘州区支家崖至甘临分界段河道治理初步设计》（甘区水务发〔2021〕35号），采取工程措施和生态措施相结合的方式进行治理，在河岸坍塌、淘蚀严重的河岸修建护坡，防淘防冲，在凸岸栽植河柳，固定河势，防止水土流失，修复河道生态环境。规划实施后，该段河道河势将趋于稳定。

河道现状如图6-6~图6-8所示。

6.4.2.2　水功能区划

根据甘肃省人民政府批复的《甘肃省地表水功能区划（2012—2030年）》（2013年1月），黑河莺落峡以上河段涉及1个一级水功能区，为黑河青甘开发利用区；涉及1个二级水功能区，为黑河青甘农业用水区，水质目标为Ⅲ级。黑河大桥至高崖水文站河段涉及1个一级水功能区，为黑河青甘开发利用区；涉及1个二级水功能区，为黑河甘州工业、农业用水区，水质目标为Ⅳ级。

图 6-6　省道 213 处河道现状

图 6-7　连霍高速处河道现状

图 6-8　国道 312 处河道现状

6.4.2.3 生态敏感因素

根据《甘肃省人民政府关于划定省级水土流失重点防御区和重点治理区》(甘政发〔2016〕59号)的公告,左岸甘浚镇为内陆河流域省级水土流失重点治理区,右岸花寨镇为河西走廊省级水土流失重点预防区,需要控制开发利用。

省道213—连霍高速河段位于滨河集中式饮用水水源地二级保护区,应控制开发利用。

黑河干流国道312—甘临分界部分河段河道岸线位于张掖黑河湿地国家级自然保护区,主要保护对象为我国西北典型内陆河流湿地和水域生态系统及生物多样性;以黑鹳为代表的湿地珍禽及野生鸟类迁徙的重要通道和栖息地;黑河中下游重要的水源涵养地和水生动植物生境;西北荒漠区的绿洲植被;典型的内陆河流湿地自然景观。在维持生态平衡和环境容量允许的前提下,可适度开展生态旅游和生产经营性活动。

根据《甘肃省生态保护红线评估技术报告》(甘肃省自然资源厅、甘肃省生态环境厅、甘肃省林业和草原局),结合甘肃省实际,对境内各类生态系统水源涵养、生态多样性、防风固沙、水土保持重要性评估及水土流失、土地沙化生态敏感性评估,划定生态保护红线。黑河甘州区段位于黑河中下游防风固沙红线,红线类型防洪固沙。

6.4.2.4 开发利用需求

1. 肃甘界—莺落峡水文站

经现场查勘,岸线内基本无居民住宅等建筑物,人烟稀少,无堤防。该河段经济社会发展水平相对较低,规划期内暂无开发利用需求,应充分重视河道防洪、生态环境保护等方面的要求,避免过度开发利用。

2. 莺落峡水文站—省道213

根据张掖市甘州水利水电勘测设计院2016年6月编制的《甘肃省甘州区2016—2020年重要河道采砂管理规划》,莺落峡至草滩庄河段有可采区3个,对岸线开发利用程度较高,应控制开发利用。草滩庄水利枢纽至石庙子分洪堰河段有采砂活动,涉及西总干渠等取水口,岸线开发利用程度较高。

草滩庄以上主要涉及左岸甘浚镇、右岸小满镇等几个乡(镇),且该河段左岸为高坎,右岸为电站、引水渠及耕地等。本段为直接影响龙首电站、龙渠电站、张掖莺落峡水文站等重要工程设施的水域,有龙渠一级电站渠首、西洞干渠取水口。因此,在该区段应充分重视河道防洪、生态环境保护等方面要求,避免过度开发利用。

根据《黑河干流莺落峡至省道213线生态保护治理工程(一期工程)可行性研究报告》,规划在容易发生水土流失段布置生态防冲护岸工程,通过以水域相关联的林草、自然景观和人文景观、文化建设,开展观光、娱乐、休闲或科学、文化、教育活动等,塑造城市河湖生态廊道。

3. 省道213—国道312

黑河甘州城区段经过四期生态治理工程,疏浚固定河道行洪,解决黑河原始河道较宽、河槽漂移不定的问题,同时提高河床两岸滩地的使用率;在确定驳岸与防洪堤范围开展生态修复建设,底层断面以水景为主,底层断面与河堤之间形成防护林带,改善区域气候环境,增强涵养水源能力。

右岸城区段建有完备的堤防工程，在满足防洪要求的条件下岸线可适度开发。

4. 国道312—甘临分界

根据《黑河张掖市甘州区支家崖至甘临分界段河道治理初步设计》(甘区水务发〔2021〕35号)，规划期内对河道进行治理，治理完成后在非生态保护红线内，可在不影响防洪安全和河势稳定性的情况下适度开发利用。

通过现场踏勘，目前河道岸线内居民建筑物极少，河道两侧均为农田耕地，跨河建筑物涉及交通桥、管线、取水口。河段内无其他未经水行政主管部门审批的工程。进一步开发要充分重视河道防洪、生态环境保护等方面的要求，避免过度开发利用等产生的不利影响。

6.4.2.5　岸线功能区划分

综合以上岸线功能区约束条件，黑河甘州区段共划分岸线功能区25个，黑河甘州区段左、右岸功能区分段位置桩号及生态敏感因素叠加图如图6-9、图6-10所示，岸线功能区划分结果如表6-3所示。

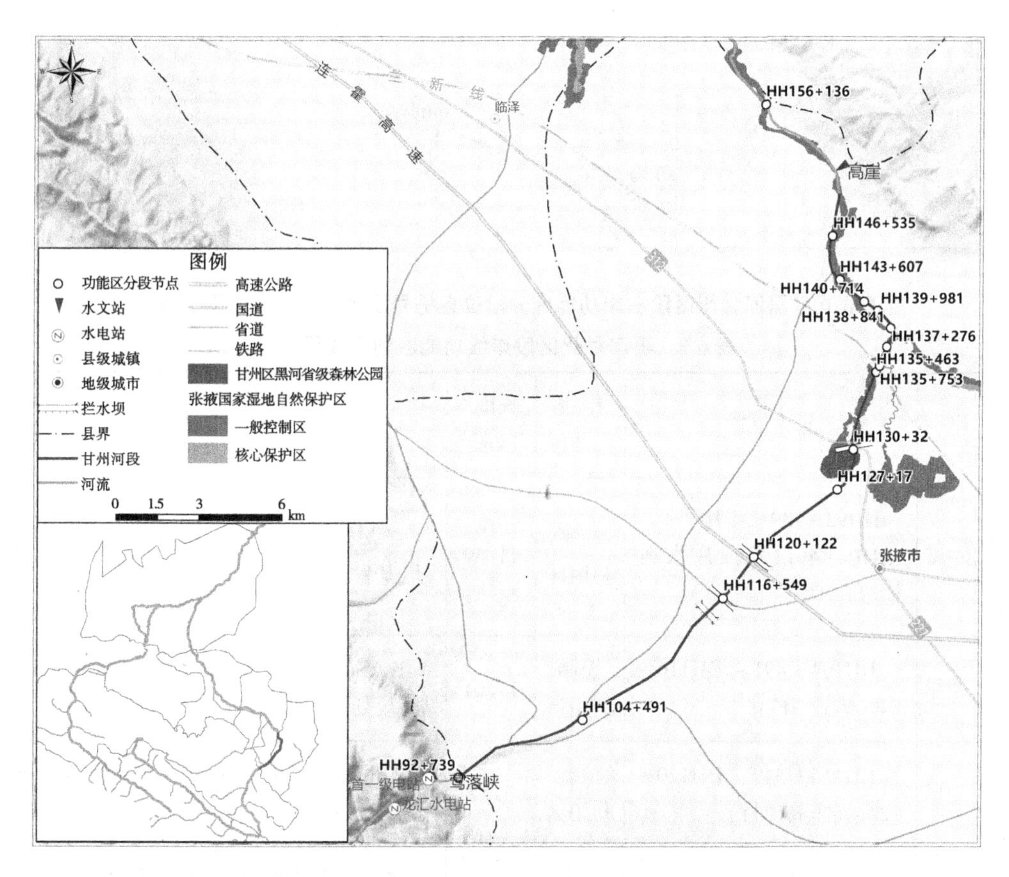

图6-9　黑河甘州区段左岸功能区分段位置桩号及生态敏感因素叠加图

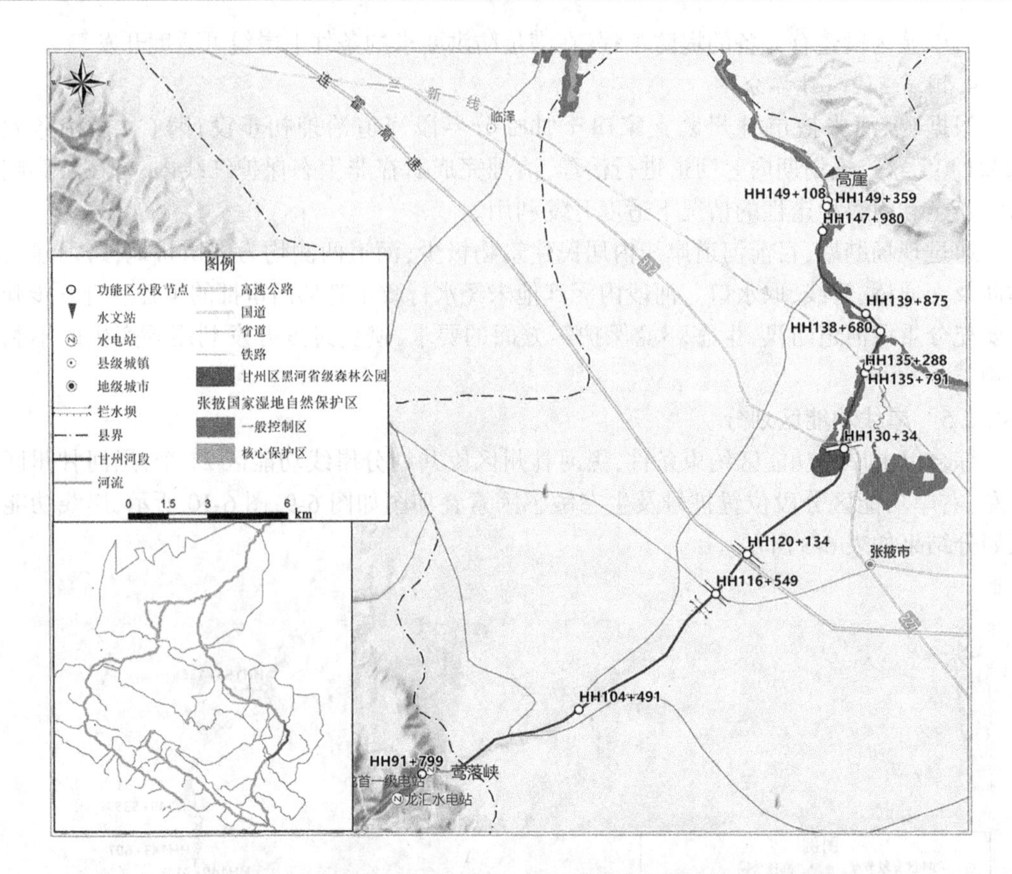

图 6-10 黑河甘州区段右岸功能区分段位置桩号及生态敏感因素叠加图

表 6-3 黑河甘州区段岸线功能区划分成果

序号	岸别	起止位置	岸线功能区	长度/km	划分主要依据
1	左岸	HH92+739(肃甘界)~HH104+491(草滩庄水利枢纽)	控制利用区	11.59	省级水土流失重点预防区,有采砂活动,开发利用程度低
2	左岸	HH104+491~HH116+549(省道 213)	控制利用区	11.61	省级水土流失重点治理区,有采砂活动,规划治理段,有开发利用需求
3	左岸	HH116+549~HH120+122(连霍高速桥)	控制利用区	3.17	甘州区滨河集中式饮用水水源地二级保护区
4	左岸	HH120+122~HH127+017	开发利用区	6.28	完成河道治理河势稳定,甘州城区,有开发利用需求

续表 6-3

序号	岸别	起止位置	岸线功能区	长度/km	划分主要依据
5	左岸	HH127 + 017 ~ HH130 + 032(国道 312)	保护区	2.35	黑河中下游防风固沙生态保护红线(甘州区黑河省级森林公园)
6	左岸	HH130+032~HH135+463	控制利用区	5.72	河道尚未治理,基本农田
7	左岸	HH135 + 463 ~ HH135 + 753(兰新铁路桥)	控制利用区	0.32	重要涉河建筑物,兰新铁路
8	左岸	HH135+753~HH137+276	保护区	1.46	黑河中下游防风固沙生态保护红线(甘肃张掖黑河湿地国家级自然保护区一般控制区)
9	左岸	HH137+276~HH138+841	保留区	1.15	基本农田,规划治理河段
10	左岸	HH138 + 841 ~ HH139 + 981(官寨公路大桥)	保护区	1.11	黑河中下游防风固沙生态保护红线(甘肃张掖黑河湿地国家级自然保护区一般控制区)
11	左岸	HH139+981~HH140+714	保留区	0.96	基本农田,规划治理河段
12	左岸	HH140+714~HH143+607	保护区	2.60	黑河中下游防风固沙生态保护红线(甘肃张掖黑河湿地国家级自然保护区一般控制区)
13	左岸	HH143+607~HH146+535	控制利用区	2.93	基本农田,规划治理河段
14	左岸	HH146 + 535 ~ HH156 + 136(甘临界)	保护区	9.43	黑河中下游防风固沙生态保护红线(甘肃张掖黑河湿地国家级自然保护区一般控制区)
15	右岸	HH91 + 799(肃甘界) ~ HH104+ 491(草滩庄水利枢纽)	控制利用区	12.69	省级水土流失重点预防区,有采砂活动,开发利用程度低
16	右岸	HH104 + 491 ~ HH116 + 549(省道 213)	控制利用区	11.47	省级水土流失重点治理区,有采砂活动,规划治理段,有开发利用需求

续表 6-3

序号	岸别	起止位置	岸线功能区	长度/km	划分主要依据
17	右岸	HH116 + 549 ~ HH120 + 134(连霍高速桥)	控制利用区	3.04	甘州区滨河集中式饮用水水源地二级保护区
18	右岸	HH120 + 134 ~ HH130 + 034(国道 312)	开发利用区	9.05	完成河道治理河势稳定,甘州城区,有开发利用需求
19	右岸	HH130+034~HH135+288	保护区	4.93	黑河中下游防风固沙生态保护红线(甘肃张掖黑河湿地国家级自然保护区一般控制区)
20	右岸	HH135+288~HH135+791	控制利用区	0.41	重要涉河建筑物,兰新铁路桥
21	右岸	HH135+791~HH138+680	保护区	3.18	黑河中下游防风固沙生态保护红线(甘肃张掖黑河湿地国家级自然保护区一般控制区)
22	右岸	HH138 + 680 ~ HH139 + 875(官寨公路大桥)	控制利用区	1.12	基本农田,规划治理河段
23	右岸	HH139+875~HH147+980	保护区	7.98	黑河中下游防风固沙生态保护红线(甘肃张掖黑河湿地国家级自然保护区一般控制区)
24	右岸	HH147+980~HH149+108	控制利用区	1.28	基本农田,规划治理河段
25	右岸	HH149 + 108 ~ HH149 + 359(甘临界)	保护区	0.25	黑河中下游防风固沙生态保护红线(甘肃张掖黑河湿地国家级自然保护区一般控制区)

6.4.3 临泽县

黑河临泽段规划河长 52.87 km,临水边界线共计 109.19 km,外缘边界线共计 107.95 km,涉及临泽县板桥镇、平川镇、蓼泉镇、鸭暖镇,地处张掖黑河湿地国家级自然保护区。临泽县段河段示意图如图 6-11 所示。

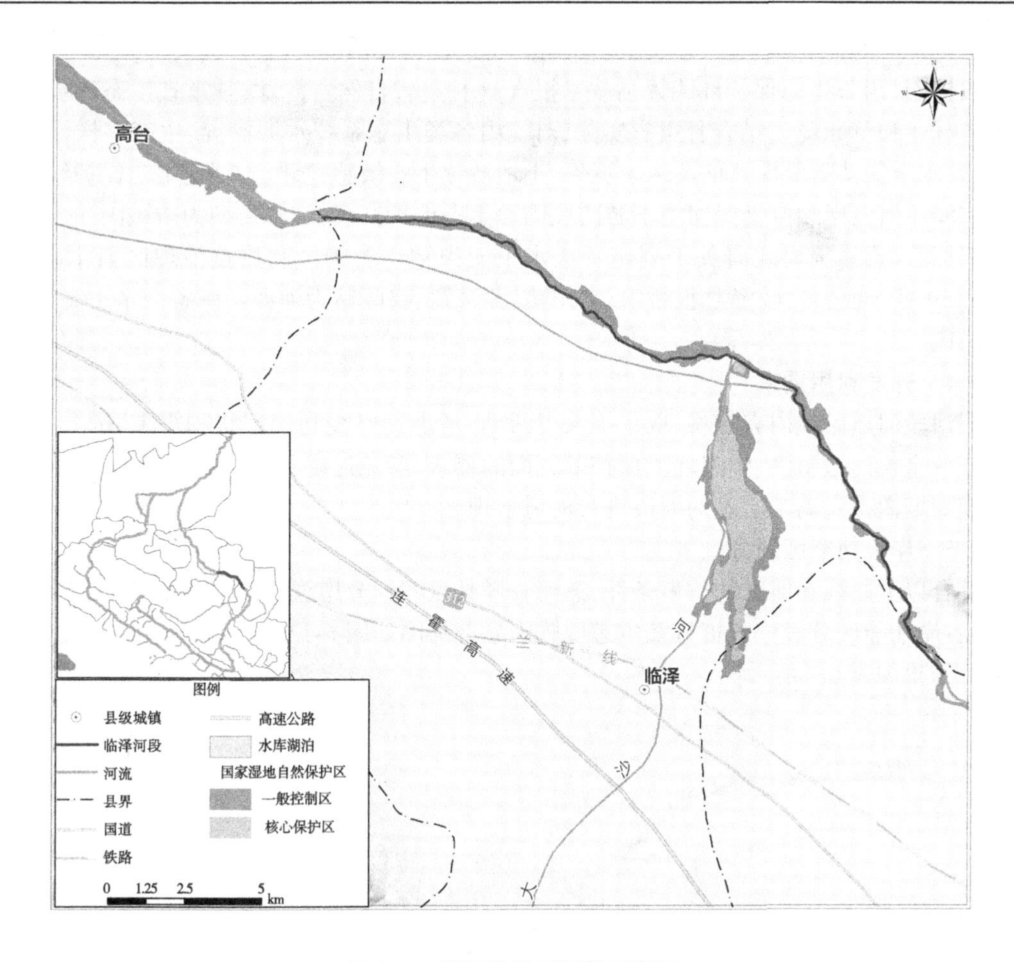

图 6-11　黑河临泽县河段示意图

6.4.3.1　河势稳定性

黑河临泽段河床处于冲洪积平原之上，河心滩发育，且灌木丛林密集。两岸均为一级阶地，阶地上有耕地分布，加之两岸植物护岸措施较多，主流相对稳定。该段河道现状已完成部分河道治理工程，河段建有不连续堤防，河势相对稳定。根据《黑河临泽县友好村至柔远渠口段防洪治理工程初步设计》（临水建字〔2021〕13 号），规划期内黑河平川段、友好村至柔远渠口段进行河道治理，规划新建堤防和生态护岸工程，治理后河道河势将趋于稳定。

6.4.3.2　水功能区划

根据甘肃省人民政府批复的《甘肃省地表水功能区划（2012—2030 年）》（2013 年 1 月），黑河高崖水文站至正义峡河段涉及 1 个一级水功能区，为黑河青甘开发利用区；涉及 1 个二级水功能区，为黑河临泽、高台、金塔工业农业用水区，水质目标为Ⅲ级。

6.4.3.3　生态敏感因素

黑河干流临泽县河段位于张掖黑河国家级自然保护区，其主要功能是在保护区的统一管理下，进行科学实验和监测活动，恢复已退化的湿地生态系统。在维持生态平衡和环境容量允许的前提下,可适度开展生态旅游和生产经营性活动。

根据《甘肃省生态保护红线评估技术报告》(甘肃省自然资源厅、甘肃省生态环境厅、甘肃省林业和草原局),结合甘肃省实际,对境内各类生态系统水源涵养、生态多样性、防风固沙、水土保持重要性评估及水土流失、土地沙化生态敏感性评估,划定生态保护红线。黑河临泽段河段岸线位于黑河中下游防风固沙生态保护红线,红线类型为防风固沙。

根据《甘肃省人民政府关于划定省级水土流失重点防御区和重点治理区》(甘政发〔2016〕59 号)的公告,临泽县板桥镇、平川镇、蓼泉镇、鸭暖镇为河西走廊省级水土流失重点预防区。

6.4.3.4 开发利用需求

该河段河道岸线内有农耕、取水等人类活动,考虑到岸线利用现状和需求,进一步开发要充分重视河道防洪、生态环境保护等方面的要求,避免过度开发利用等产生的不利影响。规划期内拟对尚未治理的河段进行河道治理。

6.4.3.5 岸线功能区划分

综合以上岸线功能区的约束条件,黑河临泽县段共划分岸线功能区 2 个,黑河临泽县段左、右岸功能区分段位置桩号及生态敏感因素叠加图如图 6-12、图 6-13 所示,岸线功能区划分结果如表 6-4 所示。

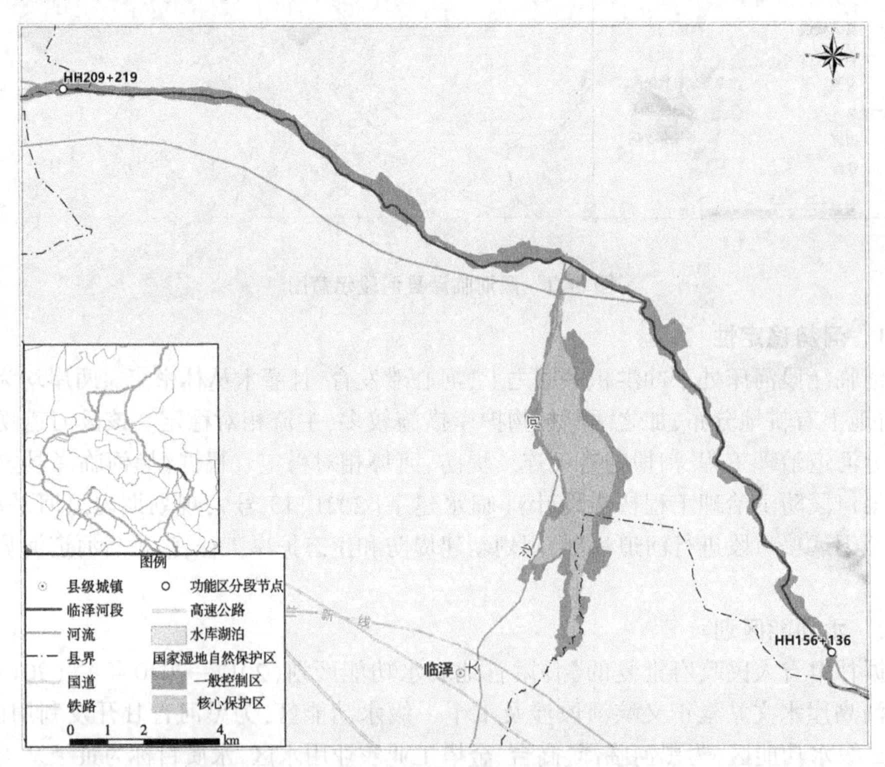

图 6-12 黑河临泽县段左岸功能区分段位置桩号及生态敏感因素叠加图

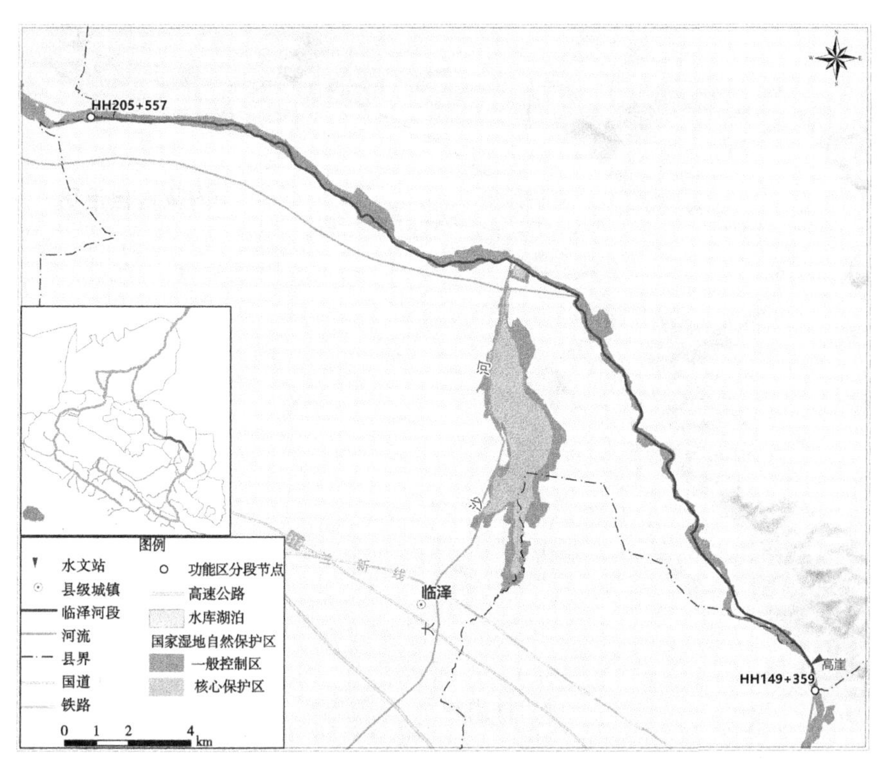

图 6-13　黑河临泽县段右岸功能区分段位置桩号及生态敏感因素叠加图

表 6-4　黑河临泽县段岸线功能区划分成果

序号	岸别	起止位置	岸线功能区	长度/km	划分主要依据
1	左岸	HH156+136(甘临界)～HH209+219(临高界)	保护区	52.56	黑河中下游防风固沙生态保护红线(甘肃张掖黑河湿地国家级自然保护区一般控制区)
13	右岸	HH149+359(甘临界)～HH205+557(临高界)	保护区	55.39	黑河中下游防风固沙生态保护红线(甘肃张掖黑河湿地国家级自然保护区一般控制区)

6.4.4　高台县

黑河高台县段规划河长 91.48 km,临水边界线共计 184.46 km,外缘边界线共计 185.78 km,涉及高台县城关镇、宣化镇、合黎镇、罗城镇、黑泉镇、巷道镇,均属于河西走廊省级水土流失重点预防区,地处甘肃张掖黑河湿地国家级自然保护区。高台段河段示意图如图 6-14 所示。

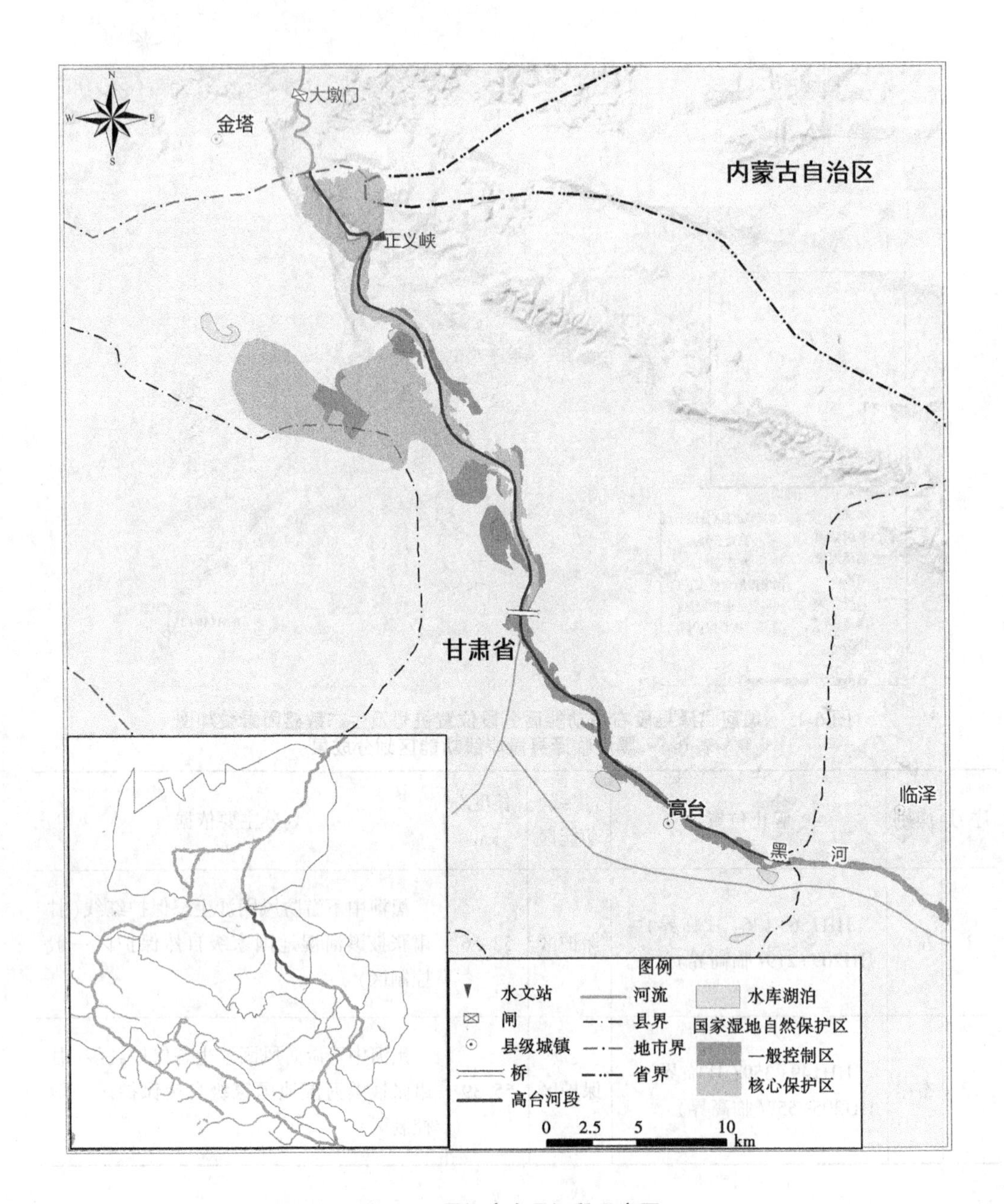

图 6-14　黑河高台县河段示意图

6.4.4.1　河势稳定性

黑河高台段河道河道呈 S 形，主流摆动不定，属游荡型河道，两岸为一级阶地，略高出河岸，阶面平坦开阔，大部分已垦为耕地。该段河道现状已完成河道治理工程，河段建有不连续堤防，河势相对稳定。

6.4.4.2 水功能区划

1. 临高界—赵家沟渠

根据甘肃省人民政府批复的《甘肃省地表水功能区划(2012—2030 年)》(2013 年 1 月),黑河高崖水文站至正义峡河段涉及 1 个一级水功能区,为黑河青甘开发利用区;涉及 1 个二级水功能区,为黑河临泽、高台、金塔工业农业用水区,水质目标为Ⅲ级。

2. 赵家沟渠—高金界

该段河流位于地表水一级水功能区——黑河甘肃生态保护区,水质目标为Ⅲ类,其主要目的是对自然区的水域进行保护,需严格控制开发利用,禁止一切导致水质降低的人为破坏活动。

6.4.4.3 生态敏感因素

该河段位于张掖黑河国家级自然保护区的实验区,其主要功能是在保护区的统一管理下,进行科学实验和监测活动,恢复已退化的湿地生态系统。在维持生态平衡和环境容量允许的前提下,可适度开展生态旅游和生产经营性活动。

鸭暖镇小鸭村至赵家沟渠段位于张掖黑河国家级自然保护区的缓冲区,是连接核心区和实验区的过渡地带,需要防止和减少人类、灾害性因子等外界干扰因素对核心区的破坏,禁止一切生产或经营性的开发利用活动。其中,黑泉黑河大桥至赵家沟渠河道位于张掖黑河国家级自然保护区的核心区,区域人为干扰小,生物多样性十分丰富,集中体现了黑河湿地生态系统的自然性、代表性和典型性,是保护区的精华所在,应实施全封闭的保护。

根据《甘肃省生态保护红线评估技术报告》(甘肃省自然资源厅、甘肃省生态环境厅、甘肃省林业和草原局),结合甘肃省实际,对境内各类生态系统水源涵养、生态多样性、防风固沙、水土保持重要性评估及水土流失、土地沙化生态敏感性评估,划定生态保护红线。黑河高台段部分河段岸线位于黑河中下游防风固沙生态保护红线,红线类型为防风固沙。

根据《甘肃省人民政府关于划定省级水土流失重点防御区和重点治理区》(甘政发〔2016〕59 号)的公告,高台县罗城镇属于河西走廊省级水土流失重点预防区,需要控制开发利用。

6.4.4.4 开发利用需求

黑河高台段岸线内有农耕、取水等人类活动,有多座交通桥,多个取水口,考虑到岸线利用现状和需求,进一步开发要充分重视河道防洪、生态环境保护等方面要求,避免过度开发利用等产生的不利影响。现状河道以灌溉、生活用水等综合开发利用为主。黑河高台赵家沟渠—高金界该河段内基本无居民住宅等建筑物,水域岸线开发利用程度低。

6.4.4.5 岸线功能区划分

综合以上岸线功能区的约束条件,黑河高台县段共划分岸线功能区 33 个,黑河高台段左、右岸功能区分段位置桩号及生态敏感因素叠加图如图 6-15、图 6-16 所示,岸线功能区划分结果如表 6-5 所示。

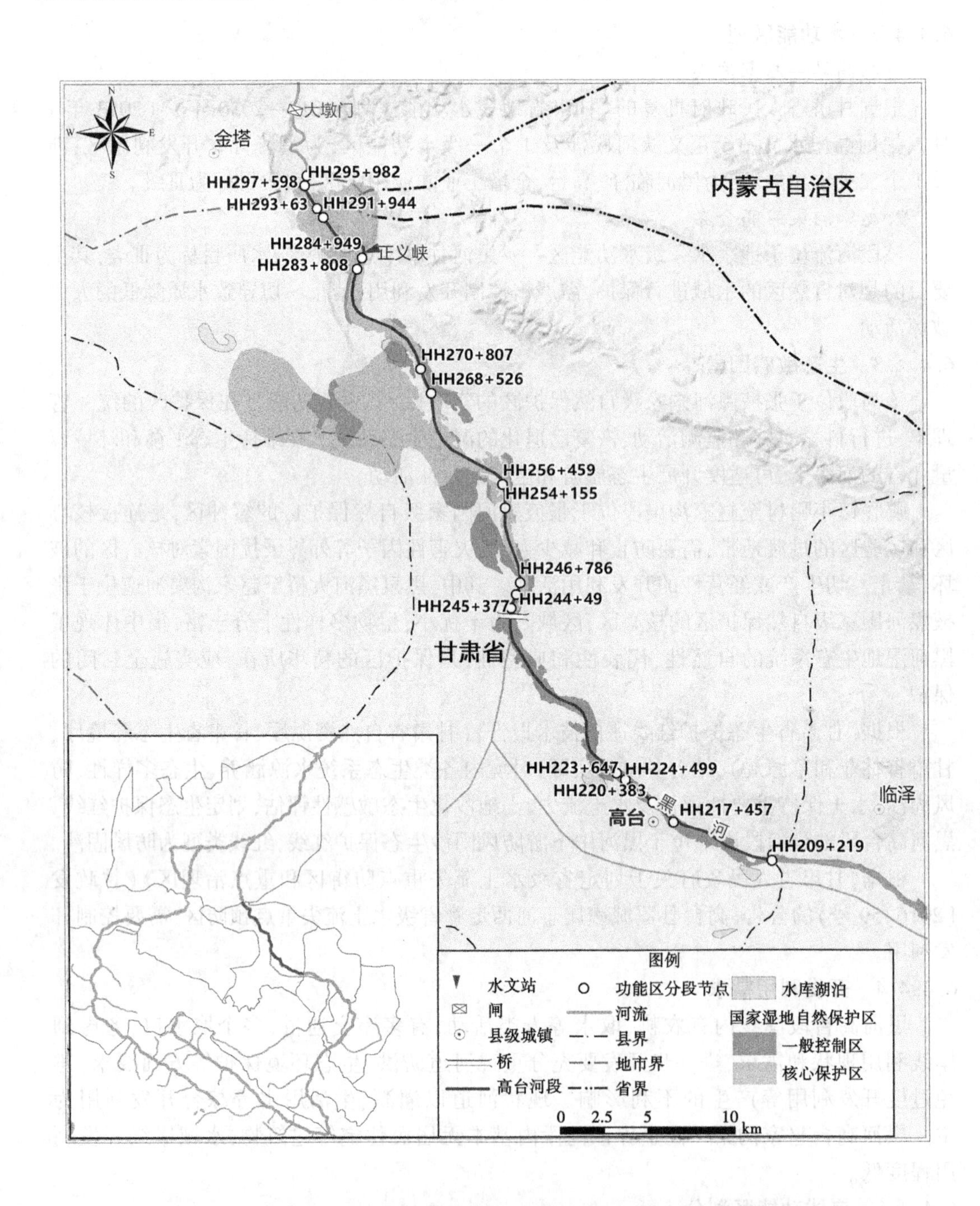

图 6-15 黑河高台段左岸功能区分段位置桩号及生态敏感因素叠加图

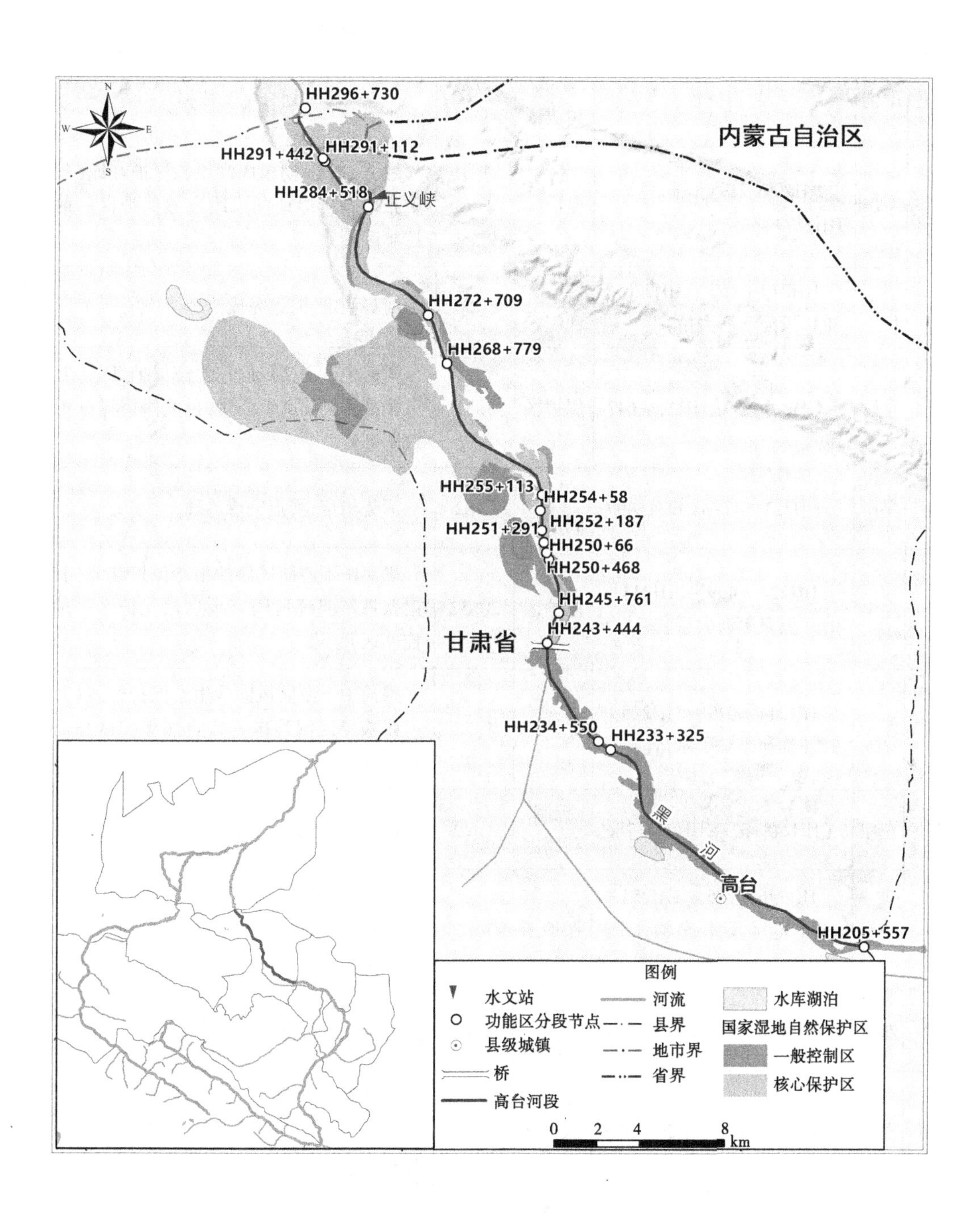

图 6-16　黑河高台段右岸功能区分段位置桩号及生态敏感因素叠加图

表 6-5　黑河高台段岸线功能区划分成果

序号	岸别	起止位置	岸线功能区	长度/km	划分主要依据
1	左岸	HH209+219(临高界)~HH217+457	保护区	8.76	黑河中下游防风固沙生态保护红线(甘肃张掖黑河湿地国家级自然保护区一般控制区)
2	左岸	HH217+457~HH220+383(黑河滨河大桥)	开发利用区	3.06	河势稳定,河道完成治理
3	左岸	HH220+383~HH223+647	保护区	3.31	黑河中下游防风固沙生态保护红线(甘肃张掖黑河湿地国家级自然保护区一般控制区)
4	左岸	HH223+647~HH224+499	开发利用区	0.82	河势稳定,河道完成治理
5	左岸	HH224+499~HH244+049(黑泉黑河大桥)	保护区	20.52	黑河中下游防风固沙生态保护红线(甘肃张掖黑河湿地国家级自然保护区一般控制区)
6	左岸	HH244+049~HH245+377(临河干渠引水口门)	保护区	1.28	黑河中下游防风固沙生态保护红线(甘肃张掖黑河湿地国家级自然保护区核心控制区)
7	左岸	HH245+377~HH246+786	控制利用区	1.29	河道治理完成
8	左岸	HH246+786~HH254+155(马尾湖水库输水渡槽)	保护区	7.65	黑河中下游防风固沙生态保护红线(甘肃张掖黑河湿地国家级自然保护区核心控制区)
9	左岸	HH254+155~HH256+459	控制利用区	2.23	河道治理完成,岸线基本稳定
10	左岸	HH256+459~HH268+526	保护区	12.62	黑河中下游防风固沙生态保护红线(甘肃张掖黑河湿地国家级自然保护区核心控制区)
11	左岸	HH268+526~HH270+807	控制利用区	2.42	河道治理完成,岸线基本稳定
12	左岸	HH270+807~HH283+808	保护区	14.23	黑河中下游防风固沙生态保护红线(甘肃张掖黑河湿地国家级自然保护区核心控制区)

续表 6-5

序号	岸别	起止位置	岸线功能区	长度/km	划分主要依据
13	左岸	HH283+808~HH284+949	保护区	1.19	黑河中下游防风固沙生态保护红线(甘肃张掖黑河湿地国家级自然保护区一般控制区)
14	左岸	HH284+949~HH291+944	保护区	7.11	黑河中下游防风固沙生态保护红线(甘肃张掖黑河湿地国家级自然保护区核心控制区)
15	左岸	HH291+944~HH293+63	控制利用区	1.10	河道治理完成,岸线基本稳定
16	左岸	HH293+63~HH295+982	保护区	2.98	黑河中下游防风固沙生态保护红线(甘肃张掖黑河湿地国家级自然保护区核心控制区)
17	左岸	HH295+982~HH297+598(高金界)	控制利用区	1.65	河道河势稳定,开发利用程度低
18	右岸	HH205+557(临高界)~HH233+325	保护区	28.91	黑河中下游防风固沙生态保护红线(甘肃张掖黑河湿地国家级自然保护区一般控制区)
19	右岸	HH233+325~HH234+550	控制利用区	1.23	基本农田
20	右岸	HH234+550~HH243+444(黑泉黑河大桥)	保护区	8.56	黑河中下游防风固沙生态保护红线(甘肃张掖黑河湿地国家级自然保护区一般控制区)
21	右岸	HH243+444~HH245+761	保护区	2.33	黑河中下游防风固沙生态保护红线(甘肃张掖黑河湿地国家级自然保护区核心控制区)
22	右岸	HH245+761~HH250+066	保护区	4.51	黑河中下游防风固沙生态保护红线(甘肃张掖黑河湿地国家级自然保护区一般控制区)
23	右岸	HH250+066~HH250+468(红山干渠引水口门)	控制利用区	0.39	河道治理完成,岸线基本稳定

续表 6-5

序号	岸别	起止位置	岸线功能区	长度/km	划分主要依据
24	右岸	HH250+468~HH251+291	保护区	0.76	黑河中下游防风固沙生态保护红线(甘肃张掖黑河湿地国家级自然保护区核心控制区)
25	右岸	HH251+291~HH252+187	控制利用区	0.88	河道治理完成,岸线基本稳定
26	右岸	HH252+187~HH254+058	保护区	1.60	黑河中下游防风固沙生态保护红线(甘肃张掖黑河湿地国家级自然保护区核心控制区)
27	右岸	HH254+058~HH255+113	控制利用区	1.13	河道治理完成,岸线基本稳定
28	右岸	HH255+113~HH268+779	保护区	14.67	黑河中下游防风固沙生态保护红线(甘肃张掖黑河湿地国家级自然保护区核心控制区)
29	右岸	HH268+779~HH272+709	保护区	4.22	黑河中下游防风固沙生态保护红线(甘肃张掖黑河湿地国家级自然保护区一般控制区)
30	右岸	HH272+709~HH284+518	保护区	11.87	黑河中下游防风固沙生态保护红线(甘肃张掖黑河湿地国家级自然保护区核心控制区)
31	右岸	HH284+518~HH291+112	控制利用区	6.90	河道河势稳定,开发利用程度低
32	右岸	HH291+112~HH291+442	保护区	0.31	黑河中下游防风固沙生态保护红线(甘肃张掖黑河湿地国家级自然保护区一般控制区)
33	右岸	HH291+442~HH296+730(高金界)	控制利用区	5.31	河道河势稳定,开发利用程度低

6.4.5　金塔县

黑河金塔县规划河长 156.19 km,临水边界线共计 321.22 km,外缘边界线共计 325.81 km,涉及金塔县鼎新镇、航天镇,属于河西走廊省级水土流失重点预防区。黑河金塔县段河段示意图如图 6-17 所示。

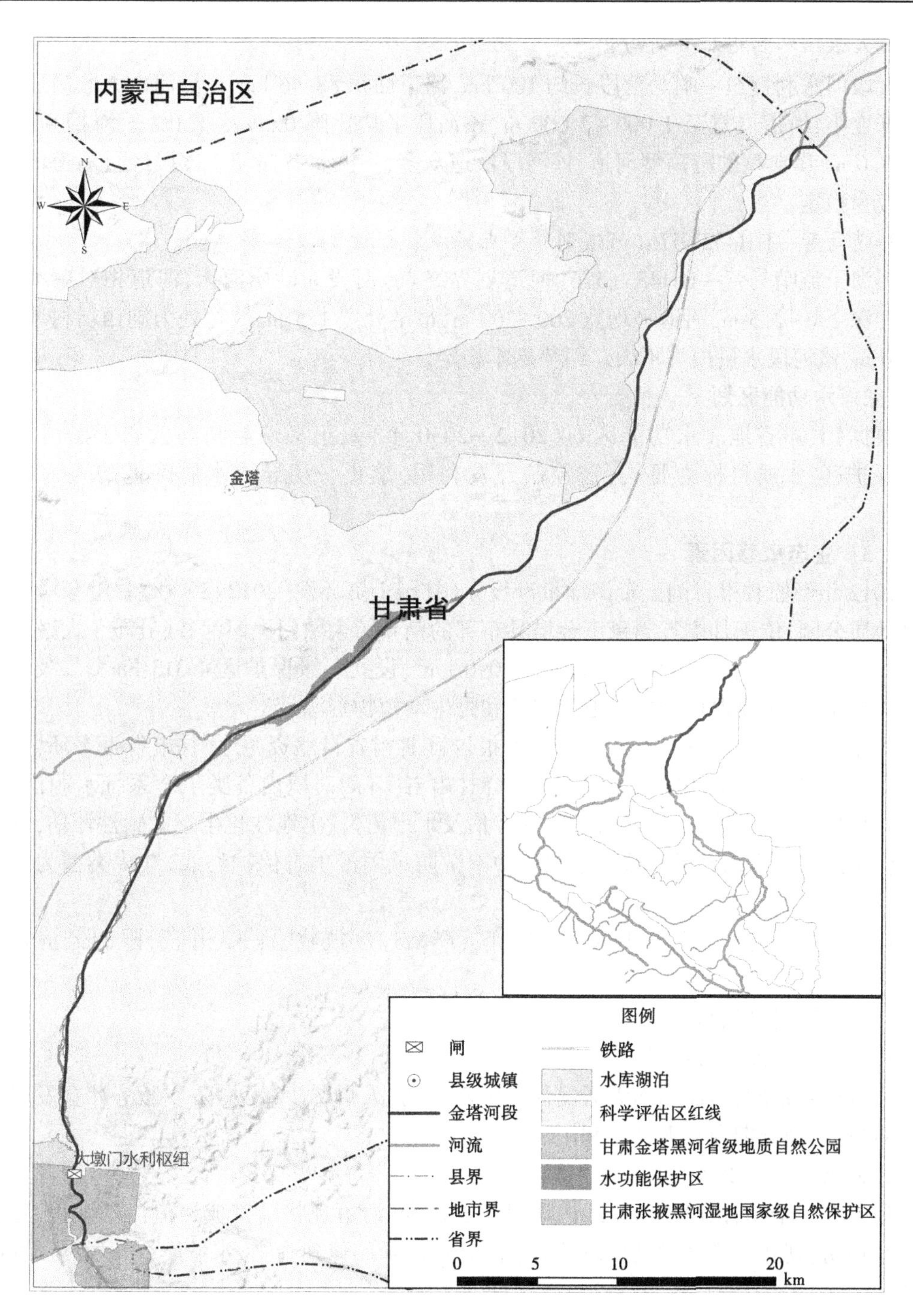

图6-17　黑河金塔县河段示意图

6.4.5.1　河势稳定性

1. 高金界—大墩门水利枢纽

该河段为切割基岩的河床，河宽约100 m，河床比降较陡，平均为2.56‰，该河段基本不产流，河势比较稳定。

2. 大墩门水利枢纽—哨马营

大墩门水利枢纽—哨马营段长约 100 km,河道面积 88.46 km^2。黑河出大墩门后,河床比降变小,河道展宽至 1 000~2 000 m,该河段平均比降 0.5‰~1.0‰。滩槽高差为 0.3~3.0 m,属典型的游荡型河道,该河段汊道众多,主流左右摆动。该段经过河道治理,河势较为稳定。

3. 哨马营—HH453+576(河道划界终点)

黑河干流哨马营—HH453+576(河道划界终点)河段为砂质河床,河道相对束窄,河床下切深 2.0~2.5 m,河道平均宽 200~300 m,最窄处宽 125 m,较宽处为湖西新村段,河宽 500 m,该河段水量损失不大。河势基本稳定。

6.4.5.2　水功能区划

根据《甘肃省地表水功能区划(2012—2030 年)》,正义峡至哨马营属于黑河甘肃生态保护区,水质目标为Ⅲ类,需控制开发利用,禁止一切导致水质降低的人为破坏活动。

6.4.5.3　生态敏感因素

2012 年经原甘肃省国土资源厅批准设立(甘国土资环发〔2012〕29 号)甘肃金塔黑河省级地质公园,位于甘肃省酒泉市金塔县东部的鼎新镇大墩门黑河河谷,分布于大墩门水利枢纽约 8 km 范围内。规划总面积为 9 090 hm^2,设立一级保护区 4 313 hm^2,二级保护区 4 425 hm^2。主要保护对象为地质遗迹和野生动植物资源。

根据《甘肃省生态保护红线评估技术报告》(甘肃省自然资源厅、甘肃省生态环境厅、甘肃省林业和草原局,2020 年 11 月),结合甘肃省实际,对境内各类生态系统水源涵养、生态多样性、防风固沙、水土保持重要性评估及水土流失、土地沙化生态敏感性评估,划定生态保护红线。黑河金塔县段位于黑河中下游防风固沙生态保护红线,红线类型为防风固沙。

该段位于黑河中下游防风固沙重要区,严禁过度放牧、樵采、开荒,限制经济开发活动。

6.4.5.4　开发利用需求

1. 高金界—大墩门水利枢纽

通过现场踏勘,本段基本无居民住宅等建筑物,人烟稀少,无堤防。经济社会发展水平相对较低,规划期内暂无开发利用需求。

2. 大墩门水利枢纽—哨马营

通过现场踏勘,该段河道岸线内居民建筑物少,河道现状已完成河道治理工程,建有不连续堤防,现状河道开发利用以灌溉、旅游开发、道路修建为主,水域岸线开发利用程度中等。

3. 哨马营—HH453+576(河道划界终点)

本段河道岸线内基本无居民住宅等建筑物,人烟稀少,无堤防。现状河道开发利用以灌溉用水为主,经济社会发展水平相对较低。

6.4.5.5　岸线功能区划分

综合以上岸线功能区的约束条件,黑河金塔县段共划分岸线功能区 18 个,黑河金塔段左、右岸功能区分段位置桩号及生态敏感因素叠加图如图6-18、图6-19所示，岸线功能区划分结果如表6-6所示。

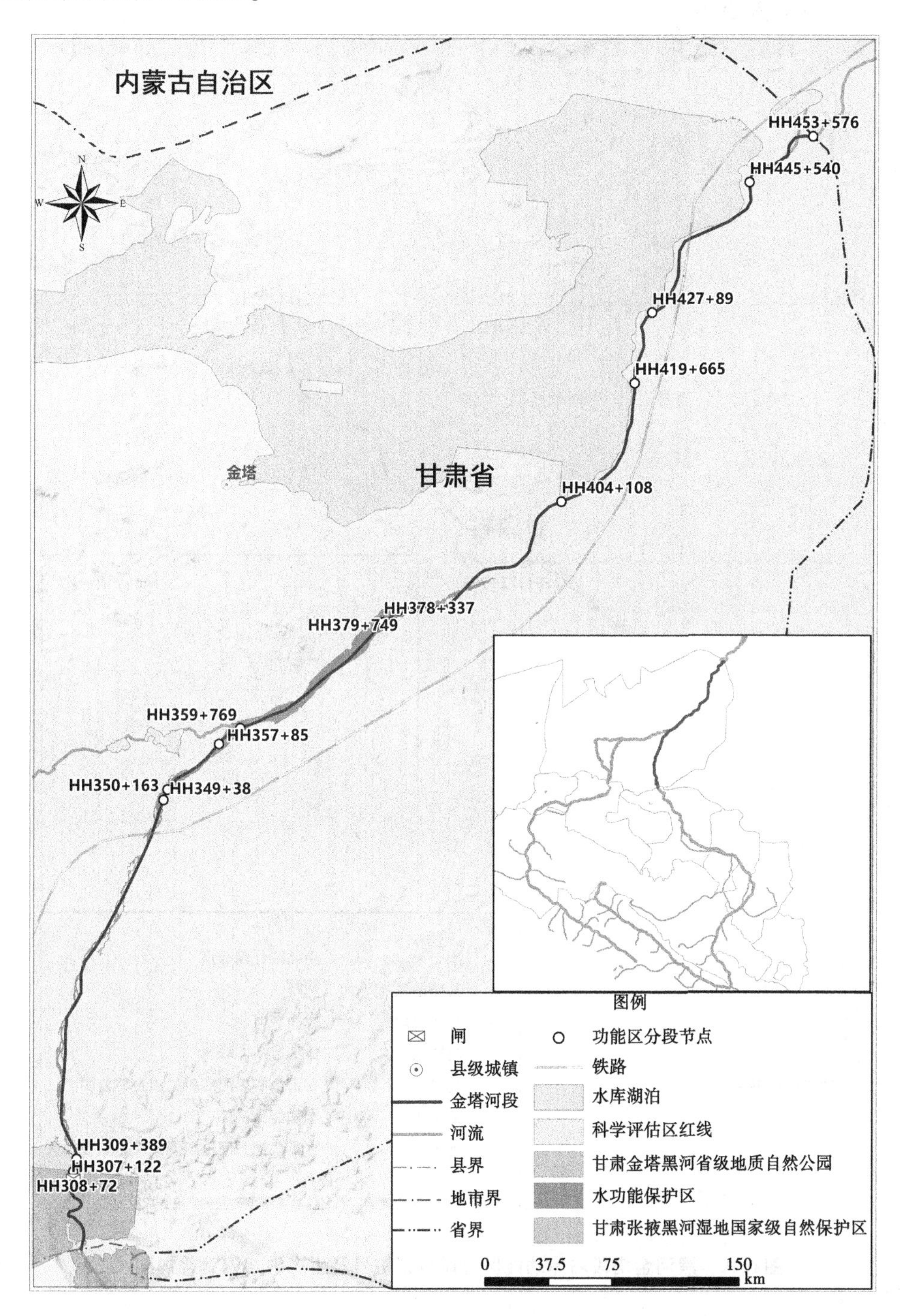

图6-18　黑河金塔段左岸功能区分段位置桩号及生态敏感因素叠加图

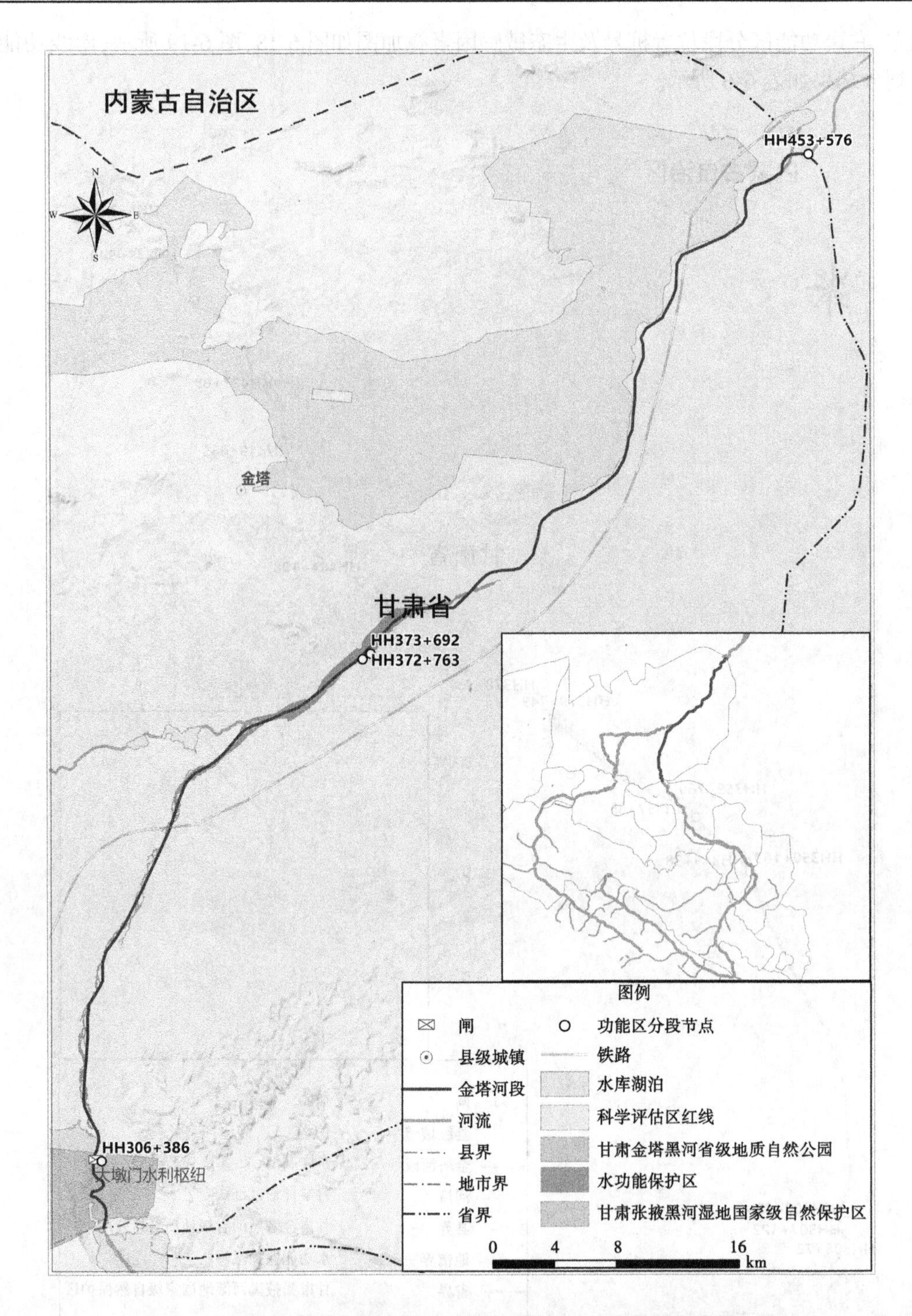

图 6-19　黑河金塔段右岸功能区分段位置桩号及生态敏感因素叠加图

表 6-6　黑河金塔段岸线功能区划分成果

序号	岸别	起止位置	岸线功能区	长度/km	划分主要依据
1	左岸	HH297+598(高金界)~HH307+122(大墩门水利枢纽)	保护区	8.98	黑河中下游防风固沙生态保护红线(甘肃金塔省级地质自然公园)
2	左岸	HH307+122~HH308+072	控制利用区	1.12	开发利用程度低
3	左岸	HH308+072~HH309+389	保护区	1.30	黑河中下游防风固沙生态保护红线(科学评估区红线)
4	左岸	HH309+389~HH349+038	控制利用区	43.72	开发利用程度低
5	左岸	HH349+038~HH350+163	保护区	1.33	黑河中下游防风固沙生态保护红线(水功能保护区)
6	左岸	HH350+163~HH357+085	控制利用区	7.53	河道治理完成,开发利用程度低
7	左岸	HH357+085~HH359+769	保护区	2.98	黑河中下游防风固沙生态保护红线(水功能保护区)
8	左岸	HH359+769~HH378+337	控制利用区	18.47	河道治理完成,开发利用程度低
9	左岸	HH378+337~HH379+749	保护区	1.52	黑河中下游防风固沙生态保护红线(水功能保护区)
10	左岸	HH379+749~HH404+108	保留区	24.03	生态环境脆弱,生态预留岸段
11	左岸	HH404+108~HH419+665	保护区	15.73	黑河中下游防风固沙生态保护红线(水功能保护区)
12	左岸	HH419+665~HH427+089	保留区	9.48	生态环境脆弱,生态预留岸段,暂无开发利用需求
13	左岸	HH427+089~HH445+540	保护区	20.08	黑河中下游防风固沙生态保护红线(甘肃金塔省级地质自然公园)
14	左岸	HH445+540~HH453+576(河道划界终点)	保留区	9.52	生态环境脆弱,生态预留岸段,暂无开发利用需求
15	右岸	HH296+730(高金界)~HH306+386	保护区	8.32	黑河中下游防风固沙生态保护红线(甘肃金塔省级地质自然公园)

续表 6-6

序号	岸别	起止位置	岸线功能区	长度/km	划分主要依据
16	右岸	HH306+386~HH372+763	控制利用区	66.91	河道治理完成,开发利用程度低
17	右岸	HH372+763~HH373+692	保护区	1.01	黑河中下游防风固沙生态保护红线(水功能保护区)
18	右岸	HH373+692~HH453+576(河道划界终点)	控制利用区	83.80	河道治理完成,开发利用程度低

6.4.6 功能区划分汇总

根据规划范围功能区划分情况,共划分功能区 83 个,岸线功能分区规划成果如表 6-7~表 6-9 所示,黑河岸线保护与利用功能区划分成果如附表 4 所示。

表 6-7 黑河岸线功能区划分县市统计

单位:个

行政区划		岸线保护区	岸线保留区	岸线控制利用区	岸线开发利用区	小计
张掖市	肃南县	2	3			5
	甘州区	9	2	12	2	25
	临泽县	2				2
	高台县	20		11	2	33
酒泉市	金塔县	9	3	6		18
合计		42	8	29	4	83

表 6-8 岸线功能区划分规划成果统计

行政区划		岸别	序号	岸线功能区	起止位置	长度/km
张掖市	肃南县	左岸	1	保护区	HH1+595~HH86+962	91.90
		右岸	2		HH32+982(便桥)~HH85+884	57.21
		左岸	3	保留区	甘青界~HH1+595(黄藏寺坝址)	24.96
		左岸	4		HH86+962~HH92+739(肃甘界)	6.60
		右岸	5		HH85+884~HH91+799(肃甘界)	6.26

续表 6-8

行政区划		岸别	序号	岸线功能区	起止位置	长度/km
张掖市	甘州区	左岸	1	保护区	HH127+017~HH130+032(国道 312)	2.35
		左岸	2		HH135+753~HH137+276	1.46
		左岸	3		HH138+841~HH139+981(官寨公路大桥)	1.11
		左岸	4		HH140+714~HH143+607	2.60
		左岸	5		HH146+535~HH156+136(甘临界)	9.43
		右岸	6		HH130+034~HH135+288	4.93
		右岸	7		HH135+791~HH138+680	3.18
		右岸	8		HH139+875~HH147+980	7.98
		右岸	9		HH149+108~HH149+359(甘临界)	0.25
		左岸	10	保留区	HH137+276~HH138+841	1.15
		左岸	11		HH139+981~HH140+714	0.96
		左岸	12	控制利用区	HH92+739(肃甘界)~HH104+491(草滩庄水利枢纽)	11.59
		左岸	13		HH104+491~HH116+549(省道 213)	11.61
		左岸	14		HH116+549~HH120+122(连霍高速桥)	3.17
		左岸	15		HH130+032~HH135+463	5.72
		左岸	16		HH135+463~HH135+753(兰新铁路桥)	0.32
		左岸	17		HH143+607~HH146+535	2.93
		右岸	18		HH91+799(肃甘界)~HH104+491(草滩庄水利枢纽)	12.69
		右岸	19		HH104+491~HH116+549(省道 213)	11.47
		右岸	20		HH116+549~HH120+134(连霍高速桥)	3.04
		右岸	21		HH135+288~HH135+791	0.41
		右岸	22		HH138+680~HH139+875(官寨公路大桥)	1.12
		右岸	23		HH147+980~HH149+108	1.28
		左岸	24	开发利用区	HH120+122~HH127+017	6.28
		右岸	25		HH120+134~HH130+034(国道 312)	9.05
	临泽县	左岸	1	保护区	HH159+214(甘临界)~HH209+219	52.56
		右岸	2		HH149+359(甘临界)~HH205+557	55.39

续表 6-8

行政区划		岸别	序号	岸线功能区	起止位置	长度/km
张掖市	高台县	左岸	1	保护区	HH209+219(临高界)~HH217+457	8.76
		左岸	2		HH220+383~HH223+647	3.31
		左岸	3		HH224+499~HH244+049(黑泉黑河大桥)	20.52
		左岸	4		HH244+049~HH245+377(临河干渠引水口门)	1.28
		左岸	5		HH246+786~HH254+155(马尾湖水库输水渡槽)	7.65
		左岸	6		HH256+459~HH268+526	12.62
		左岸	7		HH270+807~HH283+808	14.23
		左岸	8		HH283+808~HH284+949	1.19
		左岸	9		HH284+949~HH291+944	7.11
		左岸	10		HH293+63~HH295+982	2.98
		右岸	11		HH205+557(临高界)~HH233+325	28.91
		右岸	12		HH234+550~HH243+444(黑泉黑河大桥)	8.56
		右岸	13		HH243+444~HH245+761	2.33
		右岸	14		HH245+761~HH250+066	4.51
		右岸	15		HH250+468~HH251+291	0.76
		右岸	16		HH252+187~HH254+058	1.60
		右岸	17		HH255+113~HH268+779	14.67
		右岸	18		HH268+779~HH272+709	4.22
		右岸	19		HH272+709~HH284+518	11.87
		右岸	20		HH291+112~HH291+442	0.31
		左岸	21	控制利用区	HH245+377~HH246+786	1.29
		左岸	22		HH254+155~HH256+459	2.23
		左岸	23		HH268+526~HH270+807	2.42
		左岸	24		HH291+944~HH293+63	1.10
		左岸	25		HH295+982~HH297+598(高金界)	1.65
		右岸	26		HH233+325~HH234+550	1.23
		右岸	27		HH250+066~HH250+468(红山干渠引水口门)	0.39
		右岸	28		HH251+291~HH252+187	0.88
		右岸	29		HH254+058~HH255+113	1.13
		右岸	30		HH284+518~HH291+112	6.90
		右岸	31		HH291+442~HH296+730(高金界)	5.32

续表 6-8

行政区划		岸别	序号	岸线功能区	起止位置	长度/km
张掖市	高台县	左岸	32	开发利用区	HH217+457~HH220+383(黑河滨河大桥)	3.06
		左岸	33		HH223+647~HH224+499	0.82
酒泉市	金塔县	左岸	1	保护区	HH297+598(高金界)~HH307+122(大墩门水利枢纽)	8.98
		左岸	2		HH308+072~HH309+389	1.30
		左岸	3		HH349+038~HH350+163	1.33
		左岸	4		HH357+085~HH359+769	2.98
		左岸	5		HH378+337~HH379+749	1.52
		左岸	6		HH404+108~HH419+665	15.73
		左岸	7		HH427+089~HH445+540	20.08
		右岸	8		HH296+730(高金界)~HH306+386	8.32
		右岸	9		HH372+763~HH373+692	1.01
		左岸	10	保留区	HH379+749~HH404+108	24.03
		左岸	11		HH419+665~HH427+089	9.48
		左岸	12		HH445+540~HH453+576(河道划界终点)	9.52
		左岸	13	控制利用区	HH307+122~HH308+072	1.12
		左岸	14		HH309+389~HH349+038	43.72
		左岸	15		HH350+163~HH357+085	7.53
		左岸	16		HH359+769~HH378+337	18.47
		右岸	17		HH306+386~HH372+763	66.91
		右岸	18		HH373+692~HH453+576(河道划界终点)	83.80

表 6-9　岸线功能区划分规划成果汇总

序号	县市区	岸线功能区		岸线保护区			岸线保留区			岸线控制利用区			岸线开发利用区		
		个数	长度/km	个数	长度/km	占比/%	个数	长度/km	占比/%	个数	长度/km	占比/%	个数	长度/km	占比
1	肃南县	5	186.93	2	149.11	79.77	3	37.82	20.23						
2	甘州区	25	116.08	9	33.29	28.68	2	2.11	1.82	12	65.35	56.30	2	15.33	13.21
3	临泽县	2	107.95	2	107.95	100									
4	高台县	33	185.81	20	157.39	84.70				11	24.54	13.21	2	3.88	2.09
5	金塔县	18	325.83	9	61.25	18.80	3	43.03	13.21	6	221.55	68.00			
6	合计	83	922.60	42	508.99	55.17	8	82.96	8.99	29	311.44	33.76	4	19.21	2.08

第 7 章　黑河岸线保护与管控研究

7.1　岸线功能区管控要求

本次划分功能区时,因岸线的部分区域处于生态敏感区范围而划为岸线保护区或保留区,导致整个岸线范围内不能进行开发利用。后期若需在保护区或保留区内进行开发和利用,应详细地分析论证,以便对岸线功能区进行精确有效的分级管控。在岸线功能区内进行岸线利用活动,除了要遵照《中华人民共和国防洪法》《中华人民共和国河道管理条例》《中华人民共和国水法》等国家和地方的法律法规,还要按照各河段的自然特点和河道特性厘清开发和保护的关系。

7.1.1　岸线功能区的几种关系

7.1.1.1　规划岸线和防洪工程的关系

《中华人民共和国防洪法》第二十二条规定:河道、湖泊管理范围内的土地和岸线利用,应当符合行洪、输水的要求,防洪是保障人民生命财产安全的公益行为,防洪工程建设和抗洪抢险经充分论证并严格按照法律法规要求履行相关审批程序后在岸线的 4 个功能区均不受限制。因此,应该进一步加强推进甘肃内陆河流域防洪工程建设,做好防洪工程建设规划工作,完善域防洪体系。

7.1.1.2　岸线区的农业利用问题

农民在滩区的生产活动,在不影响河道行洪的前提下,不受岸线功能区的限制,但不得种植大面积高秆作物、片林等阻水植物,且要与滩地利用与保护方案相协调,避开河道内规划的生态保护与恢复区、生态连接通道区,生态保护缓冲区内也要逐步减小耕作强度。

根据《自然资源部、农业农村部关于加强和改进永久基本农田保护工作的通知》(自然资规[2019]1 号),应妥善处理好生态退耕。对位于国家级自然保护地范围内禁止人为活动区域的永久基本农田,经自然资源部和农业农村部论证确定后应逐步退出,原则上在所在县域范围内补划,确实无法补划的,在所在市域范围内补划;非禁止人为活动的保护区域,结合国土空间规划统筹调整生态保护红线和永久基本农田控制线。不得擅自将永久基本农田和已实施坡改梯耕地纳入退耕范围。对不能实现水土保持的 25°以上的陡坡耕地,重要水源地 15°~25°的坡耕地、严重沙漠化和石漠化耕地、严重污染耕地、移民搬迁后确实无法耕种的耕地等,综合考虑粮食生产的实际种植情况,经国务院同意,结合生态退耕有序退出永久基本农田。根据生态退耕检查验收和土地变更调查结果,以实际退耕面积核减有关省份的耕地保有量和永久基本农田保护面积,在国土空间规划编制时予以调整。

根据《中华人民共和国土地管理法》,为了公共利益的需要,有下列情形之一:(一)确需征收农民集体所有的土地的,可以依法实施征收……(二)由政府组织实施的能源、交通、水利、通信、邮政等基础设施建设需要用地的;(三)由政府组织实施的科技、教育、文化、卫生、体育、生态环境和资源保护、防灾减灾、文物保护、社区综合服务、社会福利、市政公用、优抚安置、英烈保护等公共事业需要用地的……

7.1.1.3 非防洪工程与岸线的关系

河道内非防洪工程建设项目主要涉及桥梁、码头、缆线、管道、河道景观设施及其他各类建筑物等。由于大量的桥墩、承台等构造物布设在河道内,长期占用河道和堤防,形成壅水、阻水等情况,会造成河道防洪、泄洪能力不同程度地削减,防洪安全存在各种隐患。必须按照《中华人民共和国行政许可法》,由河道主管部门对工程建设项目的立项、审查、修改、审批(转报)、验收、运营等各个环节依照法定程序实施严格管理。

(1)对于拟建项目,主要从建设项目申报入手,按照相关法律法规所规定的程序对其报送的技术性资料进行审查,同时要求进行防洪影响评价,提出建设项目长期占用河道及影响防洪工程抗洪强度等诸多事项的补偿救助方案,明确建设方应履行的防洪义务并以协议的形式加以落实,以便事后操作。

(2)对一些没有经过河道主管机关同意擅自施工的建设项目,要坚决依法处理,责令其补办申报手续,领取施工许可证后再建设,当无法进行防洪补偿救助时必须依法清除,维护正常的河道管理秩序。

(3)对于在建项目,主要是建立专门的监督管理机构,抽调技术骨干,监督检查施工中是否有私自侵占河道滩地、破坏岸线资源的违章、违规行为。

7.1.1.4 河道岸线和河道采砂的关系

采砂区域多数位于河流两岸临水边界线之间的主行洪区。河道无序采砂造成河势紊乱,破坏岸线资源的完整性,破坏岸线稳定性,影响岸线资源的集约利用。同时,采砂导致的河势变化剧烈、河道堆砂碍洪等严重影响河道行洪安全。

7.1.1.5 规划岸线与民生项目的关系

根据国家级风景名胜区及湿地公园、森林公园管理要求而划定的岸线保护区,应按照保护区要求禁止建设与保护目标不一致的生产设施。若因国家经济社会发展需要必须建设的重要基础设施工程,在符合相关规划的前提下,应严格按照国家法律法规要求开展相应的环境影响评价及相关专项评价工作,并报保护区主管部门批准后方可建设。

岸线保留区在经深入分析论证对防洪安全、岸坡稳定、供水安全、水生态环境保护基本无影响的前提下,可建设重要基础设施和改善民生工程等。因城市建设、生态公园、防洪安全等特定目标而划定的保留区,只允许建设符合相应目标的工程项目,不得用作其他用途。

岸线控制利用区和开发利用区对科学实验、水文水资源及环境监测、饮用水等民生项目,不应纳入限制范围。

7.1.2 岸线功能区管控要求

根据相关法规政策要求结合岸线功能分区定位,从强化岸线保护、规范岸线利用等方面分别提出各岸线功能分区的保护要求或开发利用制约条件、禁止或限制进入项目类型等。

7.1.2.1　岸线保护区管控要求

有效保护是岸线保护区管理的首要目标。应结合不同岸线保护区的具体要求,确定其保护目标,有针对性地提出岸线保护区的管理意见,确保保护目标的实现。严格按照相关法律法规的规定,规划期内禁止建设可能影响保护目标实现的建设项目,按照保护目标和相关规划在岸线保护区内必须实施的防洪护岸、河道治理、供水、国家重要基础设施等事关公共安全及公众利益的建设项目,须经充分论证并严格按照法律法规要求履行相关审批程序。

可在岸线保护区进行的开发利用项目有:与防洪、水资源、水环境及岸线治理及保护有关的项目;确需穿(跨)越岸线交通运输、通信、供气(油)、供电等公共基础设施项目,利用堤防建设公路的路堤结合项目,沿河景观、绿化项目;包括防洪安全较为重要或防洪压力较大的河段,重要的水利枢纽工程、分蓄洪区分洪口门上下游局部河段,重要险工段,河势不稳定的山洪河道支流河口段。在岸线保护区内除必须建设的防洪工程,河势控导、结合堤防改造加固进行的道路及不影响防洪的生态保护建设工程外,一般不允许其他岸线开发利用行为。

为保障供水安全划定的岸线,禁止新建、扩建与供水设施和保护水源无关的建设项目。

自然保护区核心区内的岸线保护区不得建设任何生产设施;风景名胜区、水利风景名胜区内的岸线保护区禁止建设违反风景名胜区规划以及与风景名胜资源保护无关的项目;湿地范围内的岸线保护区禁止建设破坏湿地及其生态功能的项目;水产种质资源保护区内的岸线保护区禁止围垦和建设排污口。

按生态保护红线划定的岸线保护区:生态红线范围内的岸线保护区应按相应红线管控要求进行管控。

本书规划黑河共划分 42 个岸线保护区,针对每个岸线保护区分布提出管控要求。各分区管控要求如表 7-1 所示。

表 7-1　岸线保护区管控要求

<table>
<tr><th>序号</th><th>行政区</th><th>岸别</th><th>起止位置</th><th>管控要求</th></tr>
<tr><td>1</td><td rowspan="2">肃南县</td><td>左岸</td><td>HH1+595~HH86+962</td><td rowspan="2">该段岸线位于祁连山北麓中东部地区山地针叶林水源涵养生态保护红线(祁连山国家公园)内,依据《生态保护红线管理办法》、《祁连山国家公园建设项目监督管理暂行办法》(2020-08-11)、《祁连山国家公园特许经营管理暂行办法》(2020-08-11)、《祁连山国家公园产业准入清单(2020 年版)》(2020-08-11)进行管控,准入清单外为禁止类事项。生态保护红线内禁止城镇化和工业化活动,严禁不符合主体功能定位的各类开发活动。水土流失重点治理区要依据《甘肃省水土保持条例》(2012 年 8 月)进行管理,禁止建设影响水土流失保护的活动</td></tr>
<tr><td>2</td><td>右岸</td><td>HH32+982(便桥)~HH85+884</td></tr>
</table>

续表 7-1

<table>
<tr><th>序号</th><th>行政区</th><th>岸别</th><th>起止位置</th><th>管控要求</th></tr>
<tr><td>3</td><td rowspan="9">甘州区</td><td>左岸</td><td>HH127+017~HH130+032(国道 312)</td><td>要依据《生态保护红线管理办法》《森林法》《森林法实施条例》《森林公园管理办法》以及国家和省级森林公园规划进行管理。禁止在森林公园毁林开垦和毁林采石、采砂、采土以及其他毁林行为。生态保护红线内禁止城镇化和工业化活动,严禁不符合主体功能定位的各类开发活动。同时执行“三线一单”的优先管控岸线</td></tr>
<tr><td>4</td><td>左岸</td><td>HH135+753~HH137+276</td><td rowspan="6">湿地范围内的岸线保护区禁止建设破坏湿地及其生态功能的项目;要依据《生态保护红线管理办法》、国家有关法律和《甘肃省自然保护区条例》以及自然保护区规划、《国务院办公厅关于加强湿地保护管理的通知》(国办发〔2004〕50 号)、《湿地公约》、《中国湿地保护行动计划》进行管理,严格按照相关法律法规的规定,规划期内禁止建设可能影响保护目标实现的建设项目,事关公共安全及公众利益的建设项目,须经充分论证并严格按照法律法规要求履行相关审批程序。同时执行“三线一单”的一般管控岸线</td></tr>
<tr><td>5</td><td>左岸</td><td>HH138+841~HH139+981(官寨公路大桥)</td></tr>
<tr><td>6</td><td>左岸</td><td>HH140+714~HH143+607</td></tr>
<tr><td>7</td><td>左岸</td><td>HH146+535~HH156+136(甘临界)</td></tr>
<tr><td>8</td><td>右岸</td><td>HH130+034~HH135+288</td></tr>
<tr><td>9</td><td>右岸</td><td>HH135+079~HH138+680</td></tr>
<tr><td>10</td><td>右岸</td><td>HH139+875~HH147+980</td><td rowspan="9">湿地范围内的岸线保护区禁止建设破坏湿地及其生态功能的项目;要依据《生态保护红线管理办法》、国家有关法律和《甘肃省自然保护区条例》以及自然保护区规划、《国务院办公厅关于加强湿地保护管理的通知》(国办发〔2004〕50 号)、《湿地公约》、《中国湿地保护行动计划》、《地质遗迹保护管理规定》以及地质公园规划进行管理,严格按照相关法律法规的规定,规划期内禁止建设可能影响保护目标实现的建设项目,事关公共安全及公众利益的建设项目,须经充分论证并严格按照法律法规要求履行相关审批程序。同时执行“三线一单”的优先管控岸线。涉及高崖水文站、正义峡水文站保护范围还需执行水利部令第 43 号《水文监测环境和设施保护办法》,禁止危害水文监测设施安全、干扰水文监测设施运行、影响水文监测结果的活动</td></tr>
<tr><td>11</td><td>右岸</td><td>HH149+108~HH149+359(甘临界)</td></tr>
<tr><td>12</td><td rowspan="2">临泽县</td><td>左岸</td><td>HH159+214(甘临界)~HH209+219(临高界)</td></tr>
<tr><td>13</td><td>右岸</td><td>HH149+359(甘临界)~HH205+557(临高界)</td></tr>
<tr><td>14</td><td rowspan="5">高台县</td><td>左岸</td><td>HH209+219(临高界)~HH217+457</td></tr>
<tr><td>15</td><td>左岸</td><td>HH220+383~HH223+647</td></tr>
<tr><td>16</td><td>左岸</td><td>HH224+499~HH244+049(黑泉黑河大桥)</td></tr>
<tr><td>17</td><td>左岸</td><td>HH244+049~HH245+377(临河干渠引水口门)</td></tr>
<tr><td>18</td><td>左岸</td><td>HH246+786~HH254+155(马尾湖水库输水渡槽)</td></tr>
</table>

续表 7-1

序号	行政区	岸别	起止位置	管控要求
19	高台县	左岸	HH256+459~HH268+526	湿地范围内的岸线保护区禁止建设破坏湿地及其生态功能的项目;要依据《生态保护红线管理办法》、国家有关法律和《甘肃省自然保护区条例》以及自然保护区规划、《国务院办公厅关于加强湿地保护管理的通知》(国办发〔2004〕50号)、《湿地公约》、《中国湿地保护行动计划》、《地质遗迹保护管理规定》以及地质公园规划进行管理,严格按照相关法律法规的规定,规划期内禁止建设可能影响保护目标实现的建设项目,事关公共安全及公众利益的建设项目,须经充分论证并严格按照法律法规要求履行相关审批程序。同时执行“三线一单”的优先管控岸线。涉及高崖水文站、正义峡水文站保护范围还需执行水利部令第43号《水文监测环境和设施保护办法》,禁止危害水文监测设施安全、干扰水文监测设施运行、影响水文监测结果的活动
20		左岸	HH270+807~HH283+808	
21		左岸	HH283+808~HH284+949	
22		左岸	HH284+949~HH291+944	
23		左岸	HH293+063~HH295+982	
24		右岸	HH205+557(临高界)~HH233+325	
25		右岸	HH234+550~HH243+444(黑泉黑河大桥)	
26		右岸	HH243+444~HH245+761	
27		右岸	HH245+761~HH250+066	
28		右岸	HH250+468~HH251+291	
29		右岸	HH252+187~HH254+058	
30		右岸	HH255+113~HH268+779	
31		右岸	HH268+779~HH272+709	
32		右岸	HH272+709~HH284+518	
33		右岸	HH291+112~HH291+442	
34	金塔县	左岸	HH297+598(高金界)~HH307+122(大墩门水利枢纽)	
35		左岸	HH308+072~HH309+389	
36		左岸	HH349+038~HH350+163	
37		左岸	HH357+085~HH359+769	
38		左岸	HH378+337~HH379+749	
39		左岸	HH404+108~HH419+665	
40		左岸	HH427+089~HH445+540	
41		右岸	HH296+730(高金界)~HH306+386	
42		右岸	HH372+763~HH373+692	

7.1.2.2　岸线保留区管控要求

岸线保留区规划期内原则上暂不开发利用,因防洪安全、河势稳定、供水安全及经济社会发展需要必须建设的防洪护岸、河道治理、取水、公共管理、生态环境治理、国家重要基础设施等工程,须经充分论证并严格按照法律法规要求履行相关审批程序。

可在岸线保留区进行的开发利用项目有符合保留区功能要求的公共基础设施或社会公益性项目。

因暂不具备开发利用条件划定的岸线保留区:对河势变化剧烈河段,需待河势趋于稳定,具备岸线开发利用条件后,或在不影响后续防洪(包括险工险段)治理、河道治理的前提下,方可开发利用。

生态环境保护划定的岸线保留区:位于各类自然保护区、水产种质保护区等生态敏感区实验区范围的岸线保留区,禁止建设不符合其保护要求的建设项目。

预留规划防洪工程、水资源保护、供水水源地建设划定的岸线保留区:为列入国家或自治区规划,已批复的流域规划、区域水利规划、城市防洪排涝规划中,尚未实施的堤防工程,防洪保留区、水资源保护区、供水水源地等预留的岸线,可进行防洪工程、水资源保护、供水水源地等工程建设。

预留生态建设划定的岸线保留区:可进行生态环境工程建设,不得建设违反生态环境保护要求的开发利用项目。除建设生态公园、江滩风光带等项目外,不得建设其他生产设施,建设的生态公园、江滩风光带等项目还应符合景观、绿地、生态建设管理的有关规定。

因暂不具备开发利用条件划定的岸线保留区:待河势趋于稳定,具备岸线开发利用条件后,或在不影响后续防洪治理、河道治理的前提下,方可开发利用。

因规划期内暂无开发利用需求划定的岸线保留区:规划期内一般不开发利用,因外部形势变化确需开发利用的,须充分论证,严格管理。

本书将黑河共划分为 8 个岸线保留区,针对每个岸线保留区的分布提出管控要求。各分区管控要求如表 7-2 所示。

表 7-2　岸线保留区管控要求

<table>
<tr><th>序号</th><th>行政区</th><th>岸别</th><th>起止位置</th><th>管控要求</th></tr>
<tr><td>1</td><td rowspan="3">肃南县</td><td>左岸</td><td>甘青界~HH1+595
(黄藏寺坝址)</td><td rowspan="3">该段岸线原则上暂不开发利用。岸线位于祁连山国家级自然保护区实验区、水源涵养区内,禁止建设不符合其保护要求的建设项目。规划期内暂不具备开发利用需求,因外部形势变化确需开发利用的,须充分论证,严格管理。水土流失治理区预防区要依据《甘肃省水土保持条例》(2012 年 8 月)进行管理。执行“三线一单”的优先管控岸线。涉及黄藏寺水文站保护范围的还需执行水利部令第 43 号《水文监测环境和设施保护办法》,禁止危害水文监测设施安全、干扰水文监测设施运行、影响水文监测结果的活动</td></tr>
<tr><td>2</td><td>左岸</td><td>HH86+962~
HH92+739(肃甘界)</td></tr>
<tr><td>3</td><td>右岸</td><td>HH85+884~
HH91+799(肃甘界)</td></tr>
</table>

续表 7-2

序号	行政区	岸别	起止位置	管控要求
4	甘州区	左岸	HH137+276~HH138+841	可进行必要防洪工程建设和生态环境工程建设,不得建设违反生态环境保护要求的开发利用项目。待河势趋于稳定,具备岸线开发利用条件后,或在不影响后续防洪治理、河道治理的前提下,方可开发利用。基本农田岸线依据《中华人民共和国农业法》《中华人民共和国土地管理法》《中华人民共和国基本农田保护条例》及基本农田规划进行管理。同时执行"三线一单"的优先管控岸线
5		左岸	HH139+981~HH140+714	
6	金塔县	左岸	HH379+749~HH404+108	规划期内暂不具备开发利用需求,因外部形势变化确需开发利用的,须充分论证,严格管理。水土流失治理区预防区要依据《甘肃省水土保持条例》(2012 年 8 月)进行管理。执行"三线一单"的优先管控岸线
7		左岸	HH419+665~HH427+089	
8		左岸	HH445+540~HH453+576(河道划界终点)	

7.1.2.3　岸线控制利用区管控要求

岸线控制利用区管理的重点是控制其开发利用强度和控制建设项目类型或开发利用方式,优先发展十大绿色生态产业。岸线控制利用区内建设的岸线利用项目,应加强管理,注重岸线利用的指导与控制,以实现岸线的可持续利用。

因开发利用程度较高划定的岸线控制利用区:对现状开发利用程度已较高,继续大规模开发利用岸线对防洪安全、河势稳定、水资源保护可能产生影响的岸线控制利用区,必须严格控制新增开发利用项目的数量和类型。应按照国土、城市、水利、交通等相关规划,合理控制整体开发规模和强度,新建和改扩建项目必须严格论证,不得加大对防洪安全、河势稳定、供水安全稳定的累计不利影响。

因控制开发利用方式划定岸线控制利用区:在重要险工险段、重要涉水工程及设施所在岸段,以及位于风景名胜区的一般景区、地方重要湿地和地方一般湿地、湿地公园以及饮用水水源地二级保护区等生态敏感区未纳入生态保护红线的岸段,岸线开发利用必须严格控制项目类型和开发利用方式,不得加剧险情或影响今后险工险段治理,不得影响重要涉水工程正常运行和安全防护,不得违反生态敏感区特定保护目标。

满足生态环境整治提升、旅游观光岸线开发需要划定岸线控制利用区:除建设生态公园、河滩风光带等社会公益性项目外,一般不得建设其他项目设施。

本书规划黑河共划分 29 个岸线控制利用区,针对每个岸线控制利用区分布提出管控要求。各分区管控要求如表 7-3 所示。

表 7-3　岸线控制利用区管控要求

<table>
<tr><th>序号</th><th>行政区</th><th>岸别</th><th>起止位置</th><th>管控要求</th></tr>
<tr><td>1</td><td rowspan="9">甘州区</td><td>左岸</td><td>HH92+739(肃甘界)~
HH104+491
(草滩庄水利枢纽)</td><td rowspan="2">岸线控制利用区内建设的岸线利用项目,应加强管理,注重岸线利用的指导与控制,以实现岸线的可持续利用。不得加剧险情或影响今后险工险段治理,不得影响重要涉水工程的正常运行和安全防护,不得违反生态敏感区特定保护目标,宜优先发展十大绿色生态产业。除建设生态公园、河滩风光带等社会公益性项目外,一般不得建设其他项目设施。涉及莺落峡水文站保护范围的还需执行水利部令第 43 号《水文监测环境和设施保护办法》,禁止危害水文监测设施安全、干扰水文监测设施运行、影响水文监测结果的活动。同时执行“三线一单”重点管控岸线</td></tr>
<tr><td>2</td><td>右岸</td><td>HH91+799(肃甘界)~
HH104+491
(草滩庄水利枢纽)</td></tr>
<tr><td>3</td><td>左岸</td><td>HH104+491~
HH116+549(省道 213)</td><td rowspan="7">岸线控制利用区内建设的岸线利用项目,应加强管理,注重岸线利用的指导与控制,以实现岸线的可持续利用。不得加剧险情或影响今后险工险段治理,不得影响重要涉水工程正常运行和安全防护,不得违反生态敏感区特定保护目标。水源地二级保护区内禁止新建、改建、扩建排放污染物的建设项目。除建设生态公园、河滩风光带等社会公益性项目外,一般不得建设其他项目设施。对岸线内的基本农田依据《中华人民共和国农业法》《土地管理法》《基本农田保护条例》及基本农田规划进行管理。同时执行“三线一单”的一般管控岸线</td></tr>
<tr><td>4</td><td>右岸</td><td>HH104+491~
HH116+549(省道 213)</td></tr>
<tr><td>5</td><td>左岸</td><td>HH116+549~
HH120+122
(连霍高速桥)</td></tr>
<tr><td>6</td><td>右岸</td><td>HH116+549~
HH120+134
(连霍高速桥)</td></tr>
<tr><td>7</td><td>左岸</td><td>HH130+032~HH135+463</td></tr>
<tr><td>8</td><td>左岸</td><td>HH135+463~
HH135+753
(兰新铁路桥)</td></tr>
<tr><td>9</td><td>左岸</td><td>HH143+607~HH146+535</td></tr>
</table>

续表 7-3

<table>
<tr><th>序号</th><th>行政区</th><th>岸别</th><th>起止位置</th><th>管控要求</th></tr>
<tr><td>10</td><td rowspan="3">甘州区</td><td>右岸</td><td>HH135+288~HH135+791</td><td rowspan="20">岸线控制利用区管理的重点是控制其开发利用强度和控制建设项目类型或开发利用方式。优先发展十大绿色生态产业。严格控制项目类型和开发利用方式,不得加剧险情或影响今后险工险段治理,不得影响重要涉水工程的正常运行和安全防护,不得违反生态敏感区特定保护目标。除建设生态公园、河滩风光带等社会公益性项目外,一般不得建设其他项目设施。对现状开发利用程度已较高,必须严格控制新增开发利用项目的数量和类型,新建和改扩建项目必须严格论证。基本农田岸线内依据《中华人民共和国农业法》《土地管理法》《基本农田保护条例》及基本农田规划进行管理。水土流失治理区预防区依据《甘肃省水土保持条例》(2012 年 8 月)进行管理,禁止影响水土流失严重的项目和工程。同时执行“三线一单”的优先管控岸线。涉及正义峡水文站保护范围的还需执行水利部令第 43 号《水文监测环境和设施保护办法》,禁止危害水文监测设施安全、干扰水文监测设施运行、影响水文监测结果的活动</td></tr>
<tr><td>11</td><td>右岸</td><td>HH138+680~HH139+875
(官寨公路大桥)</td></tr>
<tr><td>12</td><td>右岸</td><td>HH147+980~HH149+108</td></tr>
<tr><td>13</td><td rowspan="11">高台县</td><td>左岸</td><td>HH245+377~HH246+786</td></tr>
<tr><td>14</td><td>左岸</td><td>HH254+155~HH256+459</td></tr>
<tr><td>15</td><td>左岸</td><td>HH268+526~HH270+807</td></tr>
<tr><td>16</td><td>左岸</td><td>HH291+944~HH293+63</td></tr>
<tr><td>17</td><td>左岸</td><td>HH295+982~
HH297+598(高金界)</td></tr>
<tr><td>18</td><td>右岸</td><td>HH233+325~HH234+550</td></tr>
<tr><td>19</td><td>右岸</td><td>HH250+066~HH250+
468(红山干渠引水口门)</td></tr>
<tr><td>20</td><td>右岸</td><td>HH251+291~HH252+187</td></tr>
<tr><td>21</td><td>右岸</td><td>HH254+058~HH255+113</td></tr>
<tr><td>22</td><td>右岸</td><td>HH284+518~HH291+112</td></tr>
<tr><td>23</td><td>右岸</td><td>HH291+442~
HH296+730(高金界)</td></tr>
<tr><td>24</td><td rowspan="6">金塔县</td><td>左岸</td><td>HH307+122~HH308+072</td></tr>
<tr><td>25</td><td>左岸</td><td>HH309+389~HH349+038</td></tr>
<tr><td>26</td><td>左岸</td><td>HH350+163~HH357+085</td></tr>
<tr><td>27</td><td>左岸</td><td>HH359+769~HH378+337</td></tr>
<tr><td>28</td><td>右岸</td><td>HH306+386~HH372+763</td></tr>
<tr><td>29</td><td>右岸</td><td>HH373+692~HH453+576
(河道划界终点)</td></tr>
</table>

7.1.2.4　岸线开发利用区管控要求

岸线开发利用区须在不影响防洪、河势稳定、水生态环境等的情况下，考虑经济社会发展需要，经科学论证，并按照法律法规要求履行相关审批程序。仍要遵照《中华人民共和国河道管理条例》《中华人民共和国水法》等国家和地方的法律法规，须统筹协调与流域综合规划、防洪规划、区域规划、取水口和排污口布局规划、城市总体规划等相关规划的关系，充分考虑与已建和规划涉水工程间的相互影响，合理布局，集约节约利用，提高岸线资源的利用效率，充分发挥岸线资源的综合效益。

可在岸线开发利用区进行的开发利用项目有工农业生产、城镇生活、渔业、景观娱乐，严禁从事取土、挖沙及其他破坏生态、污染环境的生产活动。

本书规划黑河共划分 4 个岸线开发利用区，针对每个岸线开发利用区分布提出管控要求。各分区管控要求如表 7-4 所示。

表 7-4　岸线开发利用区管控要求

<table>
<tr><th>序号</th><th>行政区</th><th>岸别</th><th>起止位置</th><th>管控要求</th></tr>
<tr><td>1</td><td rowspan="2">甘州区</td><td>左岸</td><td>HH120+122~HH127+017</td><td rowspan="4">该段岸线为规划治理河段，治理完成后可进行开发利用，须在不影响防洪、河势稳定、水生态环境等的情况下，考虑经济社会发展需要，经科学论证，并按照法律法规要求履行相关审批程序。仍要遵照《中华人民共和国河道管理条例》《中华人民共和国水法》等国家和地方的法律、法规。同时执行“三线一单”的一般管控岸线</td></tr>
<tr><td>2</td><td>右岸</td><td>HH120+134~HH130+034
(国道 312)</td></tr>
<tr><td>3</td><td rowspan="2">高台县</td><td>左岸</td><td>HH217+457~HH220+383
(黑河滨河大桥)</td></tr>
<tr><td>4</td><td>左岸</td><td>HH223+647~HH224+499</td></tr>
</table>

7.2　岸线边界线管控要求

7.2.1　外缘边界线和临水边界线之间的管控要求

(1)根据划定的外缘边界线和临水边界线，任何进入外缘边界线以内岸线区域的开发利用行为都必须符合岸线功能区划的规定及管理要求，且不得逾越临水边界线。

(2)岸线各类利用项目，应进一步优化布局，集约节约岸线的使用。

(3)在河道外缘边界线内修建各类跨河、穿河、穿堤、临河建筑物，采砂取石和从事生产经营活动的，必须报经河道主管部门批准。

(4)禁止任意砍伐管理范围内的护堤林木。

(5)禁止损毁水工建筑物、管理界桩、公示牌和防汛水文设施。

(6)已纳入政府整治规划的项目，应根据相关要求按期整治。

7.2.2　临水边界线以内管控要求

(1)临水边界线以内除防洪及河势控制工程,任何阻水的实体建筑物不得逾越临水边界线。

(2)非公共基础设施建设项目不允许逾越临水边界线;公共基础设施建设项目确需越过临水边界线的,必须充分论证项目影响,提出穿越方案,并经有审批权限的水行政主管部门审查同意后方可实施。

(3)桥梁、管线、取水、排水等基础设施需超越临水边界线的项目,超越的部分尽量采用架空、贴地或下沉等方式,尽量减少占用过流断面。

(4)岸线内已建建设项目不得向水域扩展。

(5)禁止围垦河道。

第 8 章 黑河岸线管控能力建设研究

充分利用遥感监测、大数据、移动互联等信息化技术手段开展岸线管控监测，通过整合基础地理信息数据、水利专题地理信息数据、河湖岸线功能区划分等规划成果专题数据，构建黑河岸线保护及利用规划时空数据库，充分利用甘肃智慧水利“一张图”，并在此基础上叠加岸线规划专题数据，开发黑河岸线管控综合服务平台，实现岸线信息综合查询、“四乱”遥感定期监测分析、高清视频岸线管控应用、岸线利用项目审批分析等功能，为黑河岸线管控提供技术支撑。

加强宣传，提高岸线资源保护意识。充分利用电视、网络、报纸等媒体资源，采用多种形式，增强全民对岸线资源的保护意识，让岸线资源得到科学合理、可持续的利用。

8.1 构建天空地一体化的岸线管控感知网

充分利用传感、定位、视频、遥感等技术，实现黑河全域覆盖，扩大干流水系、水利工程设施、河湖监管活动等实施在线监测范围，补充完善工程险情、水旱灾害动态、水污染事件、水土流失动态、非法采砂动态、水域岸线占用情况、工程施工进度等监测内容。增强卫星遥感、无人机遥感、视频监测站、无人测量船、机器人等多种监测手段的应用和水利感知终端的智能升级，同时加强 NB-IoT、5G、小微波、LTE 等新一代物联网通信技术的应用，构建大容量、高覆盖、低功耗、低成本、自适应、高速率、自愈合的物联通信网络，统筹智能物联网平台的建设，构建面向黑河岸线管控业务、覆盖全河段的感知体系，为黑河岸线管控提供实时感知数据支撑。

8.2 构建岸线规划时空数据库

以黑河甘肃段基础地理信息和水利专题地理信息为基础数据，以涉水工程设施、岸线及其功能区、自然保护区等生态敏感区为岸线规划专题数据，整合管理范围线、保护范围线、生态红线及相关部门划定的各类生态敏感区或功能区范围线图层，同时整合岸线定期监测获取的遥感影像、视频影像等信息，构建黑河岸线规划时空数据库，发布遵循 OGC 规范和甘肃智慧水利“一张图”规范的岸线规划专题地理信息服务，为黑河岸线管控综合服务平台提供数据支撑，在此基础上，依托大数据分布运算架构进行大数据分析与挖掘，实现共享开放的岸线保护和利用“一张图”应用服务。

8.3 构建岸线管控综合服务平台

在黑河流域岸线管控监测体系和黑河流域岸线规划时空数据库的基础上，基于甘肃省智慧水利“一张图”，构建黑河岸线管控综合服务平台。

8.3.1 平台架构

黑河岸线规划管理信息系统采用成熟稳定的4层结构，即感知层、数据资源层、平台服务层和业务应用层。感知层实现对多源数据的监控，数据资源层对流域岸线定期监测数据、水利基础数据、规划河湖岸线数据、岸线功能区数据及属性数据进行统一存储，集中管理。平台服务层主要指细颗粒封装专题地理信息服务、属性信息服务、模型分析服务等应用支撑服务。业务应用层主要根据河湖岸线管控业务逻辑实现特定的功能。

8.3.2 业务应用

8.3.2.1 岸线信息汇聚及展示

在甘肃省智慧水利“一张图”基础上，将河湖岸线空间信息、岸线规划业务信息综合汇聚、分析和展现，直观了解管理目标的位置、分布和空间关系，快速掌握相关的业务数据。并可通过点图查询、定位查询、模糊查询实现业务信息的精确查找。

8.3.2.2 岸线规划相关数据可视化展示

分市县、分水域类别、分流域、分地形来统计多个时间的水域面积、水域容积、水域面积率、岸线功能区范围内的人类活动情况及动态变化情况，以图表、柱状图、折线图等可视化形式显示。

8.3.2.3 GIS+BIM 应用

三维可视化是通过对黑河进行倾斜摄影，构建黑河河段三维实景模型，对重要水利工程进行 BIM 模型构建，在此基础上构建岸线规划三维仿真子系统，实现三维场景下对岸线利用项目 BIM 模型的模拟展示功能，主要包括场景交互、量算、断面分析、定位、图表输出、岸线利用项目规划符合性监测、展示、查询、统计功能。

8.3.2.4 高清视频监控岸线管控应用

对黑河重点监控河段，比如水源地保护区、水库库区、湿地公园等河段增加高清视频点建设，通过视频监控提升感知对象实时状况的动态监测，实现水情、非法采砂、非法侵占岸线、水面漂浮物、山洪及滑坡易发区域情况，水利工程调度运行情况、工程安全状况等的动态监测。通过图像智能分析，实现河道采砂、河道漂浮物、岸线垃圾的自动识别和智能监控与自动预警。

8.3.2.5 水域岸线空间分析应用

水域岸线空间分析功能能够添加、编辑、管理多源建设项目规划数据，通过建设项目数据与功能区范围的空间分析，实现规划与功能区定位是否匹配的自动评估，以及定位匹配结果的预警提示、结果导出功能。

8.3.2.6 岸线智能化、精准化管控应用

岸线智能化、精准化管控应用需要有效整合卫星遥感监测、互联网舆情感知、水利督察暗访、各地问题上报、社会群众举报等多源信息，创建巡查、详查、核查、复查的“四查”监管模式，实现岸线管理保护突出问题的发现上报、复核抽查、跟踪问责、问题销号等全过程闭环管理，满足不断建立健全河湖岸线管理保护长效机制需要。

岸线智能化、精准化管控应用需要定期接入目标范围内河湖的卫星遥感影像、无人机遥感影像，运用大数据技术结合深度学习等人工智能等技术，持续监测水域岸线，及时甄别未批先建或不按批复要求建设等违法行为，实现对岸线范围内违规行为、采砂、工程建设情况、“四乱”等自动识别及分析。

8.3.2.7 水域岸线巡查应用

水域岸线巡查系统，主要实现基于平板和手机的河湖岸线保护范围内违法行为的监督监管、调查取证、绘图记录、音视频上传、语音识别输入等功能，实现水域岸线信息的智能巡查与实时更新。

8.4 岸线保护利用调整要求

坚持可持续利用原则。岸线资源是非常宝贵的资源，而这一资源是极其有限的，一旦被占用，调整起来很不方便。功能区划中应合理分配岸线，高效开发利用岸线，保护岸线的再生机制，确保岸线持续供给。在进行岸线分配时，应平等兼顾各类岸线的公平利用，尤其不挤占靠近城区的岸线。同时要保持岸线利用的动态平衡，将岸线利用控制在环境容量允许的范围之内，注意岸线自然原始风貌的保护、利用，增强岸线的自然特色、地方特色，使岸线的利用与自然环境的保护有机结合，促进河道岸线资源持续、有序的利用和发展。

岸线利用建设项目必须与岸线利用功能区划相协调，结合河道的岸线资源条件，确保防洪工程建设、河道行洪安全、河势稳定，保护生态环境的要求，按照自上游至下游、左右岸兼顾的原则，任何进入岸线功能区的开发利用项目，都必须符合岸线功能区利用与保护规划管理目标的要求。

各功能区禁止开发污染项目，严格控制阻碍防洪、供水、河势稳定和水生态环境保护的开发项目；允许开发利用有利于岸线利用与保护的防洪、供水、河势稳定和水生态环境保护等项目。

第 9 章　规划环境影响评价研究

依据《中华人民共和国环境保护法》《中华人民共和国环境影响评价法》《中华人民共和国自然保护区条例》《风景名胜区管理暂行条例》《水产种质资源保护区管理暂行办法》等,根据《规划环境影响评价技术导则 总纲》(HJ 130—2019),以改善环境质量和保障生态安全为目标,针对规划范围内黑河流域的环境特点,识别规划实施的主要资源、生态、环境制约因素,论证规划方案的环境合理性和环境效益,分析可能引起的不利环境影响,通过环境保护对策措施予以尽量避免或减缓,为规划决策和环境管理提供依据。

9.1　生态环境现状

9.1.1　生物现状

9.1.1.1　陆生植物

根据《中国植被》,黑河流域植被属于温带荒漠区域温带半灌木、灌木荒漠地带。受地形、地貌、气候影响,黑河流域上、中、下游分布着不同植被类型。

黑河流域面积较大,根据相关研究成果,黑河流域内植被分带性明显,受降水量、地形、坡向、水文地质条件等影响,其中降水量是植被分带的主控因素。根据区域地貌、植被类型、水文地质特征等差异将流域分为南部祁连山生态区、中部山前断陷盆地生态区和下游生态区 3 个大生态区,基本和黑河流域上、中、下游划分吻合。

1. 南部祁连山生态区

南部祁连山生态区、地势高亢、平均海拔在 3 000 m,大部分地区属多年冻土分布区,气候寒湿,降水量随高程增高而增大,植被垂相分带明显,可分为亚区为雪山冰川带、高寒高山荒漠带、高寒草甸带、高山灌木草原带、云杉林带和干草原带等 6 个亚区。总体来看,祁连山区降水量随高度增加而增大,气候寒湿,适合高寒植被生长,生态环境良好,对黑河上游地区水源涵养起到重要的作用。

2. 中部山前断陷盆地生态区

山前断陷盆地生态区南起祁连山麓,北至和黎山、龙首山,涵盖山丹—酒泉走廊平原及两侧低山地。植被类型分带明显,主要受降水量及水文地质条件限制,该地区东、西部降水量和蒸发量差别较大,东部山丹—张掖一带多年平均降水量为 129.0 mm,蒸发量为 980.3 mm,向西降水量逐渐减少,蒸发量增加,到酒泉多年平均降水量为 85.0 mm,蒸发量为 1 017.1 mm,为典型的干旱性气候,在走廊平原两侧中低山区及冲积扇台地,呈现出干旱的荒漠景观。在冲积扇前缘地下水溢出地带地下水埋深较浅,形成绿洲带,成为生态环境较好的走廊平原重要农业区。而在封闭的地下水溢出带,大陆盐渍化作用强烈,呈现盐碱荒漠景观。根据地质、地貌、水文地质及植被类型可分为基岩丘陵荒漠带、中低山丘陵荒漠带、洪积扇顶荒漠区、洪积台地荒漠带、盐碱荒漠带、第三系丘陵荒漠带、绿洲带、风积沙丘带等 8 个亚区。

3. 下流生态区

黑河下游地区位于正义峡以北到中蒙边界的广大地区，是黑河古冲积扇平原和湖积平原分布区，自鼎新到额济纳旗年均降水量由 53 mm 降低到 40. 76 mm，气候极为干旱，绿洲仅分布在黑河沿岸和地下水溢出带，植被分带受水文地质条件控制，可分为古冲积扇砾石戈壁荒漠带、上更新统山间盆地荒漠带、现代河流沿岸绿洲带、冲积湖平原荒漠绿洲带 4 个亚区。

9. 1. 1. 2 陆生动物

根据《中国动物地理区划》，黑河流域在动物地理区划上处于青藏区青海藏南亚区、蒙新区西部荒漠亚区，由于地处青藏、蒙新高原的交汇地带，气候、地形、地貌等因素的差异及繁多的植被类型使境内动物呈现不同类群。

1. 湿地动物类群

湿地动物类群包括两栖类、鸟类和兽类，以涉禽鸟类为主要湿地动物，绝大部分属候鸟或迁徙鸟类，代表动物有灰鹤、大天鹅、赤麻鸭、绿翅鸭、林岭鹊等。

2. 荒漠动物类群

荒漠动物类群有隼形目动物、食肉目动物、偶蹄目动物和奇蹄目动物。代表动物哺乳类有猫科的草原斑猫、荒漠猫、兔狲，牛科的鹅喉羚、野牦牛，马科的西藏野驴，仓鼠科的柽柳沙鼠、子午沙鼠等，鸟类有百灵科的风头百灵、小沙百灵，伯劳科的灰背伯劳、红尾伯劳，雉科的雉鸡等。

3. 森林动物类群

森林动物类群种类较多，有大部分隼形目、鹏形目、鸮形目、雀形目、食肉目、部分啮齿类动物及鸡形目、翼手目、偶蹄目等。

4. 草原动物类群

草原动物类群主要以鸟类动物为主，主要有高原山鹑、角百灵、褐背拟地鸦、云雀、雪鸽、灰背伯劳、戴胜、小沙百灵等。

9. 1. 1. 3 水生生物

1. 浮游植物

黑河流域的浮游植物依水流速、水深、底质、水质理化参数、水文的不同，其地理分布也有明显的差异。从监测结果看，浮游植物的地理分布具有与河水水文分带相对应的垂直地理分异。在流域上游水体中，由于年积温小，河床比降大，含沙量大、流速快，影响浮游植物生存和繁殖，其浮游植物的数量极少，属于贫营养类型，主要分布适于在高原低温、漂浮生活的藻类。有浮游植物 24 种，为黑河流域浮游植物总数的 57. 14%，浮游植物数量仅为 0. 15 万个/L，平均生物量为 0. 01 mg/ L。

中游段水流减缓，泥沙沉积，水温和营养盐含量较高，有利于水生生物的生长和繁殖，浮游植物的种类和数量大大提高。中游段 2 处有浮游植物 27 种，主要是普生性、喜有机质的种类，占黑河流域浮游植物总数的 64. 28%。浮游植物数量为 57. 86 万个/L，平均生物量为 0. 26 mg/L。这除与中游水流变缓，水体更换率较上游变慢之外，还与中游张掖市属河西走廊粮食产区,耕地面积大,水资源开发利用程度较高,灌溉水重复利用多次,通过地表径流进入水体的营养元素较多有关。

下游段属荒漠干旱区和极端干旱区,降水量少,浮游植物数量最少。有浮游植物18种,为黑河流域浮游植物总数的42.86%。由于接近戈壁荒漠,生态环境严酷,河流流量在下游剧减,蒸发量高,水化学变化激烈、矿化度激增,因而浮游植物数量相对中游较少。种类数小于上游,但数量多于上游,为44.61万个/L,平均生物量为0.19 mg/L。

黑河干流的浮游植物中硅藻门中的条纹小环藻、尖针杆藻、窗格平板藻为浮游植物中的优势种。从生活习性上看,属浮游的有小环藻等,为中上层鱼类提供了丰富的饵料来源;着生藻类有小球藻等,为底层鱼类提供了饵料来源;属不定性的有脆杆藻属等,为各层鱼类提供了饵料来源。

2. 浮游动物

黑河上游为海拔2 500 m以上的南部山区,仅有浮游动物6种,占黑河流域浮游动物总数的17.65%。由于采样点河流底质均为大型石块,底泥较少,加之上游年积温小,河床比降大,含沙量大、水体流速较快,水体交换率较大,浮游动物种类较少,主要分布适于在高原低温生存的浮游动物。上游河段浮游动物数量仅为0.06个/L。

中游浮游动物的种类和数量大增。主要是普生性、喜有机质的种类。有浮游动物29种,为黑河流域浮游动物总数的85.29%。中游段由于水流减缓,泥沙沉积,水温和透明度较高,加之农业灌溉通过地表径流进入水体的富营养物质增多,有利于浮游动物的生长和繁殖,浮游动物数量为16.5个/L。

下游接近戈壁荒漠,生态环境严酷,河流流量在下游剧减,蒸发量高,水化学变化激烈、矿化度激增,浮游动物量相对较少,鱼类的饵料基础贫弱。在该水域浮游动物主要以轮虫、枝角类、桡足类为主,有浮游动物15种,为黑河流域浮游动物总数的44.12%,浮游动物的数量为7.04个/L。

3. 底栖动物

黑河干流仅在河道两边淤泥处分布有底栖动物,采到各类底栖动物共22种,其中水生昆虫12种,寡毛类3种,甲壳类1种,软体动物2种,其他动物4种。占优势的是寡毛类的瑞士盘丝蚓(*Limnodrilus helveticu*)、水丝蚓(*Limnodrilus* sp.)的幼虫,也有一些摇蚊科的如摇蚊(*Chironomus* sp.)、隐摇蚊(*Cryptochironomus* sp.)、劳氏摇蚊(*Lauterbornia*)、石蚕(*Phryganea*),还有软体动物中的扁旋螺(*Gyraulus campressus*)和白旋螺(*Gyraulus albus*)等。

4. 鱼类

黑河流域共生存有鱼类25种,其中黑河干流上游水域生存有5种野生鱼类,中游出现22种,下游出现8种,讨赖河有21种。在这些鱼类中,祁连山裸鲤为甘肃省重点保护水生野生动物。从黑河流域鱼类种数和组成上看,共有3目4科。其中,鲤形目鲤科有11种,鳅科有11种,鲈形目鰕鯱科有2种,鲶形目鲶科有1种。其中,中国特有种9种,土著种12种。

9.1.2　流域生态系统构成

黑河流域生态系统的特点与西北干旱区的其他内陆河流域具有相似性，从高山冰川、永久积雪、森林、草地到平原绿洲和戈壁荒漠，构成了一个完整的干旱区自然生态景观。这些生态系统要素之间相互依存、相互制约，水资源是该复合生态系统维持的纽带，区域经济发展中水资源的合理开发利用直接关系到流域生态经济系统的可持续维持与发展。

根据温度的差异经过暖温带、中温带和高原气候区 3 个温度带，受地形、气候及海陆条件等因素影响，生态系统类型多样，主要包括温带半干旱草原、荒漠草原和青藏高原高山草原、高寒草甸等几种自然生态系统类型及在人类活动的影响下形成的城市生态系统和农业生态系统两种半自然生态系统。

9.1.2.1　上游

上游祁连山山区植被属温带山地森林草原，生长着呈片状、块状分布的灌丛和乔木林，垂直带谱极其明显，东西山区稍有差异，由高到低，依次分布着高山垫状植被带、高山草甸植被带、高山灌丛草甸带、山地森林草原带、山地草原带和荒漠草原带。

9.1.2.2　中游

中游地区为绿洲生态系统、绿洲－荒漠过渡带生态系统、荒漠草原生态系统、荒漠生态系统、水域生态系统和人居生态系统共同组成的荒漠生态景观生态系统。其植被类型为地带性植被，中游地区从东到西，由温带小灌木、半灌木荒漠植被、荒漠草原逐步过渡为不连续的荒漠斑块植被，其物种贫乏，耐旱，大部分以白刺、红砂、草麻黄等旱生植物为优势种。山前冲积扇下部和河流冲积平原上分布有灌溉绿洲栽培农作物和林木，呈现以人工植被为主的绿洲景观，是我国著名的产粮基地。

荒漠绿洲生态系统在没有外来干扰条件下比较稳定，群落演替速率、系统内的物质信息交互速率都比较慢。而绿洲是在荒漠大背景下依赖河流而形成的，在空间上呈相对孤立的斑块分布，有较高的第一生产力，是以中生或旱生植物为主体的植被类型的中、小尺度的地带性景观。

人工绿洲是在人类开发经营活动影响下形成的，由天然绿洲或荒漠经人工改造而来的高度人工化的生态系统，绿洲面积和大小受河流及流量的控制。人工绿洲的独特景观特征为：①绿洲内部和外缘均呈较规则的几何形状，以农田为基本单元，由农田防护林网、水渠等连接。②种群格局明显，大部分种群以独立斑块存在，如农作物、林地和人工草地等，景观类型存在易变性。③人工绿洲不仅是个经济核心区，而且是个高耗水、高生产力的区域。人工绿洲的扩展带来一系列负面影响，一是水资源的承载能力，二是绿洲荒漠过渡带变窄甚至消失。而过渡带的植被盖度、物种多样性均高于荒漠区，对绿洲的生态安全具有较大作用。

9.1.2.3　下游

黑河下游荒漠绿洲主要分布于东、西两河及古日乃湖区，主要受地表水和地下水的滋养，具有沿河、沿湖分布的特点，正所谓“有水就是绿洲，无水即是荒漠”。就沿河绿洲分布而言，具有“东河区域中、上段少，下段多；西河区域中、上段多，下段少”的特点。东河中上游绿洲主要分布在纳林河口—布都格斯河段，呈断续斑块状，植被斑块内覆盖度一般可达 60%以上，代表植被为胡杨、柽柳及苦豆子、甘草；斑块与斑块之间植被稀少。布都格斯以下50 km植被分布零星稀疏。东河下游自昂茨河分水闸之后,进入额济纳绿洲植被分布最为集中的部分,植被盖度在绿洲腹地可达70%以上,植被种类主要有胡杨、柽柳、苦豆子、胖姑娘等,边缘区盖度在40%~70%,植被种类主要为柽柳,同时分布有盖度在10%~30%的骆驼刺、梭梭等荒漠植被。西河自狼心山至杜金陶来是一条完整的绿洲带,植被盖度在40%~70%,代表植被为胡杨,柽柳次之,苦豆子、胖姑娘等草本生长茂盛,其中赛汉陶来为西河绿洲最为集中的区域。杜金桃来以下植被稀疏,呈零星分布。古日乃湖区分布于戈壁与沙漠的过渡带,植被盖度在30%~50%,以荒漠草本植被为主,如梭梭,沙枣、骆驼刺、苦豆子等,零星分布胡杨。

荒漠绿洲生态系统有以下特征:①绿洲的异质性。②景观板块较大,结构粗粒化。③水源的依赖性。干旱荒漠条件下的降水对绿洲的生存和发展不具任何价值,构成绿洲的主要植被群落依靠径流或地下水,其生长来源于地表径流的转化。④景观类型简单。构成绿洲的天然植被主要有沼泽植被、草甸植被及河岸林灌植被等非地带性植被。空间分布上沿河流廊道带状分布,部分零散分布在低湿湖盆地带。⑤景观的区域性。景观的水源依赖性使其随水资源的变化演变十分显著而深刻,且这种变化发生的范围较大,具有区域性。

9.2　环境保护目标

9.2.1　流域功能定位

黑河是我国西北地区较大的内陆河,流域南以祁连山为界,北与蒙古人民共和国接壤,东西分别与石羊河、疏勒河流域相邻,战略地位十分重要。中游的张掖市地处古丝绸之路和今日欧亚大陆桥之要地,农牧业开发历史悠久,享有“金张掖”之美誉;下游的额济纳旗边境线长507 km,居延三角洲地带的额济纳绿洲,既是阻挡风沙侵袭、保护生态的天然屏障,也是当地人民生息繁衍和边防建设的重要依托。

9.2.2　环境敏感保护对象

评价区内的环境敏感区包括1个国家公园、2个国家级自然保护区、1个省级地质公园、1个省级森林公园和1个集中饮用水水源地,见表9-1。

9.2.3　流域环境与生态保护目标

根据黑河流域生态环境功能定位及环境敏感目标保护要求,结合规划目标,从水土资源、水环境、生态环境、经济社会等角度出发,确定环境保护目标如下:

(1)维护黑河河道岸线生态系统结构和功能稳定,主要天然湿地和自然保护区等生态敏感保护对象得到有效保护,维持生物多样性,加强河流廊道功能提升。

(2)合理利用河道岸线布局取水口,满足用水总量控制要求,保障黑河重点河段生态环境需水,促进黑河生态系统的良性维持。

(3)维护黑河流域水环境安全,优化河道排污口布局,进一步提高水功能区水质达标率,确保城镇集中式饮用水水源地水质达标。

(4)促进区域经济社会可持续发展,岸线划定提升流域防洪安全,保障区域生活生产的供水安全。

表 9-1 评价区环境敏感区

敏感环境保护对象	敏感因子	敏感因子简述	敏感环境保护目标
国家公园	祁连山国家公园	祁连山是世界高寒种质资源库和野生动物迁徙的重要廊道,是雪豹、野牦牛、藏野驴、白唇鹿、岩羊、冬虫夏草、雪莲等珍稀濒危野生动植物物种的栖息地及分布区,保护区内有国家Ⅰ级保护野生动物雪豹、白唇鹿等15种,国家Ⅱ级保护野生动物棕熊、猞猁等39种;国家Ⅱ级保护野生植物星叶草、野大豆、山莨菪等32种。列入《濒危野生动植物种国际贸易公约》的兰科植物16种	祁连山国家公园保护对象涵盖森林、草原、冰川、荒漠等生态系统
国家级自然保护区	甘肃祁连山国家级自然保护区	区内珍稀、濒危物种多,有高等植物1 044种,动物267种,是我国生物多样性保护的重要基地;境内有冰川2 194条、储量615亿m^3,是西北地区重要的水源涵养林区	保护高山生态系统、水源涵养林、草原植被及野生动植物
	张掖黑河湿地国家级自然保护区	保护区湿地类型多样,野生动植物资源丰富,列入国家保护植物的10种,其中国家Ⅰ级保护植物2种,Ⅱ级保护植物8种;被列入国家重点保护野生动物名录的28种,其中Ⅰ级保护动物6种,Ⅱ级保护动物22种,列入《中日保护候鸟及栖息环境协定》名录的动物有73种	我国西北典型内陆河流湿地和水域生态系统及生物多样性
集中饮用水水源地	甘州区滨河集中式饮用水水源地	地下水水源地,滨河水源地位于张掖城区西侧约8 km处的明永镇沿河村东侧黑河滩,保护区总面积为9.19 km^2	严格限制任何开发活动,保护饮用水水源地水质
森林公园	甘州区黑河省级森林公园	黑河森林公园位于甘州城区西郊、国道312线2 737 km处的黑河滩林区,中国第二大内陆河——黑河萦绕而过,这里树木郁郁葱葱,泉流清澈见底,鸟鸣清脆悦耳,奇花异草争奇斗艳;春绿如茵,夏凉风徐,秋红似火,冬静情幽,自然景观独具特色	森林资源
地质公园	甘肃金塔黑河省级地质公园	地质公园位于甘肃省酒泉市金塔县东部的鼎新镇大墩门黑河河谷,规划总面积为9 090 hm^2,设立一级保护区4 313 hm^2,二级保护区4 425 hm^2	地质遗迹和野生动植物资源

9.3 规划符合性分析

9.3.1 与相关的环保法律法规及政策的符合性分析

2016年中共中央办公厅、国务院办公厅印发的《关于全面推行河长制的意见》中指出“加强河湖水域岸线管理保护。严格水域岸线等水生态空间管控,依法划定河湖管理范围。落实规划岸线分区管理要求,强化岸线保护和节约集约利用。严禁以各种名义侵占河道、围垦湖泊、非法采砂,对岸线乱占滥用、多占少用、占而不用等突出问题开展清理整治,恢复河湖水域岸线生态功能。……严厉打击涉河湖违法行为,坚决清理整治非法排污、设障、捕捞、养殖、采砂、采矿、围垦、侵占水域岸线等活动”。本书对黑河甘肃段岸线进行功能区划分,有利于进一步建立健全水域岸线用途管制制度,是落实中央改革精神,加快完善生态文明制度体系的客观需要。

规划主要任务是实现黑河岸线资源的有效保护和科学合理利用,并为沿河经济建设服务。规划充分考虑了防洪安全、河势稳定、供水安全及生态环境保护要求,规划成果符合《中华人民共和国环境保护法》《中华人民共和国防洪法》《中华人民共和国河道管理条例》《中华人民共和国自然保护区条例》《国家湿地公园管理办法》《饮用水水源保护区污染防治管理规定》等有关法律法规。

规划以习近平总书记关于生态文明建设的重要思想为指导,全面贯彻党的十九大精神,牢固树立创新、协调、绿色、开放、共享的发展理念,把黑河生态环境摆在突出位置,妥善处理好保护和发展的关系、整改和提升的关系、当前和长远的关系,科学划定岸线功能分区,强化分区管理和用途管制,确保岸线利用科学有序、高效生态,着力建设绿色发展,符合新时期的治水方针政策。

9.3.2 与国家和甘肃省发展战略符合性分析

2000年国家提出实施西部大开发战略,明确指出:要坚持把水资源的合理开发和有效利用放到突出位置。……要切实加强生态环境保护和建设。要加大天然林保护工程实施力度,同时采取“退耕还林(草)、封山绿化、以粮代赈、个体承包”的政策措施……对陡坡耕地有计划、分步骤地退耕还林还草。坚持全面规划、分步实施,突出重点、先易后难,先行试点、稳步推进,因地制宜,分类指导,做到生态效益和经济效益相统一。

国务院印发的《西部大开发“十三五”规划》(国函〔2017〕1号)里提出了“全面促进资源节约利用,大力推进绿色发展、循环发展、低碳发展、永续发展。……开展水污染防治,严格饮用水源保护,全面推进水源涵养区、江河源头区等水源地环境整治,加强供水全过程管理,确保饮用水安全。落实最严格水资源管理制度,推行水资源消耗总量和强度双控行动,严守用水总量控制、用水效率控制、水功能区限制纳污‘三条红线’,把水资源承载能力作为经济社会发展的刚性约束”。

国务院2020年5月印发的《关于新时代推进西部大开发形成新格局的指导意见》指

出："深入实施重点生态工程。坚定贯彻绿水青山就是金山银山理念，坚持在开发中保护、在保护中开发……。进一步加大水土保持、天然林保护、退耕还林还草、退牧还草、重点防护林体系建设等重点生态工程实施力度，开展国土绿化行动，稳步推进自然保护地体系建设和湿地保护修复，展现大美西部新面貌"。

甘肃省委省政府 2018 年 1 月印发《中共甘肃省委 甘肃省人民政府关于构建生态产业体系推动绿色发展崛起的决定》(甘发〔2018〕6 号)中指出"河西地区要以构建河西内陆河流域生态屏障为重点，加快祁连山生态环境修复和保护。坚持节约优先、以水定产，大力发展节水型绿色产业，大力发展清洁能源、文化旅游、通道物流、戈壁农业和以核能循环利用为主的军民融合等特色优势产业，积极推进有色冶金等传统行业绿色化改造，建设河西走廊干旱区绿色生态产业经济带，促进绿色转型升级"。

本次黑河干流甘肃段临水边界和外缘边界线的划定，加强了河道空间管控，可推动岸线有效保护和合理利用。岸线的有效保护和合理利用对沿岸地区具有保护生态环境、维护河流健康的重要作用。规划的实施可更好地规范河道岸线开发利用行为，更好地协调防洪安全、水资源利用、生态环境保护和岸线开发、利用和保护的关系，发挥岸线的多种功能，控制不合理的开发活动，为水资源和水生态环境、水源水质、自然保护区等进行分类控制保护提供依据，有力促进维护河流的健康生命，符合西部大开发战略和甘肃省生态发展战略的要求和部署。

9.3.3 与相关规划的协调性分析

9.3.3.1 与《全国主体功能区规划》的协调性分析

国务院印发的《全国主体功能区规划》指出："构建以青藏高原生态屏障、黄土高原—川滇生态屏障、东北森林带、北方防沙带和南方丘陵山地带以及大江大河重要水系为骨架，以其他国家重点生态功能区为重要支撑，以点状分布的国家禁止开发区域为重要组成的生态安全战略格局。……北方防沙带，要重点加强防护林建设、草原保护和防风固沙，对暂不具备治理条件的沙化土地实行封禁保护，发挥三北地区生态安全屏障的作用"。

国务院印发的《全国主体功能区规划》按开发方式将我国国土空间分为优化开发区域、重点开发区域、限制开发区域和禁止开发区域；按开发内容，分为城市化地区、农产品主产区和重点生态功能区。其中评价区涉及 2 个禁止开发区域，为甘肃祁连山国家级自然保护区和张掖黑河湿地国家级自然保护区。《全国主体功能区规划》禁止开发区域管制原则为，国家级自然保护区按核心区、缓冲区和实验区分类管理。核心区，严禁任何生产建设活动；缓冲区，除必要的科学实验活动外，严禁其他任何生产建设活动；实验区，除必要的科学实验及符合自然保护区规划的旅游、种植业和畜牧业等活动外，严禁其他生产建设活动。

本书将涉及甘肃祁连山国家级自然保护区和甘肃张掖黑河湿地国家级自然保护区域核心区和缓冲区、甘州区省级森林公园、金塔县省级地质公园、水功能保护区的黑河干流河段划定为保护区，并对涉及自然保护区河段明确提出"要严格遵守《中华人民共和国自然保护区条例》和《甘肃祁连山国家级自然保护区管理条例》等国家和地方的法律法规，保护自然保护区水源涵养地等生态系统的完整性，除法律、行政法规另有规定外，禁止在自然保护区内进行砍伐、放牧、狩猎、捕捞、采药、开垦、烧荒、开矿、采石、挖砂等活动,禁止新建、改建、扩建与保护无关的建设项目和从事与保护无关的涉水活动,禁止任何人进入自然保护区核心区,在自然保护区核心区和缓冲区内,不得建设任何生产设施,在自然保护区内不得建设污染环境、破坏环境或者景观生产设施,禁止设立各类开发区、宾馆、疗养院等与自然保护区无关的其他建筑。"符合国家主体功能区划的要求。

9.3.3.2　与《全国生态功能区划》的符合性分析

环境保护部和中国科学院联合编制的《全国生态功能区划(修编)》提出了全国生态功能区划方案,并据此方案将全国划分为 242 个生态功能区,其中生态调节功能区 148 个、产品提供功能区 63 个、人居保障功能区 31 个。涉及黑河流域的为祁连山水源涵养重要区和黑河中下游防风固沙重要区。

祁连山水源涵养重要区是黑河、石羊河、疏勒河、大通河、党河、哈勒腾河等诸多河流的源头区,行政区涉及甘肃省 9 个县(市)和青海省 6 个县,面积为 130 989 km^2。该区植被类型主要有针叶林、灌丛及高山草甸和高山草原等。该区水源涵养极为重要,同时在生物多样性保护等方面也具有重要作用。区划指出该区主要生态问题有山地森林、草原生态系统破坏较严重,生态系统质量低,水源涵养和土壤保持功能受损较严重,生物多样性受到破坏。区划提出该区的生态保护主要措施有加强生态保护,停止一切导致生态功能继续退化的人为破坏活动;对已超出生态承载力的地方应采取必要的移民措施;对已经受到破坏的生态系统,要结合生态建设措施,开展生态重建与恢复。

黑河中下游防风固沙重要区的主要生态问题为过度放牧、草原开垦、水资源严重短缺与水资源过度开发导致植被退化、土地沙化、沙尘暴等。区划指出该区要调整传统的畜牧业生产方式,大力发展草业,加快规模化圈养牧业的发展,控制放养对草地生态系统的损害;调整产业结构、退耕还草、退牧还草,恢复草地植被;加强西部内陆河流域规划和综合管理,合理利用水资源,保障生态用水,保护沙区湿地。

本次岸线边界线管控要求中对涉及祁连山水源涵养重要区的河段明确提出:要严格遵守《中华人民共和国水土保持法》和《甘肃省水土保持条例》,禁止开垦、开发植物保护带,在侵蚀沟的沟坡和沟岸、河流的两岸水土流失严重、生态脆弱的地区,应当限制或者禁止可能造成水土流失的生产建设活动,严格保护植物、沙壳、结皮、地衣等,阻止易造成水土流失的项目进驻岸线区域。本书与《全国生态功能区划》相协调。

9.3.3.3　与《黑河流域综合治理规划》的协调性

由水利部水利水电规划设计总院审查通过的《黑河流域综合治理规划》指出"加强黑河流域包括河湖湿地在内的生态环境建设和保护,逐步恢复流域生态系统;开展干流骨干工程和灌区节水改造工程建设,合理配置、高效利用水资源;提高防洪能力,确保黑河防洪安全……维持黑河健康生命,支持流域级相关地区经济社会可持续发展"。本书岸线边界线划定原则中明确提出要在服从防洪安全、河势稳定和维护河流健康的前提下,充分考虑水资源利用与保护的要求,按照合理利用与有效保护相结合的原则划定岸线边界线。本书与《黑河流域综合治理规划》要求相符合。

9.3.4 规划环境合理性分析

规划通过科学划分岸线功能区，将祁连山国家公园，甘肃祁连山国家级自然保护区、张掖黑河湿地国家级自然保护区核心区和缓冲区、甘州区省级森林公园、金塔县省级地质公园、水功能保护区等划定为保护区，岸线保护区内不建设任何生产设施，高台黑河城市国家湿地公园范围内的岸线禁止建设破坏湿地及其生态功能的项目，规划具有环境合理性。

9.4 环境影响预测与评价

本规划的主要内容是岸线功能区规划和功能区管理，属于岸线资源利用的宏观管理规划。规划将岸线功能区分为保护区、保留区、控制利用区和开发利用区4类，但规划内容不涉及岸线开发利用的具体建设项目，规划实施本身不会直接对规划河道产生环境影响，其影响主要来源于岸线开发利用区和控制利用区中各具体建设项目的实施。在规划实施过程中，各具体建设项目应履行相应的环境可行性论证及相关审批程序。

9.4.1 规划对水文水资源的影响

本次河道岸线以调水流量对应水位划定临水边界线，以对应防洪标准设计洪水位与岸线交线划定外缘边界线。河道岸线划定及其功能科学分区，进而提出许可性或禁止性建设项目类型及河道管理指导意见，黑河岸线资源整体得到有效利用，桥梁、采砂、旅游景观等岸线项目布局更加合理，阻水建筑物减少，总体对水文情势将产生有利影响。

规划不涉及现有及规划取水规模调整，规划实施总体上不会改变水文情势、水资源的时空分布格局，不影响河流水文过程。

9.4.2 规划对水生态的影响

河道岸线确定后，减轻了黑河河势游荡，将为生态系统提供稳定的生存环境，流域景观生态体系的结构和功能总体不会发生变化。规划范围内的甘肃祁连山国家公园、张掖黑河湿地国家级自然保护区核心区和缓冲区、甘州区省级森林公园、金塔县省级地质公园、水功能保护区等列为岸线保护区，水源涵养重要区列为岸线保留区，规划实施对其保护是积极有利的，对自然保护区内的高山生态系统、水源涵养林、草原植被和野生动植物以及湿地公园的永久性河流、人工库塘、泛洪平原、灌丛沼泽、草本沼泽等湿地型和国家珍稀濒危植物不会产生不利影响，对流域生态涵养、水土保持、防风固沙等将产生积极影响。由于岸线开发利用率逐步提高，开发利用岸段建设跨穿河建筑物、取排水口等设施虽不影响河流的连通性，不会对河流水生生态产生显著影响，但会局部压缩水生生物的栖息活动空间；部分占用岸滩的建设项目可能会导致生态系统服务功能下降。规划中已提出具体建设项目需履行法律法规确定的审批程序后方可建设，将会在实施阶段最大限度地减小不利影响。

9.4.3　规划对水环境的影响

合理规划入河排污口布设,将水功能保护要求较高的水域划定为禁止设置排污水域,对于现状污染物入河量已超过或接近水域纳污能力的水功能区划定为严格限制排污水域。此外,岸线功能区划考虑了河段水功能区管理要求,将甘州区滨河集中式饮用水水源地二级保护区划为岸线控制利用区,有利于河流水环境保护和提高饮用水安全保障。岸线控制利用区岸段对水环境的影响取决于岸线利用的具体用途,如农业开发建设、工业园区及排水口工程等可能产生污水排放影响局部水环境,在具体项目实施过程中,应落实环境影响评价制度,分析具体项目实施对河段水质的影响,并采取相应的水污染防治措施,保护水功能区水质。规划实施后,沿河排污口总体布局将趋于合理,有利于抑制流域水污染,沿河水质将得到改善提升。

9.4.4　规划对社会环境的影响

本书对规划范围内的黑河岸线进行科学合理的保护与开发布局,规划目标实现后将有力促进社会功能的良性持续发挥。规划实施以后,岸线资源将得到统一有效的管理,其利用效益和利用价值都将得到很大程度的提高,规划的实施对流域内河流沿岸城镇建设,河道有序采砂等具有有利影响,将对黑河沿岸地区社会环境的可持续发展产生有利影响。

9.5　环境影响保护措施

9.5.1　严格执行建设项目的环境影响评价审批制度

实施具体建设项目时必须严格按照环境影响评价法和建设项目保护管理的规定,进行建设项目的环境影响评价,进一步论证建设项目的环境可行性,编制相应的环境评价报告,提出项目实施具有可操作性的环境保护措施,将项目实施产生的不利影响减小到最低。

9.5.2　建立和完善流域生态与环境监测体系

黑河流域生态与环境保护是一个持续不断的动态保护过程,其影响历时长、范围广、错综复杂,需要在流域建立和完善生态与环境监测体系及评估制度,对规划实施后的影响进行不间断的监测、识别、评价,为规划的环境保护对策实施和流域生态与环境保护工作提供决策依据。

9.5.3　建立跟踪评价制度,制订跟踪评价计划

规划实施过程中应根据统一的生态与环境监测体系,对各专业规划和具体工程项目的实施进行系统的环境监测与跟踪评价,针对环境质量变化情况及跟踪评价结果,适时提出对规划方案进行优化调整的建议,改进相应的对策措施。

9.6 评价结论

本书统筹考虑了规划范围内岸线资源条件、开发利用现状、岸线资源保护需求、流域社会经济发展需求等,将岸线划分为岸线保护区、保留区、控制利用区、开发利用区4大类,并提出了各类岸线、各段岸线的管理意见,以规范岸线的合理使用。

岸线功能划分考虑了规划范围内的国家公园、自然保护区、饮用水水源保护区、地质公园等环境敏感区的法律法规要求,根据环境敏感区的不同分区,将上述岸线列为岸线保护区或者保留区,规划符合现行法律法规要求;在满足生态环境保护等要求的前提下,妥善处理岸线保护和开发利用的关系,发挥岸线的多种功能,达到岸线资源的可持续利用,服务两岸社会经济发展的目标,规划内容与相关行业规划及国家战略规划、主体功能区划、生态功能区划总体是协调的。

综上所述,本书对生态环境的改善和促进作用是多方面的,有利影响占主导地位。从环境保护角度分析,不存在制约环境因素,本书划定的岸线功能在环境方面是可行的。

第10章　规划实施保障措施研究

黑河岸线保护与利用规划是今后一段时期黑河岸线保护与利用的指导性文件，是各级人民政府贯彻落实“河长制”，进行水生态空间管控的重要依据，也是黑河流域发展的重要支撑。为保障规划的顺利实现，明确了以下主要保障措施。

10.1　加强组织协调，落实责任分工

严格落实岸线保护责任制。国务院相关部门和地方各级人民政府要高度重视黑河岸线保护与利用工作，切实加强组织领导，综合运用行政、经济、市场等手段积极落实规划布局，确保规划目标按期完成。

利用全面推进河长制、湖长制契机，充分发挥河长制、湖长制对河湖水域岸线管理保护的制度优势，统筹加强河湖水体和岸线空间管理，维护河湖生命健康。严格水域岸线分区管理和用途管制，实现岸线资源节约集约利用。各级人民政府要对所辖区域黑河岸线的保护与利用承担主体责任，加强日常巡查和现场监管。

进一步完善多部门分工合作、流域管理和区域管理相结合的岸线管理体制。水利、自然资源、生态环境、交通运输等部门按照各自职责，依法依规加强岸线保护与利用管理工作。甘肃省水利厅指导黑河流域内河湖水体和岸线空间管理工作，在所辖范围内行使岸线管理监督职责，协调解决黑河岸线保护与利用中的重大问题，并加强管理、指导、监督和检查，其他相关部门应按照职责予以配合。

10.2　强化规划约束，严格审批监管

按照本书确定的岸线功能分区和管控要求，严格分区管理和用途管制。加强政府对规划实施的监督管理，充分发挥公众参与和媒体监督作用。各级政府和相关部门要协调联动，形成覆盖岸线保护与利用审批、建设、使用等全过程监管体系。

在项目审查环节中，要落实岸线边界线范围和功能区划，建设项目选址和布局及项目类型要符合岸线功能区划要求，重点审查岸线建设项目对河势稳定、防洪安全的影响，以及对防汛交通、第三合法水事权益人的影响。

在项目审批环节中，要严格落实岸线规划，在规划期内一般禁止在保护区和保留区内进行岸线开发利用，在控制利用区和开发利用区进行岸线开发利用要符合功能区岸线利用规划的指导意见；审批时应广泛听取河道主管部门、环保、交通、市政等相关部门的意见。

10.3　及时修订规划，完善更新机制

生态文明建设是关系中华民族永续发展的根本大计，在习近平总书记生态文明思想的引领下，地方各级人民政府将越来越重视生态保护工作，并将会对生态空间保护提出更高要求。在规划实施过程中，应根据实际情况及新标准、新要求进行充分论证，当岸线功能区划分依据，如生态敏感区、生态保护红线、河势稳定性等发生变化时，适时调整岸线功能分区、岸线边界线，并严格管理，实行动态监管，以适应新形势的变化和要求。

10.4　实行定期评估，创新管理制度

地方各级人民政府要切实落实岸线管理责任单位，加大投入力度，保障工作经费，配置必需的管理设施、设备，以加强岸线保护与利用活动的日常巡查、检查；安排相关经费推进跨行业、跨地区的岸线资源信息整合与共享，利用遥感、遥测等技术手段加强岸线动态监控，提升岸线管理信息化水平。

在探索建立政府主导、部门分工协作、社会力量参与的河湖管理协调机制，同时结合智慧城市、互联网+的社会发展环境，积极探索河流管理与网络监管相结合，细化管理层级，做到有机衔接不留空白。明确责任主体、职能分工，强化河流管控能力，提高管理效果，严格按照河长制的有关要求，努力形成上下游联动、多部门协作、责任共担、问题协商的联防联治工作体系。建立健全统一融合的自然资源信息化框架体系、数据共享、业务协调和社会化服务水平“一张网”，形成统一规范、多级联动的自然资源政务服务系统的监管平台。引导广大群众积极参与岸线管理保护，增强全社会对岸线管理保护的责任意识、参与意识。

为有效保护岸线资源，在加强依法管理的同时，应实行定期评估制度，发现存在问题并予以整改。逐步推进和建立岸线占用补偿制度，通过经济杠杆作用实现岸线资源的高效利用，促进岸线资源集约节约利用。岸线资源占用补偿费主要用于河道岸线的管理和养护，观测监测设施的更新、改造及被占用情况调查等。省级人民政府可探索采用招标、拍卖、挂牌等市场手段对岸线资源有偿出让。

10.5　加强执法监督，落实责任追究

地方各级人民政府要发挥河长制、湖长制职责，加强河湖水域岸线管理保护，严格水域岸线等水生态空间管控，落实规划岸线分区管控要求，强化岸线保护和节约集约利用。严禁以各种名义侵占河道、围垦湖泊、非法采砂，对岸线乱占滥用、多占少用、占而不用等突出问题开展清理整治，恢复河湖水域岸线的生态功能，提升岸线管理能力。根据法律法规和本书确定的岸线功能分区，制订岸线开发利用负面清单，严格岸线的保护和利用。省级人民政府负责清理整改违法违规和不符合岸线功能区管控要求的建设项目，组织开展全面清查，制订清退和整改实施方案。

地方各级人民政府要严格落实《党政领导干部生态环境损害责任追究办法(试行)》,对因工作不力、履职缺位等导致岸线保护问题突出、发生重大违法违规事件的,要依法依规追究主要领导、有关部门和人员的责任。

10.6　完善资金投入,引导公众参与

明确各河湖管护责任主体、职责,充实管护人员,加大资金投入,完善多元化、多层次的投资体系。要制定相关政策,利用市场机制和手段,吸引社会资本投入,建立长期稳定的多渠道投入机制。加大新闻宣传和舆论引导力度,让各河湖管理保护意识深入人心,成为公众的自觉行为和生活习惯。积极利用河长制、湖长制公示牌、APP、微信公众号及社会监督员等多种方式加强社会监督,形成全社会关心规划、参与实施和共同监督的良好氛围。

附　表

附表 1　黑河沿岸县级以上行政区主要经济社会指标(2018 年末)

序号	省	市	县级行政区	年末总人口/万人	土地面积/万亩	耕地面积/万亩	地区生产总值/亿元	岸线总长度/km
1	甘肃省	张掖市	肃南县	3.51	3 026.21	20.45	26.40	186.93
2			甘州区	51.85	549.15	138.78	181.40	116.08
3			临泽县	13.78	409.46	52.76	48.35	107.95
4			高台县	14.67	651.99	60.05	50.22	185.81
5		酒泉市	金塔县	14.47	2 820.00	75.34	73.00	325.83

注:岸线长度以左右岸外缘边界线计。

附表 2 黑河涉河现状及规划工程情况统计

编号	行政区划	岸别	项目名称	类型	型式	所在地理位置坐标		占用岸线长度/m	建设年份	运行状况	存在问题	主管部门	说明
						东经	北纬						
1	张掖市肃南县	左岸	黄藏寺拦河坝	拦河坝	跨河	100°09′36″	38°18′11″	400	2016 年	正常		黄河水利委员会黑河管理局	在建
2	张掖市肃南县	左右岸	宝瓶河水电站拦河坝	拦河坝	跨河	100°07′09″	38°21′20″	600		正常		甘肃省电力投资集团有限责任公司	
3	张掖市肃南县	左右岸	宝瓶河水电站	水电站		100°04′29″	38°24′41″	100		正常		甘肃省电力投资集团有限责任公司	
4	张掖市肃南县	左右岸	三道湾水电站拦河坝	拦河坝	跨河	100°02′25″	38°25′44″	600	2002—2004 年	正常		甘肃省电力投资集团有限责任公司	
5	张掖市肃南县	左右岸	三道湾水电站便桥	桥梁	连续桥梁	100°02′04″	38°25′41″	200		正常		肃南县交通运输局	
6	张掖市肃南县	左右岸	便桥	桥梁	连续桥梁	100°00′04″	38°28′17″	200		正常		肃南县交通运输局	
7	张掖市肃南县	左右岸	三道湾桥	桥梁	连续桥梁	99°58′24″	38°30′10″	200		正常		肃南县交通运输局	
8	张掖市肃南县	右岸	电线塔	输电线路		99°58′44″	38°30′11″	100		正常		肃南县供电公司	
9	张掖市肃南县	右岸	电杆	输电线路		99°58′45″	38°30′10″	100		正常		肃南县供电公司	

续附表 2

编号	行政区划	岸别	项目名称	类型	型式	所在地理位置坐标		占用岸线长度/m	建设年份	运行状况	存在问题	主管部门	说明
						东经	北纬						
10	张掖市肃南县	右岸	电线塔	输电线路		99°58′59″	38°30′15″	100		正常		肃南县供电公司	
11	张掖市肃南县	右岸	渡槽	渡槽	跨河	99°59′03″	38°30′20″	15		正常		肃南县水务局	
12	张掖市肃南县	右岸	垛	水利工程		99°59′00″	38°30′23″	5		正常		肃南县水务局	
13	张掖市肃南县	右岸	三道湾水电站	水电站		99°59′02″	38°30′16″	50	2004—2009 年	正常		甘肃省电力投资集团有限责任公司	
14	张掖市肃南县	右岸	二龙山水电站拦河坝	拦河坝	跨河	99°59′04″	38°30′24″	300	2004 年	正常		甘肃省电力投资集团有限责任公司	
15	张掖市肃南县	左右岸	二龙山水电站桥	桥梁	连续桥梁	99°58′49″	38°32′49″	200		正常		肃南县交通运输局	
16	张掖市肃南县	右岸	二龙山水电站	水电站		99°58′49″	38°33′03″	50	2004 年	正常		甘肃省电力投资集团有限责任公司	
17	张掖市肃南县	左岸	电杆	输电线路		99°58′56″	38°33′27″	100		正常		肃南县供电公司	
18	张掖市肃南县	左岸	电杆	输电线路		99°59′01″	38°33′31″	100		正常		肃南县供电公司	

续附表 2

编号	行政区划	岸别	项目名称	类型	型式	所在地理位置坐标		占用岸线长度/m	建设年份	运行状况	存在问题	主管部门	说明
						东经	北纬						
19	张掖市肃南县	左右岸	大孤山水电站拦河坝	拦河坝	跨河	99°58′56″	38°33′54″	600	2003—2006 年	正常		甘肃省电力投资集团有限责任公司	
20	张掖市肃南县	左右岸	黑河大桥	桥梁	连续桥梁	99°59′52″	38°35′07″	200		正常		肃南县交通运输局	
21	张掖市肃南县	右岸	大孤山水电站	水电站		100°01′14″	38°37′15″	50		正常		甘肃省电力投资集团有限责任公司	
22	张掖市肃南县	左右岸	吊桥	桥梁	连续桥梁	100°01′36″	38°37′39″	200		正常		肃南县交通运输局	
23	张掖市肃南县	左右岸	小孤山水电站拦河坝	拦河坝	跨河	100°01′59″	38°38′36″	600	2003—2006 年	正常		甘肃省电力投资集团有限责任公司	
24	张掖市肃南县	左右岸	小孤山黑河大桥	桥梁	连续桥梁	100°04′51″	38°43′13″	200		正常		肃南县交通运输局	
25	张掖市肃南县	左右岸	桥	桥梁	连续桥梁	100°05′21″	38°42′49″	200		正常		肃南县交通运输局	
26	张掖市肃南县	左右岸	龙首二级西流水水电站拦河坝	拦河坝	跨河	100°06′11″	38°45′19″	600		正常		甘肃省电力投资集团有限责任公司	
27	张掖市肃南县	左岸	排水口	排水口	自流式	100°06′45″	38°46′11″	50		正常		肃南县水务局	

续附表 2

编号	行政区划	岸别	项目名称	类型	型式	所在地理位置坐标		占用岸线长度/m	建设年份	运行状况	存在问题	主管部门	说明
						东经	北纬						
28	张掖市肃南县	左岸	龙首二级西流水水电站	水电站		100°06′49″	38°46′14″	50		正常		甘肃省电力投资集团有限责任公司	
29	张掖市肃南县	左右岸	龙首二级水电站便桥	桥梁	连续桥梁	100°07′02″	38°46′21″	200		正常		肃南县交通运输局	
30	张掖市肃南县	左右岸	龙汇水电站拦河坝	拦河坝	跨河	100°07′47″	38°47′12″	400		正常		甘肃省电力投资集团有限责任公司	
31	张掖市肃南县	右岸	龙汇水电站	水电站		100°08′11″	38°47′31″	50	2006—2007 年	正常		甘肃省电力投资集团有限责任公司	
32	张掖市甘州区	左右岸	龙首一级水电站	水电站		100°09′27″	38°48′32″	100	1999—2001 年	正常		甘肃省电力投资集团有限责任公司	
33	张掖市甘州区	左岸	莺落峡水文站	监测站点		100°09′51″	38°48′29″	1 000		正常		张掖市水文局	
34	张掖市甘州区	左右岸	莺落峡大桥	桥梁	连续桥梁	100°09′55″	38°48′26″	200		正常		甘州区交通运输局	
35	张掖市甘州区	左右岸	张鹰公路大桥	桥梁	连续桥梁	100°10′16″	38°48′12″	800		正常		甘州区交通运输局	
36	张掖市甘州区	右岸	龙电干渠取水口	取水口	自流式	100°10′16″	38°48′12″	50		正常		甘州区水务局	

续附表 2

编号	行政区划	岸别	项目名称	类型	型式	所在地理位置坐标		占用岸线长度/m	建设年份	运行状况	存在问题	主管部门	说明
						东经	北纬						
37	张掖市甘州区	右岸	桥	桥梁	连续桥梁	100°10′43″	38°48′12″	100		正常		甘州区交通运输局	
38	张掖市甘州区	左右岸	小龙公路桥	桥梁	连续桥梁	100°12′01″	38°49′07″	800		正常		甘州区交通运输局	
39	张掖市甘州区	右岸	排水口	排水口	自流式	100°12′38″	38°49′17″	50		正常		甘州区水务局	
40	张掖市甘州区	左岸	西洞干渠引水口	取水口	自流式	100°12′41″	38°49′33″	50		正常		甘州区水务局	
41	张掖市甘州区	左右岸	西洞倒虹吸	输水设施	跨河	100°12′44″	38°49′27″	20		正常		甘州区水务局	
42	张掖市甘州区	右岸	坝垛	水利工程		100°12′47″	38°49′21″	5		正常		甘州区水务局	
43	张掖市甘州区	右岸	坝垛	水利工程		100°12′49″	38°49′22″	5		正常		甘州区水务局	
44	张掖市甘州区	右岸	坝垛	水利工程		100°12′51″	38°49′22″	5		正常		甘州区水务局	
45	张掖市甘州区	右岸	坝垛	水利工程		100°12′53″	38°49′22″	5		正常		甘州区水务局	

续附表 2

编号	行政区划	岸别	项目名称	类型	型式	所在地理位置坐标		占用岸线长度/m	建设年份	运行状况	存在问题	主管部门	说明
						东经	北纬						
46	张掖市甘州区	右岸	坝垛	水利工程		100°12′56″	38°49′23″	5		正常		甘州区水务局	
47	张掖市甘州区	右岸	坝垛	水利工程		100°12′57″	38°49′23″	5		正常		甘州区水务局	
48	张掖市甘州区	右岸	坝垛	水利工程		100°12′59″	38°49′24″	5		正常		甘州区水务局	
49	张掖市甘州区	右岸	坝垛	水利工程		100°13′01″	38°49′25″	5		正常		甘州区水务局	
50	张掖市甘州区	右岸	坝垛	水利工程		100°13′03″	38°49′25″	5		正常		甘州区水务局	
51	张掖市甘州区	右岸	坝垛	水利工程		100°13′09″	38°49′26″	5		正常		甘州区水务局	
52	张掖市甘州区	右岸	坝垛	水利工程		100°13′10″	38°49′27″	5		正常		甘州区水务局	
53	张掖市甘州区	右岸	坝垛	水利工程		100°13′13″	38°49′27″	5		正常		甘州区水务局	
54	张掖市甘州区	右岸	龙洞干渠取水口	取水口	自流式	100°12′31″	38°49′05″	50		正常		甘州区水务局	

续附表 2

编号	行政区划	岸别	项目名称	类型	型式	所在地理位置坐标		占用岸线长度/m	建设年份	运行状况	存在问题	主管部门	说明
						东经	北纬						
55	张掖市甘州区	右岸	龙渠一级电站	水电站		100°13′01″	38°49′20″	50		正常		张掖市水务局	
56	张掖市甘州区	右岸	龙渠二级电站	水电站		100°14′16″	38°49′44″	50		正常		张掖市水务局	
57	张掖市甘州区	右岸	西总干渠取水口	取水口	自流式	100°15′30″	38°50′39″	50		正常		甘州区水务局	
58	张掖市甘州区	右岸	东总干渠取水口	取水口	自流式	100°15′30″	38°50′39″	50		正常		甘州区水务局	
59	张掖市甘州区	左右岸	草滩庄水利枢纽	引水枢纽	跨河	100°15′28″	38°50′42″	1 200		正常		张掖市水务局	
60	张掖市甘州区	右岸	马子干渠取水口	取水口	自流式	100°15′44″	38°50′42″	50		正常		甘州区水务局	
61	张掖市甘州区	右岸	龙渠三级电站	水电站		100°15′50″	38°50′44″	50		正常		张掖市水务局	
62	张掖市甘州区	右岸	张寨支渠取水口	取水口	自流式	100°16′49″	38°51′18″	50		正常		甘州区水务局	
63	张掖市甘州区	右岸	盈科电站	水电站		100°17′31″	38°51′44″	50		正常		张掖市水务局	

续附表 2

编号	行政区划	岸别	项目名称	类型	型式	所在地理位置坐标		占用岸线长度/m	建设年份	运行状况	存在问题	主管部门	说明
						东经	北纬						
64	张掖市甘州区	右岸	石庙一级、三级电站	水电站		100°18′29″	38°52′12″	50		正常		张掖市水务局	
65	张掖市甘州区	右岸	石庙二级电站	水电站		100°19′28″	38°53′09″	50		正常		张掖市水务局	
66	张掖市甘州区	左右岸	黑河分洪闸堰	分洪堰	跨河	100°19′59″	38°54′24″	40		正常		甘州区水务局	
67	张掖市甘州区	左右岸	滚水坝	滚水坝	跨河	100°20′07″	38°54′19″	16		正常		甘州区水务局	
68	张掖市甘州区	左右岸	省道 213 线大桥	桥梁	连续桥梁	100°20′49″	38°54′44″	800		正常		甘肃省交通运输厅	
69	张掖市甘州区	左右岸	连霍高速公路	桥梁	连续桥梁	100°22′00″	38°56′03″	800		正常		甘肃省高速公路局	
70	张掖市甘州区	左右岸	兰新高铁	桥梁	连续桥梁	100°23′03″	38°56′54″	4 000		正常		中国铁路兰州局集团有限公司	
71	张掖市甘州区	左岸	观景台	旅游设施		100°23′08″	38°57′02″	65		正常		甘州区住房和城乡建设局	
72	张掖市甘州区	左岸	观景台	旅游设施		100°23′13″	38°57′10″	65		正常		甘州区住房和城乡建设局	

续附表 2

编号	行政区划	岸别	项目名称	类型	型式	所在地理位置坐标		占用岸线长度/m	建设年份	运行状况	存在问题	主管部门	说明
						东经	北纬						
73	张掖市甘州区	左岸	观景台	旅游设施		100°23′16″	38°57′14″	65		正常		甘州区住房和城乡建设局	
74	张掖市甘州区	左右岸	黑河新大桥	桥梁	连续桥梁	100°23′29″	38°57′14″	800		正常		甘州区交通运输局	
75	张掖市甘州区	左右岸	国道 312 线大桥	桥梁	连续桥梁	100°25′33″	38°59′48″	800		正常		甘肃省交通运输厅	
76	张掖市甘州区	右岸	元丰干渠取水口	取水口	自流式	100°25′44″	39°00′07″	50		正常		甘州区水务局	
77	张掖市甘州区	左岸	上梨沟支渠取水口	取水口	自流式	100°24′38″	38°59′49″	50		正常		甘州区水务局	
78	张掖市甘州区	左右岸	滚水坝	滚水坝	跨河	100°25′02″	39°00′14″	16		正常		甘州区水务局	
79	张掖市甘州区	左右岸	兰新铁路	桥梁	连续桥梁	100°25′53″	39°02′30″	4 000		正常		中国铁路兰州局集团有限公司	
80	张掖市甘州区	左右岸	上堡—管寨公路大桥	桥梁	连续桥梁	100°25′51″	39°03′53″	800		正常		甘州区交通运输局	
81	张掖市甘州区	右岸	昔喇渠取水口	取水口	自流式	100°24′06″	39°06′24″	50		正常		甘州区水务局	

续附表 2

编号	行政区划	岸别	项目名称	类型	型式	所在地理位置坐标		占用岸线长度/m	建设年份	运行状况	存在问题	主管部门	说明
						东经	北纬						
82	张掖市甘州区	左岸	小鸭渠取水口	取水口	自流式	100°24′13″	39°06′50″	50		正常		甘州区水务局	
83	张掖市临泽县	左岸	永安渠取水口	取水口	自流式	100°24′04″	39°07′30″	50		正常		临泽县水务局	
84	张掖市临泽县	左岸	永安渠滚水坝	滚水坝	跨河	100°24′06″	39°07′31″	8		正常		临泽县水务局	
85	张掖市临泽县	右岸	高崖水文站	监测站点		100°23′51″	39°08′14″	1 000		正常		张掖市水文局	
86	张掖市临泽县	右岸	桥	桥梁	连续桥梁	100°24′08″	39°07′41″	100		正常		临泽县交通运输局	
87	张掖市临泽县	右岸	桥	桥梁	连续桥梁	100°23′58″	39°08′05″	100		正常		临泽县交通运输局	
88	张掖市临泽县	右岸	桥	桥梁	连续桥梁	100°24′12″	39°07′30″	100		正常		临泽县交通运输局	
89	张掖市临泽县	右岸	桥	桥梁	连续桥梁	100°23′52″	39°08′14″	100		正常		临泽县交通运输局	
90	张掖市临泽县	右岸	桥	桥梁	连续桥梁	100°23′46″	39°08′20″	100		正常		临泽县交通运输局	

续附表 2

编号	行政区划	岸别	项目名称	类型	型式	所在地理位置坐标		占用岸线长度/m	建设年份	运行状况	存在问题	主管部门	说明
						东经	北纬						
91	张掖市临泽县	右岸	桥	桥梁	连续桥梁	100°20′27″	39°09′46″	100		正常		临泽县交通运输局	
92	张掖市临泽县	左岸	鸭翅渠取水口	取水口	自流式	100°21′51″	39°09′08″	50		正常		临泽县水务局	
93	张掖市临泽县	左右岸	鸭翅渠滚水坝	滚水坝	跨河	100°21′56″	39°09′10″	16		正常		临泽县水务局	
94	张掖市临泽县	左岸	暖泉渠取水口	取水口	自流式	100°19′01″	39°11′34″	50		正常		临泽县水务局	
95	张掖市临泽县	左岸	暖泉渠滚水坝	滚水坝	跨河	100°19′04″	39°11′33″	8		正常		临泽县水务局	
96	张掖市临泽县	右岸	水电站	水电站		100°18′27″	39°13′08″	50		正常		临泽县水务局	
97	张掖市临泽县	右岸	头坝渠取水口	取水口	自流式	100°18′00″	39°13′48″	50		正常		临泽县水务局	
98	张掖市临泽县	右岸	头坝渠滚水坝	滚水坝	跨河	100°18′01″	39°13′46″	8		正常		临泽县水务局	
99	张掖市临泽县	右岸	桥	桥梁	连续桥梁	100°17′31″	39°14′13″	100		正常		临泽县交通运输局	

续附表 2

编号	行政区划	岸别	项目名称	类型	型式	所在地理位置坐标		占用岸线长度/m	建设年份	运行状况	存在问题	主管部门	说明
						东经	北纬						
100	张掖市临泽县	右岸	二坝渠取水口	取水口	自流式	100°16′40″	39°15′10″	50		正常		临泽县水务局	
101	张掖市临泽县	右岸	二坝渠滚水坝	滚水坝	跨河	100°16′39″	39°15′08″	8		正常		临泽县水务局	
102	张掖市临泽县	左右岸	临板公路跨黑河大桥	桥梁	连续桥梁	100°16′25″	39°15′32″	800		正常		临泽县交通运输局	
103	张掖市临泽县	右岸	三坝渠取水口	取水口	自流式	100°10′27″	39°18′18″	50		正常		临泽县水务局	
104	张掖市临泽县	左右岸	三坝渠滚水坝	滚水坝	跨河	100°10′28″	39°18′14″	16		正常		临泽县水务局	
105	张掖市临泽县	右岸	四坝渠取水口	取水口	自流式	100°06′25″	39°19′35″	50		正常		临泽县水务局	
106	张掖市临泽县	左右岸	四坝渠滚水坝	滚水坝	跨河	100°06′26″	39°19′36″	16		正常		临泽县水务局	
107	张掖市临泽县	左岸	蓼泉渠取水口	取水口	自流式	100°15′27″	39°16′20″	50		正常		临泽县水务局	
108	张掖市临泽县	左右岸	蓼泉渠滚水坝	滚水坝	跨河	100°15′31″	39°16′21″	16		正常		临泽县水务局	

续附表 2

编号	行政区划	岸别	项目名称	类型	型式	所在地理位置坐标		占用岸线长度/m	建设年份	运行状况	存在问题	主管部门	说明
						东经	北纬						
109	张掖市临泽县	右岸	板桥镇东柳村公寓楼排污口	排水口	自流式	100°13′01″	39°18′16″	50		正常		临泽县水务局	
110	张掖市临泽县	左右岸	沙柳路跨黑河大桥	桥梁	连续桥梁	100°12′20″	39°18′26″	800		正常		临泽县交通运输局	
111	张掖市临泽县	左岸	新鲁渠取水口	取水口	自流式	100°07′19″	39°19′00″	50		正常		临泽县水务局	
112	张掖市临泽县	左右岸	新鲁渠滚水坝	滚水坝	跨河	100°07′26″	39°19′00″	16		正常		临泽县水务局	
113	张掖市高台县	左岸	三清渠取水口	取水口	自流式	100°11′12″	39°18′20″	50		正常		高台县水务局	
114	张掖市高台县	左右岸	三清渠滚水坝	滚水坝	跨河	100°11′12″	39°18′20″	16		正常		高台县水务局	
115	张掖市高台县	右岸	五坝渠取水口	取水口	自流式	99°58′31″	39°21′28″	50		正常		高台县水务局	
116	张掖市高台县	左右岸	五坝渠滚水坝	滚水坝	跨河	99°59′28″	39°21′25″	16		正常		高台县水务局	

续附表 2

编号	行政区划	岸别	项目名称	类型	型式	所在地理位置坐标		占用岸线长度/m	建设年份	运行状况	存在问题	主管部门	说明
						东经	北纬						
117	张掖市高台县	左岸	柔远渠取水口	取水口	自流式	100°04′09″	39°20′33″	50		正常		高台县水务局	
118	张掖市高台县	左右岸	柔远渠滚水坝	滚水坝	跨河	100°04′09″	39°20′34″	16		正常		高台县水务局	
119	张掖市高台县	左岸	丰稔渠取水口	取水口	自流式	100°02′29″	39°21′14″	50		正常		高台县水务局	
120	张掖市高台县	左右岸	丰稔渠滚水坝	滚水坝	跨河	100°02′34″	39°21′18″	16		正常		高台县水务局	
121	张掖市高台县	左岸	站家渠取水口	取水口	自流式	99°56′42″	39°21′08″	50		正常		高台县水务局	
122	张掖市高台县	左右岸	站家渠滚水坝	滚水坝	跨河	99°57′30″	39°21′18″	16		正常		高台县水务局	
123	张掖市临泽县	左右岸	临平公路跨黑河大桥	桥梁	连续桥梁	100°05′53″	39°19′43″	800		正常		临泽县交通运输局	
124	张掖市高台县	右岸	六坝干渠取水口	取水口	自流式	99°56′34″	39°21′30″	50		正常		高台县水务局	
125	张掖市高台县	右岸	六坝干渠 1 号退水闸	排水口	自流式	99°56′01″	39°21′21″	50		正常		高台县水务局	

续附表 2

编号	行政区划	岸别	项目名称	类型	型式	所在地理位置坐标		占用岸线长度/m	建设年份	运行状况	存在问题	主管部门	说明
						东经	北纬						
126	张掖市高台县	右岸	六坝干渠2号退水闸	排水口	自流式	99°56′34″	39°21′30″	50		正常		高台县水务局	
127	张掖市高台县	左岸	纳凌干渠引水口门	取水口	自流式	99°52′59″	39°21′59″	50		正常		高台县水务局	
128	张掖市高台县	左岸	定宁干渠引水口门	取水口	自流式	99°50′33″	39°22′26″	50		正常		高台县水务局	
129	张掖市高台县	左岸	新开渠取水口	取水口	自流式	99°50′02″	39°22′37″	50		正常		高台县水务局	
130	张掖市高台县	左右岸	合黎大桥	桥梁	连续桥梁	99°50′01″	39°22′58″	800		正常		高台县交通运输局	
131	张掖市高台县	左岸	七坝干渠进水口	取水口	自流式	99°49′44″	39°23′12″	50		正常		高台县水务局	
132	张掖市高台县	左右岸	六坝大桥	桥梁	连续桥梁	99°49′35″	39°23′14″	800		正常		高台县交通运输局	
133	张掖市高台县	左右岸	滨河大桥	桥梁	连续桥梁	99°48′38″	39°23′37″	800		正常		高台县住房和城乡建设局	
134	张掖市高台县	左右岸	二级橡胶拦河坝	拦河坝	跨河	99°47′32″	39°24′20″	40		正常		高台县黑河湿地国家级自然保护区管理局	

续附表 2

编号	行政区划	岸别	项目名称	类型	型式	所在地理位置坐标		占用岸线长度/m	建设年份	运行状况	存在问题	主管部门	说明
						东经	北纬						
135	张掖市高台县	左右岸	桥	桥梁	连续桥梁	99°46′40″	39°24′33″	200		正常		高台县黑河湿地国家级自然保护区管理局	
136	张掖市高台县	左右岸	桥	桥梁	连续桥梁	99°46′04″	39°24′49″	200		正常		高台县黑河湿地国家级自然保护区管理局	
137	张掖市高台县	右岸	镇鲁干渠取水口	取水口	自流式	99°44′11″	39°27′50″	50		正常		高台县水务局	
138	张掖市高台县	左岸	永丰渠首进水闸	取水口	自流式	99°45′49″	39°24′54″	50		正常		高台县水务局	
139	张掖市高台县	右岸	双丰渠首进泄水闸及桩石坝	排水口	自流式	99°44′11″	39°27′50″	50		正常		高台县水务局	
140	张掖市高台县	左岸	黑泉渠首进泄水闸及桩石坝	排水口	自流式	99°42′59″	39°28′04″	50		正常		高台县水务局	
141	张掖市高台县	左岸	黑泉渠取水口	取水口	自流式	99°41′13″	39°28′19″	50		正常		高台县水务局	
142	张掖市高台县	右岸	双丰渠取水口	取水口	自流式	99°41′58″	39°28′48″	50		正常		高台县水务局	
143	张掖市高台县	左岸	小坝渠首进水闸	取水口	自流式	99°40′20″	39°29′42″	50		正常		高台县水务局	

续附表 2

编号	行政区划	岸别	项目名称	类型	型式	所在地理位置坐标		占用岸线长度/m	建设年份	运行状况	存在问题	主管部门	说明
						东经	北纬						
144	张掖市高台县	左岸	镇江渠取水口	取水口	自流式	99°39′04″	39°30′50″	50		正常		高台县水务局	
145	张掖市高台县	左右岸	黑泉黑河大桥	桥梁	连续桥梁	99°39′00″	39°32′08″	800		正常		高台县交通运输局	
146	张掖市高台县	右岸	胭脂渠首进泄水闸	排水口	自流式	99°39′15″	39°32′21″	50		正常		高台县水务局	
147	张掖市高台县	左岸	临河干渠引水口门	取水口	自流式	99°39′24″	39°33′09″	50		正常		高台县水务局	
148	张掖市高台县	右岸	红山干渠引水口门	取水口	自流式	99°38′40″	39°35′52″	50		正常		高台县水务局	
149	张掖市高台县	右岸	马尾湖水库输水渡槽	渡槽	跨河	99°38′04″	39°37′24″	15		正常		高台县水务局	
150	张掖市高台县	右岸	万丰干渠取水口	取水口	自流式	99°37′28″	39°39′14″	50		正常		高台县水务局	
151	张掖市高台县	右岸	罗城干渠引水口门	取水口	自流式	99°36′43″	39°39′15″	50		正常		高台县水务局	

续附表 2

编号	行政区划	岸别	项目名称	类型	型式	所在地理位置坐标		占用岸线长度/m	建设年份	运行状况	存在问题	主管部门	说明
						东经	北纬						
152	张掖市高台县	左右岸	罗城黑河大桥	桥梁	连续桥梁	99°34′46″	39°39′34″	800		正常		高台县交通运输局	
153	张掖市高台县	左岸	新沟渠取水口	取水口	自流式	99°34′26″	39°39′29″	50		正常		高台县水务局	
154	张掖市高台县	左岸	杨家沟干渠引水口门	取水口	自流式	99°33′37″	39°40′06″	50		正常		高台县水务局	
155	张掖市高台县	右岸	候庄干渠取水口	取水口	自流式	99°32′24″	39°43′08″	50		正常		高台县水务局	
156	张掖市高台县	左岸	常丰干渠引水口门	取水口	自流式	99°31′47″	39°43′36″	50		正常		高台县水务局	
157	张掖市高台县	右岸	天城干渠引水口门	取水口	自流式	99°30′38″	39°45′35″	50		正常		高台县水务局	
158	张掖市高台县	右岸	赵家沟渠取水口	取水口	自流式	99°27′38″	39°48′58″	50		正常		高台县水务局	
159	张掖市高台县	右岸	正义峡水文站	监测站点		99°27′32″	39°49′16″	1 000		正常		张掖市水文局	

续附表 2

编号	行政区划	岸别	项目名称	类型	型式	所在地理位置坐标		占用岸线长度/m	建设年份	运行状况	存在问题	主管部门	说明
						东经	北纬						
160	酒泉市金塔县	左右岸	大墩门水利枢纽	引水枢纽	跨河	99°22′17″	39°55′54″	1 200		正常		酒泉市水务局	
161	酒泉市金塔县	左右岸	西干渠渡槽	渡槽	跨河	99°23′59″	40°10′40″	30		正常		金塔县水务局	
162	酒泉市金塔县	左右岸	酒航路大桥	桥梁	连续桥梁	99°26′00″	40°14′45″	800		正常		金塔县交通运输局	
163	酒泉市金塔县	左岸	桥	桥梁	连续桥梁	99°26′57″	40°17′33″	100		正常		金塔县交通运输局	
164	酒泉市金塔县	左右岸	营盘—洪号公路大桥	桥梁	连续桥梁	99°28′55″	40°18′15″	800		正常		金塔县交通运输局	
165	酒泉市金塔县	左右岸	肃航公路大桥 2	桥梁	连续桥梁	99°39′00″	40°24′45″	800		正常		甘肃省交通运输厅	
166	酒泉市金塔县	左右岸	肃航一级公路大桥	桥梁	连续桥梁	99°26′15″	40°28′43″	800		正常		金塔县交通运输局	
167	酒泉市金塔县	左右岸	公路桥—金塔	桥梁	连续桥梁	99°58′51″	40°45′14″	400		正常		金塔县交通运输局	

附表 3　黑河生态敏感区现状及规划基本情况统计

序号	省	市	县级行政区	左(右)岸	生态敏感区名称	设立年份	生态敏感类型	生态敏感级别	位置	面积/km^2	主要保护目标
1	甘肃省	张掖市	肃南县	左右岸	祁连山国家公园	2017 年	国家公园	国家级	龙汇水电站上游	3.44 万	珍稀濒危物种
2				左右岸	祁连山国家级自然保护区	1988 年	自然保护区	国家级	97°25′~103°46′E，36°43′~39°36′N	2.65 万	森林和野生动物
3			甘州区	左岸	甘州区滨河集中式饮用水水源地	2014 年	饮用水水源地	县级	明永镇沿河村东侧	9.19	水源地水质
4				左岸	甘州区黑河省级森林公园	1996 年	森林公园	省级	甘州城区西郊、国道 312 线 2 737 km 处的黑河滩林区	3.09	森林资源
5				左右岸	张掖黑河湿地国家级自然保护区	2004 年	自然保护区	国家级	国道 312—甘临分界	399.71	野生动植物
			临泽县	左右岸					全县		
			高台县	左右岸					临高界—赵家沟渠		
6		酒泉市	金塔县	左右岸	甘肃金塔黑河省级地质自然公园	2012 年	地质公园	省级	鼎新镇大墩门黑河河谷	90.90	地质遗迹和野生动植物资源

附表 4 黑河岸线功能分区规划成果

序号	行政区划	岸别	起点桩号	终点桩号	岸线功能区	长度/km	起点坐标		终点坐标		划分主要依据
							东经	北纬	东经	北纬	
1	张掖市肃南县	左岸	甘青界	HH1+595（黄藏寺坝址）	保留区	24.96	100°10′31″	38°13′02″	100°09′48″	38°19′24″	祁连山腹地，生态环境脆弱，祁连山自然保护区试验区，水源涵养重要区
2	张掖市肃南县	左岸	HH1+595	HH86+962	保护区	91.90	100°09′48″	38°19′24″	100°07′01″	38°46′57″	黑河中下游防风固沙生态保护红线（祁连山国家公园）
3	张掖市肃南县	左岸	HH86+962	HH92+739（肃甘界）	保留区	6.60	100°07′01″	38°46′57″	100°09′39″	38°48′39″	祁连山腹地，生态环境脆弱，水源涵养重要区
4	张掖市肃南县	右岸	HH32+982（便桥）	HH85+884	保护区	57.21	100°00′05″	38°28′17″	100°07′08″	38°46′28″	黑河中下游防风固沙生态保护红线（祁连山国家公园）
5	张掖市肃南县	右岸	HH85+884	HH91+799（肃甘界）	保留区	6.26	100°07′08″	38°46′28″	100°09′07″	38°48′22″	祁连山腹地，生态环境脆弱，水源涵养重要区
6	张掖市甘州区	左岸	HH92+739（肃甘界）	HH104+491（草滩庄水利枢纽）	控制利用区	11.59	100°09′39″	38°48′39″	100°15′25″	38°50′44″	省级水土流失重点预防区，有采砂活动，开发利用程度低
7	张掖市甘州区	左岸	HH104+491	HH116+549（省道 213）	控制利用区	11.61	100°15′25″	38°50′44″	100°20′40″	38°54′50″	省级水土流失重点治理区，有采砂活动，规划治理段，有开发利用需求
8	张掖市甘州区	左岸	HH116+549	HH120+122（连霍高速桥）	控制利用区	3.17	100°20′40″	38°54′50″	100°21′46″	38°56′10″	甘州区滨河集中式饮用水水源地二级保护区

续附表 4

序号	行政区划	岸别	起点桩号	终点桩号	岸线功能区	长度/km	起点坐标		终点坐标		划分主要依据
							东经	北纬	东经	北纬	
9	张掖市甘州区	左岸	HH120+122	HH127+017	开发利用区	6. 28	100°21′46″	38°56′10″	100°24′24″	38°58′49″	完成河道治理河势稳定，甘州城区，有开发利用需求
10	张掖市甘州区	左岸	HH127+017	HH130+032(国道 312)	保护区	2. 35	100°24′24″	38°58′49″	100°25′18″	38°59′47″	黑河中下游防风固沙生态保护红线(甘州区黑河省级森林公园)
11	张掖市甘州区	左岸	HH130+032	HH135+463	控制利用区	5. 72	100°25′18″	38°59′47″	100°25′46″	39°02′26″	河道尚未治理，基本农田
12	张掖市甘州区	左岸	HH135+463	HH135+753(兰新铁路桥)	控制利用区	0. 32	100°25′46″	39°02′26″	100°25′53″	39°02′33″	重要涉河建筑物，兰新铁路
13	张掖市甘州区	左岸	HH135+753	HH137+276	保护区	1. 46	100°25′53″	39°02′33″	100°26′30″	39°02′58″	黑河中下游防风固沙生态保护红线(甘肃张掖黑河湿地国家级自然保护区一般控制区)
14	张掖市甘州区	左岸	HH137+276	HH138+841	保留区	1. 15	100°26′30″	39°02′58″	100°26′23″	39°03′28″	基本农田，规划治理河段
15	张掖市甘州区	左岸	HH138+841	HH139+981(官寨公路大桥)	保护区	1. 11	100°26′23″	39°03′28″	100°25′49″	39°03′50″	黑河中下游防风固沙生态保护红线(甘肃张掖黑河湿地国家级自然保护区一般控制区)
16	张掖市甘州区	左岸	HH139+981	HH140+714	保留区	0. 96	100°25′49″	39°03′50″	100°25′16″	39°03′59″	基本农田，规划治理河段

续附表 4

序号	行政区划	岸别	起点桩号	终点桩号	岸线功能区	长度/km	起点坐标		终点坐标		划分主要依据
							东经	北纬	东经	北纬	
17	张掖市甘州区	左岸	HH140+714	HH143+607	保护区	2.60	100°25′16″	39°03′59″	100°24′10″	39°04′49″	黑河中下游防风固沙生态保护红线(甘肃张掖黑河湿地国家级自然保护区一般控制区)
18	张掖市甘州区	左岸	HH143+607	HH146+535	控制利用区	2.93	100°24′10″	39°04′49″	100°23′56″	39°06′14″	基本农田,规划治理河段
19	张掖市甘州区	左岸	HH146+535	HH156+136(甘临界)	保护区	9.43	100°23′56″	39°06′14″	100°20′50″	39°09′19″	黑河中下游防风固沙生态保护红线(甘肃张掖黑河湿地国家级自然保护区一般控制区)
20	张掖市甘州区	右岸	HH91+799(肃甘界)	HH104+491(草滩庄水利枢纽)	控制利用区	12.69	100°09′07″	38°48′22″	100°15′33″	38°50′38″	省级水土流失重点预防区,有采砂活动,开发利用程度低
21	张掖市甘州区	右岸	HH104+491	HH116+549(省道 213)	控制利用区	11.47	100°15′33″	38°50′38″	100°20′54″	38°54′42″	省级水土流失重点治理区,有采砂活动,规划治理段,有开发利用需求
22	张掖市甘州区	右岸	HH116+549	HH120+134(连霍高速桥)	控制利用区	3.04	100°20′54″	38°54′42″	100°22′15″	38°55′57″	甘州区滨河集中式饮用水水源地二级保护区

续附表 4

序号	行政区划	岸别	起点桩号	终点桩号	岸线功能区	长度/km	起点坐标		终点坐标		划分主要依据
							东经	北纬	东经	北纬	
23	张掖市甘州区	右岸	HH120+134	HH130+034（国道 312）	开发利用区	9.05	100°22′15″	38°55′57″	100°25′39″	38°59′48″	完成河道治理河势稳定，甘州城区，有开发利用需求
24	张掖市甘州区	右岸	HH130+034	HH135+288	保护区	4.93	100°25′39″	38°59′48″	100°25′58″	39°02′19″	黑河中下游防风固沙生态保护红线（甘肃张掖黑河湿地国家级自然保护区一般控制区）
25	张掖市甘州区	右岸	HH135+288	HH135+791	控制利用区	0.41	100°25′58″	39°02′19″	100°25′59″	39°02′30″	重要涉河建筑物，兰新铁路桥
26	张掖市甘州区	右岸	HH135+791	HH138+680	保护区	3.18	100°25′59″	39°02′30″	100°26′31″	39°03′35″	黑河中下游防风固沙生态保护红线（甘肃张掖黑河湿地国家级自然保护区一般控制区）
27	张掖市甘州区	右岸	HH138+680	HH139+875（官寨公路大桥）	控制利用区	1.12	100°26′31″	39°03′35″	100°25′58″	39°03′55″	基本农田，规划治理河段
28	张掖市甘州区	右岸	HH139+875	HH147+980	保护区	7.98	100°25′58″	39°03′55″	100°24′24″	39°06′47″	黑河中下游防风固沙生态保护红线（甘肃张掖黑河湿地国家级自然保护区一般控制区）
29	张掖市甘州区	右岸	HH147+980	HH149+108	控制利用区	1.28	100°24′24″	39°06′47″	100°24′19″	39°07′23″	基本农田，规划治理河段

续附表 4

序号	行政区划	岸别	起点桩号	终点桩号	岸线功能区	长度/km	起点坐标		终点坐标		划分主要依据
							东经	北纬	东经	北纬	
30	张掖市甘州区	右岸	HH149+108	HH149+359（甘临界）	保护区	0. 25	100°24′19″	39°07′23″	100°24′12″	39°07′29″	黑河中下游防风固沙生态保护红线（甘肃张掖黑河湿地国家级自然保护区一般控制区）
31	张掖市临泽县	左岸	HH156+136（甘临界）	HH209+219（临高界）	保护区	52. 56	100°20′50″	39°09′19″	99°55′14″	39°20′56″	黑河中下游防风固沙生态保护红线（甘肃张掖黑河湿地国家级自然保护区一般控制区）
32	张掖市临泽县	右岸	HH149+359（甘临界）	HH205+557（临高界）	保护区	55. 39	100°24′12″	39°07′29″	99°57′31″	39°21′33″	黑河中下游防风固沙生态保护红线（甘肃张掖黑河湿地国家级自然保护区一般控制区）
33	张掖市高台县	左岸	HH209+219（临高界）	HH217+457	保护区	8. 76	99°55′14″	39°20′56″	99°50′09″	39°22′35″	黑河中下游防风固沙生态保护红线（甘肃张掖黑河湿地国家级自然保护区一般控制区）
34	张掖市高台县	左岸	HH217+457	HH220+383（黑河滨河大桥）	开发利用区	3. 06	99°50′09″	39°22′35″	99°48′38″	39°23′36″	河势稳定，河道完成治理

续附表 4

序号	行政区划	岸别	起点桩号	终点桩号	岸线功能区	长度/km	起点坐标		终点坐标		划分主要依据
							东经	北纬	东经	北纬	
35	张掖市高台县	左岸	HH220+383	HH223+647	保护区	3. 31	99°48′38″	39°23′36″	99°46′46″	39°24′26″	黑河中下游防风固沙生态保护红线（甘肃张掖黑河湿地国家级自然保护区一般控制区）
36	张掖市高台县	左岸	HH223+647	HH224+499	开发利用区	0. 82	99°46′46″	39°24′26″	99°46′17″	39°24′40″	河势稳定，河道完成治理
37	张掖市高台县	左岸	HH224+499	HH244+049（黑泉黑河大桥）	保护区	20. 52	99°46′17″	39°24′40″	99°39′01″	39°32′30″	黑河中下游防风固沙生态保护红线（甘肃张掖黑河湿地国家级自然保护区一般控制区）
38	张掖市高台县	左岸	HH244+049	HH245+377（临河干渠引水口门）	保护区	1. 28	99°39′01″	39°32′30″	99°39′22″	39°33′08″	黑河中下游防风固沙生态保护红线（甘肃张掖黑河湿地国家级自然保护区核心控制区）
39	张掖市高台县	左岸	HH245+377	HH246+786	控制利用区	1. 29	99°39′22″	39°33′08″	99°39′17″	39°33′49″	河道治理完成
40	张掖市高台县	左岸	HH246+786	HH254+155（马尾湖水库输水渡槽）	保护区	7. 65	99°39′17″	39°33′49″	99°37′51″	39°37′24″	黑河中下游防风固沙生态保护红线（甘肃张掖黑河湿地国家级自然保护区核心控制区）

续附表 4

序号	行政区划	岸别	起点桩号	终点桩号	岸线功能区	长度/km	起点坐标		终点坐标		划分主要依据
							东经	北纬	东经	北纬	
41	张掖市高台县	左岸	HH254+155	HH256+459	控制利用区	2.23	99°37′51″	39°37′24″	99°37′39″	39°38′32″	河道治理完成,岸线基本稳定
42	张掖市高台县	左岸	HH256+459	HH268+526	保护区	12.62	99°37′39″	39°38′32″	99°32′27″	39°42′39″	黑河中下游防风固沙生态保护红线(甘肃张掖黑河湿地国家级自然保护区核心控制区)
43	张掖市高台县	左岸	HH268+526	HH270+807	控制利用区	2.42	99°32′27″	39°42′39″	99°31′45″	39°43′48″	河道治理完成,岸线基本稳定
44	张掖市高台县	左岸	HH270+807	HH283+808	保护区	14.23	99°31′45″	39°43′48″	99°27′08″	39°48′24″	黑河中下游防风固沙生态保护红线(甘肃张掖黑河湿地国家级自然保护区核心控制区)
45	张掖市高台县	左岸	HH283+808	HH284+949	保护区	1.19	99°27′08″	39°48′24″	99°27′31″	39°48′55″	黑河中下游防风固沙生态保护红线(甘肃张掖黑河湿地国家级自然保护区一般控制区)
46	张掖市高台县	左岸	HH284+949	HH291+944	保护区	7.11	99°27′31″	39°48′55″	99°24′36″	39°50′43″	黑河中下游防风固沙生态保护红线(甘肃张掖黑河湿地国家级自然保护区核心控制区)

续附表 4

序号	行政区划	岸别	起点桩号	终点桩号	岸线功能区	长度/km	起点坐标		终点坐标		划分主要依据
							东经	北纬	东经	北纬	
47	张掖市高台县	左岸	HH291+944	HH293+63	控制利用区	1. 10	99°24′36″	39°50′43″	99°24′09″	39°51′07″	河道治理完成,岸线基本稳定
48	张掖市高台县	左岸	HH293+63	HH295+982	保护区	2. 98	99°24′09″	39°51′07″	99°22′58″	39°52′12″	黑河中下游防风固沙生态保护红线(甘肃张掖黑河湿地国家级自然保护区核心控制区)
49	张掖市高台县	左岸	HH295+982	HH297+598(高金界)	控制利用区	1. 65	99°22′58″	39°52′12″	99°23′20″	39°52′45″	河道河势稳定,开发利用程度低
50	张掖市高台县	右岸	HH205+557(临高界)	HH233+325	保护区	28. 91	99°57′31″	39°21′33″	99°42′44″	39°28′26″	黑河中下游防风固沙生态保护红线(甘肃张掖黑河湿地国家级自然保护区一般控制区)
51	张掖市高台县	右岸	HH233+325	HH234+550	控制利用区	1. 23	99°42′44″	39°28′26″	99°41′59″	39°28′41″	基本农田
52	张掖市高台县	右岸	HH234+550	HH243+444(黑泉黑河大桥)	保护区	8. 56	99°41′59″	39°28′41″	99°39′16″	39°32′20″	黑河中下游防风固沙生态保护红线(甘肃张掖黑河湿地国家级自然保护区一般控制区)

续附表 4

序号	行政区划	岸别	起点桩号	终点桩号	岸线功能区	长度/km	起点坐标		终点坐标		划分主要依据
							东经	北纬	东经	北纬	
53	张掖市高台县	右岸	HH243+444	HH245+761	保护区	2.33	99°39′16″	39°32′20″	99°39′51″	39°33′28″	黑河中下游防风固沙生态保护红线（甘肃张掖黑河湿地国家级自然保护区核心控制区）
54	张掖市高台县	右岸	HH245+761	HH250+066	保护区	4.51	99°39′51″	39°33′28″	99°38′51″	39°35′41″	黑河中下游防风固沙生态保护红线（甘肃张掖黑河湿地国家级自然保护区一般控制区）
55	张掖市高台县	右岸	HH250+066	HH250+468（红山干渠引水口门）	控制利用区	0.39	99°38′51″	39°35′41″	99°38′41″	39°35′51″	河道治理完成，岸线基本稳定
56	张掖市高台县	右岸	HH250+468	HH251+291	保护区	0.76	99°38′41″	39°35′51″	99°38′29″	39°36′14″	黑河中下游防风固沙生态保护红线（甘肃张掖黑河湿地国家级自然保护区核心控制区）
57	张掖市高台县	右岸	HH251+291	HH252+187	控制利用区	0.88	99°38′29″	39°36′14″	99°38′23″	39°36′42″	河道治理完成，岸线基本稳定

续附表 4

序号	行政区划	岸别	起点桩号	终点桩号	岸线功能区	长度/km	起点坐标		终点坐标		划分主要依据
							东经	北纬	东经	北纬	
58	张掖市高台县	右岸	HH252+187	HH254+058	保护区	1.60	99°38′23″	39°36′42″	99°38′19″	39°37′33″	黑河中下游防风固沙生态保护红线（甘肃张掖黑河湿地国家级自然保护区核心控制区）
59	张掖市高台县	右岸	HH254+058	HH255+113	控制利用区	1.13	99°38′19″	39°37′33″	99°38′15″	39°38′09″	河道治理完成，岸线基本稳定
60	张掖市高台县	右岸	HH255+113	HH268+779	保护区	14.67	99°38′15″	39°38′09″	99°32′26″	39°43′05″	黑河中下游防风固沙生态保护红线（甘肃张掖黑河湿地国家级自然保护区核心控制区）
61	张掖市高台县	右岸	HH268+779	HH272+709	保护区	4.22	99°32′26″	39°43′05″	99°31′27″	39°45′02″	黑河中下游防风固沙生态保护红线（甘肃张掖黑河湿地国家级自然保护区一般控制区）
62	张掖市高台县	右岸	HH272+709	HH284+518	保护区	11.87	99°31′27″	39°45′02″	99°27′36″	39°48′53″	黑河中下游防风固沙生态保护红线（甘肃张掖黑河湿地国家级自然保护区核心控制区）
63	张掖市高台县	右岸	HH284+518	HH291+112	控制利用区	6.90	99°27′36″	39°48′53″	99°24′49″	39°50′33″	河道河势稳定，开发利用程度低

续附表4

序号	行政区划	岸别	起点桩号	终点桩号	岸线功能区	长度/km	起点坐标		终点坐标		划分主要依据
							东经	北纬	东经	北纬	
64	张掖市高台县	右岸	HH291+112	HH291+442	保护区	0.31	99°24′49″	39°50′33″	99°24′41″	39°50′41″	黑河中下游防风固沙生态保护红线(甘肃张掖黑河湿地国家级自然保护区一般控制区)
65	张掖市高台县	右岸	HH291+442	HH296+730(高金界)	控制利用区	5.32	99°24′41″	39°50′41″	99°23′37″	39°52′38″	河道河势稳定,开发利用程度低
66	酒泉市金塔县	左岸	HH297+598(高金界)	HH307+122(大墩门水利枢纽)	保护区	8.98	99°23′20″	39°52′45″	99°22′06″	39°55′46″	黑河中下游防风固沙生态保护红线(甘肃金塔省级地质自然公园)
67	酒泉市金塔县	左岸	HH307+122	HH308+072	控制利用区	1.12	99°22′06″	39°55′46″	99°22′08″	39°56′18″	开发利用程度低
68	酒泉市金塔县	左岸	HH308+072	HH309+389	保护区	1.30	99°22′08″	39°56′18″	99°22′32″	39°56′55″	黑河中下游防风固沙生态保护红线(科学评估区红线)
69	酒泉市金塔县	左岸	HH309+389	HH349+038	控制利用区	43.72	99°22′32″	39°56′55″	99°25′56″	40°16′16″	开发利用程度低

续附表 4

序号	行政区划	岸别	起点桩号	终点桩号	岸线功能区	长度/km	起点坐标		终点坐标		划分主要依据
							东经	北纬	东经	北纬	
70	酒泉市金塔县	左岸	HH349+038	HH350+163	保护区	1. 33	99°25′56″	40°16′16″	99°26′23″	40°16′49″	黑河中下游防风固沙生态保护红线(水功能保护区)
71	酒泉市金塔县	左岸	HH350+163	HH357+085	控制利用区	7. 53	99°26′23″	40°16′49″	99°29′54″	40°19′24″	河道治理完成,开发利用程度低
72	酒泉市金塔县	左岸	HH357+085	HH359+769	保护区	2. 98	99°29′54″	40°19′24″	99°31′02″	40°20′36″	黑河中下游防风固沙生态保护红线(水功能保护区)
73	酒泉市金塔县	左岸	HH359+769	HH378+337	控制利用区	18. 47	99°31′02″	40°20′36″	99°40′28″	40°26′55″	河道治理完成,开发利用程度低
74	酒泉市金塔县	左岸	HH378+337	HH379+749	保护区	1. 52	99°40′28″	40°26′55″	99°41′24″	40°27′20″	黑河中下游防风固沙生态保护红线(水功能保护区)
75	酒泉市金塔县	左岸	HH379+749	HH404+108	保留区	24. 03	99°41′24″	40°27′20″	99°52′35″	40°33′50″	生态环境脆弱,生态预留岸段
76	酒泉市金塔县	左岸	HH404+108	HH419+665	保护区	15. 73	99°52′35″	40°33′50″	99°56′48″	40°40′12″	黑河中下游防风固沙生态保护红线(水功能保护区)

续附表 4

序号	行政区划	岸别	起点桩号	终点桩号	岸线功能区	长度/km	起点坐标		终点坐标		划分主要依据
							东经	北纬	东经	北纬	
77	酒泉市金塔县	左岸	HH419+665	HH427+089	保留区	9.48	99°56′48″	40°40′12″	99°58′04″	40°43′59″	生态环境脆弱,生态预留岸段,暂无开发利用需求
78	酒泉市金塔县	左岸	HH427+089	HH445+540	保护区	20.08	99°58′04″	40°43′59″	100°03′40″	40°51′30″	黑河中下游防风固沙生态保护红线(甘肃金塔省级地质自然公园)
79	酒泉市金塔县	左岸	HH445+540	HH453+576(河道划界终点)	保留区	9.52	100°03′40″	40°51′30″	100°08′21″	40°54′10″	生态环境脆弱,生态预留岸段,暂无开发利用需求
80	酒泉市金塔县	右岸	HH296+730(高金界)	HH306+386	保护区	8.32	99°23′37″	39°52′38″	99°22′45″	39°55′51″	黑河中下游防风固沙生态保护红线(甘肃金塔省级地质自然公园)
81	酒泉市金塔县	右岸	HH306+386	HH372+763	控制利用区	66.91	99°22′45″	39°55′51″	99°38′51″	40°24′23″	河道治理完成,开发利用程度低
82	酒泉市金塔县	右岸	HH372+763	HH373+692	保护区	1.01	99°38′51″	40°24′23″	99°39′25″	40°24′43″	黑河中下游防风固沙生态保护红线(水功能保护区)
83	酒泉市金塔县	右岸	HH373+692	HH453+576(河道划界终点)	控制利用区	83.80	99°39′25″	40°24′43″	100°08′40″	40°53′56″	河道治理完成,开发利用程度低

附表 5　黑河岸线功能分区成果汇总

序号	行政区划	岸线功能区		岸线保护区			岸线保留区			岸线控制利用区			岸线开发利用区		
		个数	长度/km	个数	长度/km	占比/%	个数	长度/km	占比/%	个数	长度/km	占比/%	个数	长度/km	占比/%
1	肃南县	5	186. 93	2	149. 11	79. 77	3	37. 82	20. 23	—	—	—	—	—	—
2	甘州区	25	116. 08	9	33. 29	28. 68	2	2. 11	1. 82	12	65. 35	56. 30	2	15. 33	13. 21
3	临泽县	2	107. 95	2	107. 95	100	—	—	—	—	—	—	—	—	—
4	高台县	33	185. 81	20	157. 39	84. 70	—	—	—	11	24. 54	13. 21	2	3. 88	2. 09
5	金塔县	18	325. 83	9	61. 25	18. 80	3	43. 03	13. 21	6	221. 55	68. 00	—	—	—
6	合计	83	922. 60	42	508. 9	55. 17	8	82. 96	8. 99	29	311. 44	33. 76	4	19. 21	2. 08

注:功能区长度以外缘边界线长度计算。

附　图

附图 1　黑河水系分布及规划范围示意图

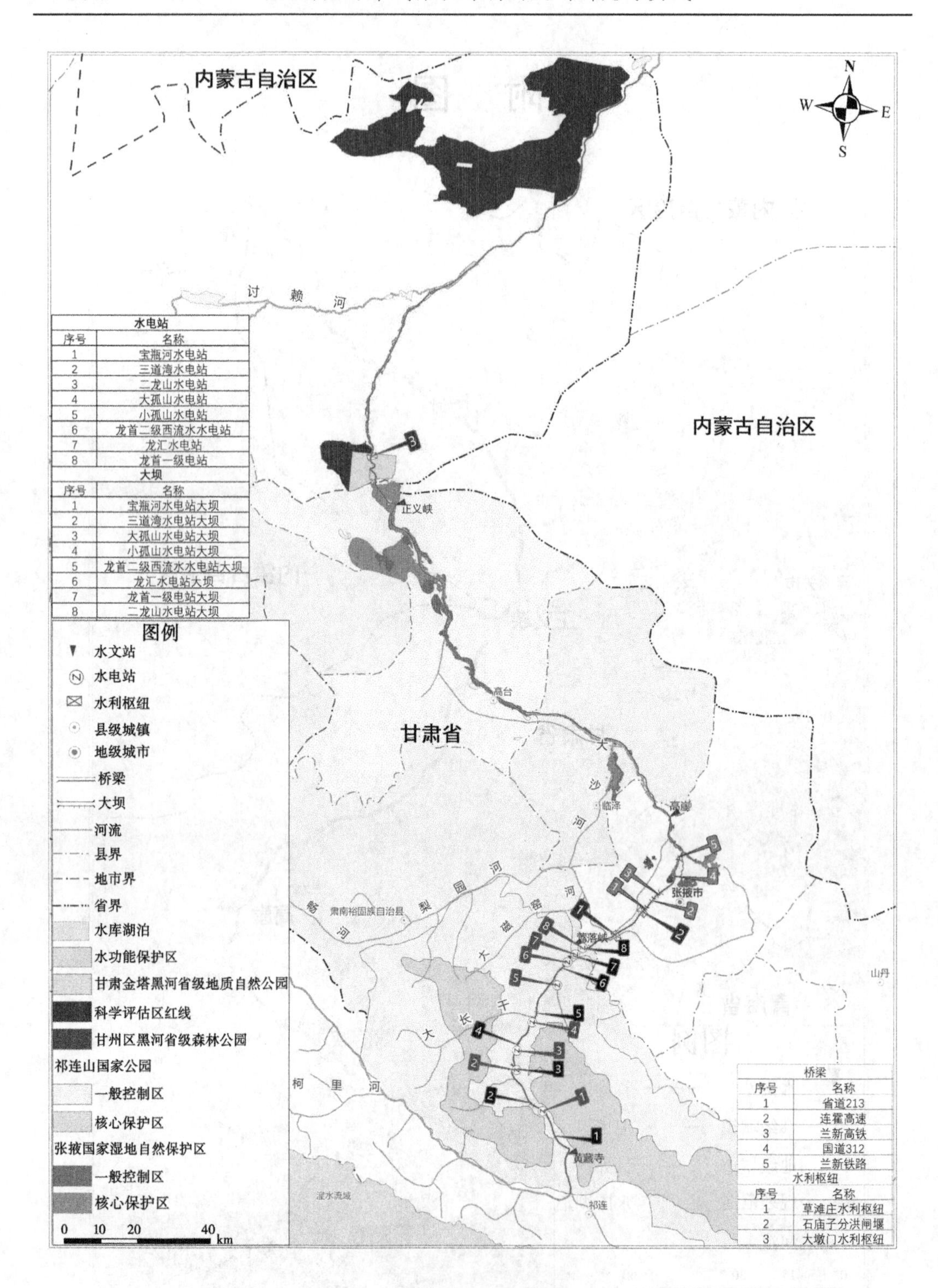

附图 2　黑河规划范围河湖形势图

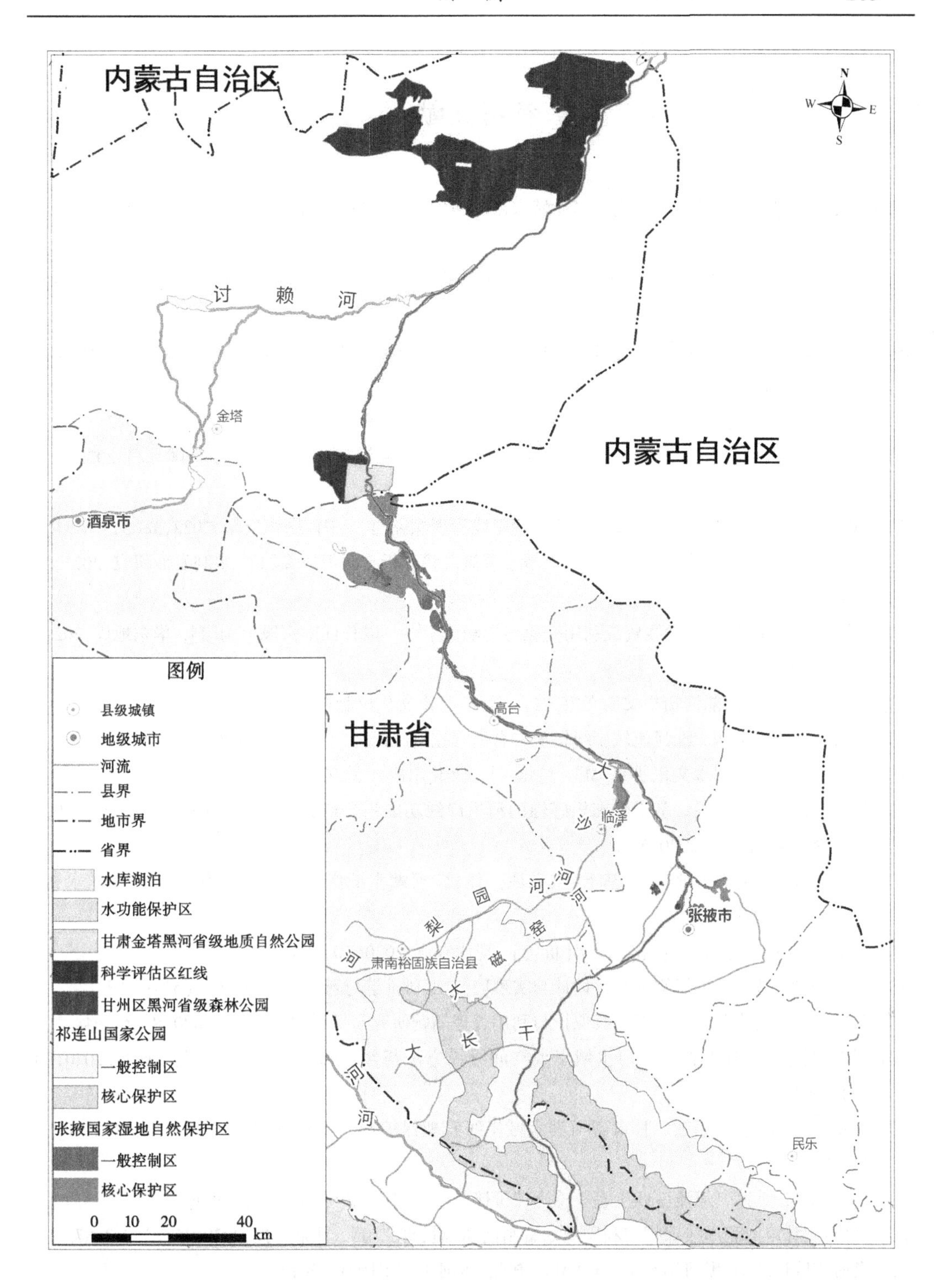

附图 3 黑河生态敏感区图

参考文献

[1] 陈喜,黄日超,黄峰,等．西北内陆河流域水循环和生态演变与功能保障机制研究[J]．水文地质工程地质,2022,49(5):12-21.

[2] 刘文壮,梁文广,宋瑞平．无人机遥感技术在河湖岸线监管中的应用[J]．水利信息化,2022(4):45-49.

[3] 王强．安徽省河湖岸线管理与保护工作的思考[J]．安徽水利水电职业技术学院学报,2022,22(2):15-16,20.

[4] 林炜泰．基于遥感的长江泰州段岸线利用时空变化与保护研究[D]．扬州:扬州大学,2022.

[5] 祖雷鸣．加强河湖水域岸线空间管控 保障河道行洪通畅和河湖功能完好[J]．中国水利,2022(7):3-5.

[6] 杨鹏,郑长安,刘达,等．长江流域智慧河湖岸线管理探究[J]．中国防汛抗旱,2022,32(3):47-51.

[7] 梁川．甘肃省河西内陆河流域农业高效节水灌溉现状分析与对策研究[J]．水利发展研究,2021,21(8):84-87.

[8] 靳婷婷,段学军,邹辉．岸线资源利用变化与影响因素——以长江南京段为例[J]．华东地质,2021,42(1):9-20.

[9] 王璞．疏勒河及内陆河历史文明考察[M]．兰州:甘肃文化出版社, 2021.

[10] 刘琦,顾雨田,王浩．淮河流域岸线保护与利用管控措施研究[J]．治淮,2020(12):31-33.

[11] 张芬昀．河西走廊水文化研究[M]．兰州:甘肃文化出版社, 2020.

[12] 陈圣天,付晖,陈永根．基于生态敏感性的河道岸线功能划分研究[C]//中国风景园林学会 2020 年会论文集(下册). 2020:559.

[13] 桑国庆,鲁晓喆,曹方晶,等．基于“空天地一体化”河湖水域岸线遥感监管模式[J]．中国水利,2020(20):76-78.

[14] 李玉瑛,侯锋．黑河湿地生态环境评价[J]．现代农业,2020(10):83-84.

[15] 李珏,候朝,敖霞．岸线管理平台设计与实现[J]．水利科学与寒区工程,2020,3(5):91-93.

[16] 葛凯,徐雷诺,徐新华．河湖岸线保护与利用管理问题研究与探讨[J]．治淮,2020(8):62-64.

[17] 刘鑫,刘建军．甘肃省疏勒河水域岸线空间管控方法与经验探讨[J]．水利发展研究,2020,20(6):40-43.

[18] 李发鹏,伏金定,耿思敏．甘肃省河湖水域岸线管理保护现状与对策[J]．中国水利,2020(10):33-35.

[19] 马涛,王凯,孙博．河流岸线生态敏感性评价研究[J]．中国水利,2020(6):39-40.

[20] 王珺莉. 甘肃河湖岸线保护与利用规划编制前期现状研究[J]．甘肃科技,2020,36(1):1-2,87.

[21] 黑河流域管理局. 黑河调水生态行[M]．郑州:黄河水利出版社, 2017.

[22] 付宗斌,韩涛,梁光明,等．甘肃黑河中游湿地保护利用现状及对策初探[J]．湿地科学与管理,2016,12(3):40-42.

[23] 童亮．苏南运河岸线控制利用的理论研究[D]．南京:河海大学,2006.
[24] 杨大鸣．长江岸线必须统一规划和管理[J]．中国水运,2002(7):17.
[25] 王传胜．长江中下游干流岸线资源评价[D]．南京:中国科学院研究生院(南京地理与湖泊研究所),2000.
[26] 张明南,赵苇航．长江扬州岸线开发利用与防洪护岸[J]．江苏水利,1991(2):2-7.
[27] 刘跃生．内河岸线资源评价方法初探——以闽江下游岸线为例[J]．自然资源,1988(4):40-46.

[illegible]

[illegible]

[25] [illegible]

[26] [illegible]

[27] [illegible]